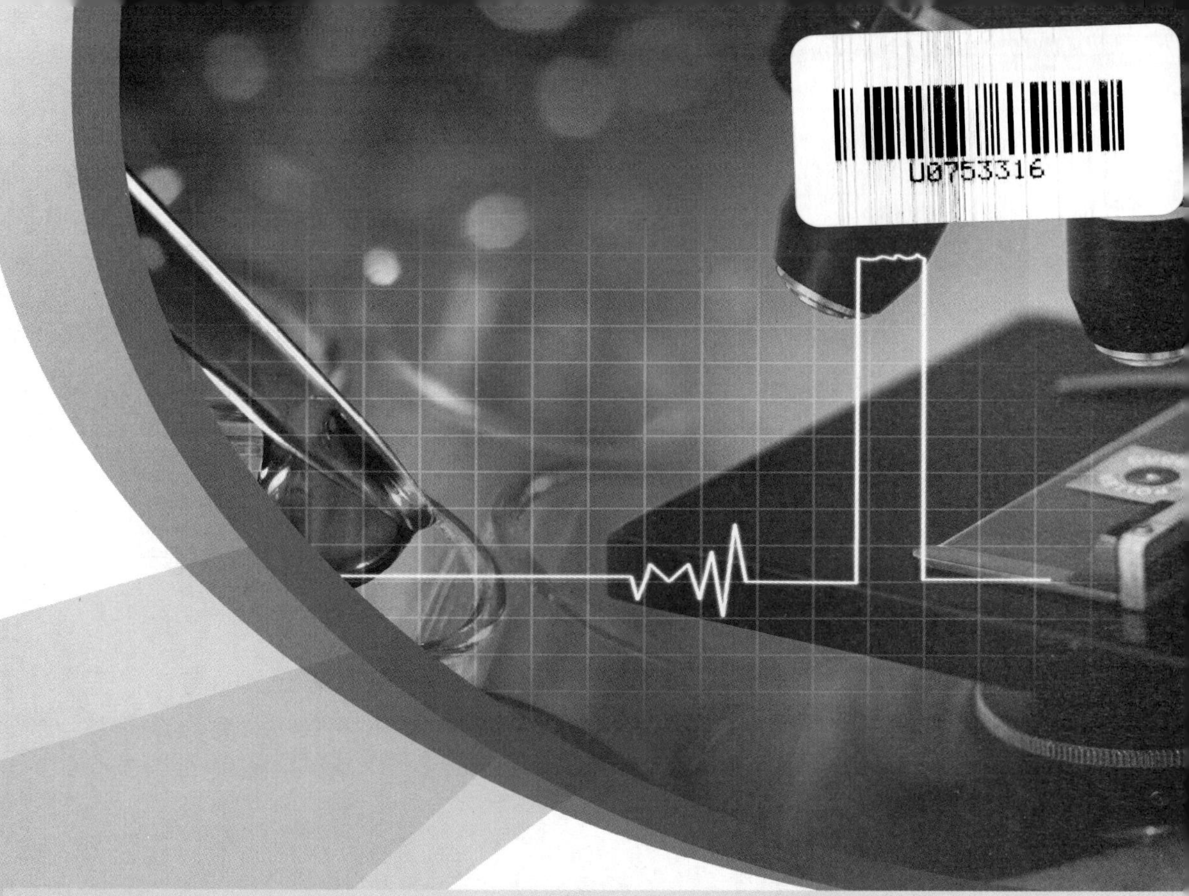

制药工程专业实验

王世盛 / 主编　　高志刚　宋其玲 / 副主编

PHARMACEUTICAL

ENGINEERING

SPECIALTY

EXPERIMENT

大连理工大学出版社

图书在版编目(CIP)数据

制药工程专业实验 / 王世盛主编. -- 大连：大连理工大学出版社，2024.9(2024.9重印)
ISBN 978-7-5685-4423-8

Ⅰ.①制… Ⅱ.①王… Ⅲ.①制药工业－化学工程－实验－高等学校－教材 Ⅳ.①TQ46-33

中国国家版本馆 CIP 数据核字(2023)第 105108 号

ZHIYAO GONGCHENG ZHUANYE SHIYAN

大连理工大学出版社出版

地址：大连市软件园路 80 号　邮政编码：116023
电话：0411-84708842　邮购：0411-84708943　传真：0411-84701466
E-mail:dutp@dutp.cn　URL:https://www.dutp.cn

大连雪莲彩印有限公司印刷　　　　　　　　大连理工大学出版社发行

幅面尺寸:185mm×260mm　　印张:12.25　　字数:282 千字
2024 年 9 月第 1 版　　　　　　　　　　　2024 年 9 月第 2 次印刷

责任编辑:王晓历　　　　　　　　　　　　责任校对:齐　欣
　　　　　　　　封面设计:张　莹

ISBN 978-7-5685-4423-8　　　　　　　　　　　　　　定　价:38.00 元

本书如有印装质量问题,请与我社发行部联系更换。

前 言

制药工程专业是教育部1998年设立的工科本科专业。本教材根据大连理工大学制药工程专业实验教学大纲编写,并参考了国内外的教材、2020年版《药典》和大连理工大学制药工程专业的科研教学实践。

本教材包括天然药物实验、药物化学实验、药理学实验、药物分析实验和药剂学实验五个模块的专业实验。每个专业实验都包括四个方面的内容:①实验基本原理和常用仪器的使用;②验证性实验;③综合性实验;④设计性实验。

本教材在编写过程中通过优化、重组和整合各个实验教学内容,努力做到加强基础、拓宽知识,培养能力、激励个性,全面发展、提高素质。学生通过制药工程专业实验的学习,能够熟悉化学药物、天然药物的制备过程、质量分析,以及研究流程,为将来适应制药企业的生产、质量控制和新药研发工作奠定基础。

本教材是大连理工大学制药工程系长期教学经验的总结,在教材的编写过程中,各位编者严谨认真,不断修正,保证了教材编写工作的及时完成。本教材由大连理工大学王世盛任主编,大连理工大学高志刚、宋其玲任副主编,大连理工大学李悦青、郭修晗、宋汪泽、彭瑛、潘悦、王磊、李广哲、杨丽、孟庆伟、汪晴等参与了编写。

本教材适用于各院校制药工程专业的本科与专科学生。

在编写本教材的过程中,编者参考、引用和改编了国内外出版物中的相关资料以及网络资源,在此表示深深的谢意! 相关著作权人看到本教材后,请与出版社联系,出版社将按照相关法律的规定支付稿酬。

尽管我们在教材建设的特色方面做出了许多努力,但由于编者水平有限,书中不足之处在所难免,恳请各教学单位、教师及广大读者批评指正。

编 者
2024年9月

所有意见和建议请发往:dutpbk@163.com
欢迎访问高教数字化服务平台:https://www.dutp.cn/hep/
联系电话:0411-84708445 84708462

目 录

第一章 绪 论 ... 1
- 第一节 实验室安全通则 ... 1
- 第二节 实验操作人员个人防护 ... 3
- 第三节 实验室安全预防及应急措施 ... 5
- 第四节 实验报告格式规范 ... 9

第二章 天然药物实验 ... 11
- 第一节 天然药物提取技术 ... 11
- 第二节 天然药物分离、纯化技术 ... 15
- 第三节 色谱分离技术 ... 20
- 第四节 天然药物化学实验案例 ... 25

第三章 药物化学实验 ... 50
- 第一节 化学合成制备技术概述 ... 51
- 第二节 药物化学实验案例 ... 54

第四章 药理学实验 ... 76
- 第一节 实验动物简介 ... 76
- 第二节 实验设计的基本原则 ... 85
- 第三节 实验数据的整理与统计方法 ... 88
- 第四节 药理学实验案例 ... 89

第五章 药物分析实验 ... 111
- 第一节 药物分析常规操作 ... 111
- 第二节 高效液相色谱法 ... 115
- 第三节 气相色谱法 ... 119
- 第四节 紫外-可见分光光度法 ... 121
- 第五节 药物分析实验案例 ... 123

第六章　药剂学实验 · · · · · · 143
  第一节　药物制剂基本概念 · · · · · · 143
  第二节　制剂基本概念单元操作 · · · · · · 147
  第三节　药剂学实验实例 · · · · · · 151

附　录 · · · · · · 180
  附录一　中草药化学成分鉴别 · · · · · · 180
  附录二　中草药化学成分检出试剂配制法 · · · · · · 186

第一章 绪 论

制药工程是综合运用化学、药学(含中药学)、化学工程与技术、生物工程等相关学科的原理及方法,研究解决药品规范化生产过程中的工艺、工程、质量与管理等问题的工学学科。制药工程是实践性和交叉性很强的专业,培养具备分析、解决实际工程问题的能力以及创新创业能力,能够在制药及相关领域从事科学研究、技术开发、工艺与工程设计、生产与质量管理等工作的高素质专门人才。因此,制药工程专业实验在人才培养体系中占有十分重要的地位。

制药工程专业实验包含药物化学实验、天然药物化学实验、药物分析实验、药理学实验、药剂学实验等,是针对制药工程专业高年级学生开设的,培养学生综合运用多学科专业知识,解决制药过程中的实践问题。通过专业实验的系统训练,使学生掌握基本的操作技能,熟悉药物及常用剂型的制备技术和工艺流程,药品的质量控制技术及分析检测方法,药物的药理活性评价方法,等等,培养学生具有设计实验方案及分析处理实验数据的能力。本课程要求学生在掌握制药工程专业基础课和专业课等理论知识,并在受过相关专业基础实验训练的基础上,进行专业实验的学习和实践。

目前在专业实验教学方面普遍存在实验内容陈旧、传统验证性实验比例过高、综合性和设计性实验不足、缺少反映学科发展前沿的实验项目等问题。因此,专业实验教学改革应强化基础实验、综合实验和创新实验三层次实验课程体系内涵建设,逐步提高综合性、设计性和研究性实验项目的比例。本教材紧紧围绕创新型高素质工程基础人才的培养目标,保留了部分经典的基础性实验,提高了综合性实验和设计性实验的比例,并在创新实验和研究性实验方面进行了尝试。同时,充分利用现代信息技术和数字虚拟技术,开设虚拟仿真实验和计算机辅助药物设计实验,构建"虚实结合"的实验教学体系。

第一节 实验室安全通则

虽然化学实验可以提供社会效益、基本科学发现和智力满足感,但它不仅仅是有趣的,也可能是非常危险的,有些实验本身就是这样。人们常常忘记化学是一项潜在的危险事业,若持有傲慢的态度常常会导致灾难性的后果。因此,在任何时候都应格外小心,特别是在处理放热的大规模反应或处理有毒化学品时。

实验室要有严格的操作规程、问责制度,所有程度的事故和伤情都应向实验室的管理者和导师汇报。工作人员要有良好的实验习惯,实验室工作人员应了解实验室内可能发生的危险,并有一定的安全意识。熟悉安全出口、电闸、水开关、紧急装置(灭火器、防火毯等)的位置,紧急装置用法,紧急事件的应对方法,以及化学试剂的存储、运输和废弃流程。尽量不要在实验室内单独工作,如果必须要在实验室单独工作,或必须在深夜工作,一定要通知其他人,并让其定时查看实验操作人员的工作状态。

一、化学试剂的安全使用通则

使用化学试剂前要仔细阅读标签,以及厂家或供应商提供的材料安全数据单(MSDS)。在所有的化学试剂容器上标注名称及危险信息,使用危险化学试剂时,不要超过实验设计量。

使用化学试剂前,要做好安全防护,并经过专业的训练。使用易挥发或有毒物质的实验,必须在通风橱中完成,规范地、有目的地使用危险化学试剂及一切实验设备。加入危险化学试剂前,必须检查设备或容器有无破损。不能使用已损坏的设备。在使用用于个人防护的装备和仪器前,要检查其完整性及功能性。故障的实验设备须标记"暂停使用",以防其他人在维修完成前误用。

二、个人防护通则

实验室内避免直接接触任何化学品,确保手部、面部及便服(包括鞋子)不要沾上化学试剂,切勿闻、吸入或品尝危险化学试剂,做完实验后要用香皂和水仔细洗手,禁止在使用危险化学试剂的实验室内吸烟、饮水、进食和化妆。切勿用嘴吸移液管,应使用洗耳球或其他相关设备。离开实验室前,需要将受污染的实验服和手套处理掉。

三、化学实验室的日常维护与清理

化学实验室要进行日常的维护与清理。保持地板的清洁和干燥,所有过道、走廊和楼梯上不得有化学试剂,楼梯和走廊不得用于存放物品。确保所有的工作区域(尤其是工作台上)整洁有序,通往紧急装置、公用设施控制器、安全淋浴、洗眼器和安全出口的通道必须畅通。垃圾必须盛放在专用的容器内,并做上标签。每个工作日结束后,未标记容器中的物质都被视为垃圾。

四、必须事先评估安全状态的情况

实验过程中,操作者会进行一些不熟悉的实验,如果不能充分认识到潜在的危险,则很容易发生事故。若遇到如下情况,实验操作人员必须停止实验,先评估实验的安全状态:

(1)新的流程,新的实验(即使与曾经做过的实验十分相似,也必须检查安全规程)。

(2)改变了或更换了原料组分。

(3)原料的用量改变(通常指用量增加200%或200%以上)。

(4)实验过程中某设备不正常运转,尤其是防护设备(如通风橱)。

(5)出现了未预料到的实验现象(如压力增大、反应速率增大、未预料到的副产物),当实验结果与设想的不同时,必须考虑新的现象对安全的影响。

(6)奇怪的气味,实验操作人员的疾病(都可能与化学试剂的泄漏有关)。

(7)其他提示安全防护设施出现故障的情况。

如发生上述状况,实验操作人员必须停止实验,评估这些改变或现象对实验安全的影响,并小心地对实验做出适当的调整。

第二节 实验操作人员个人防护

化学实验操作人员必须认真挑选合适的防护服和防护设备,并确保其功能正常。个人防护装置与其他防护装置相比,其功能的达成更需要操作人员的正确使用。只要使用危险化学试剂,就必须佩戴实验服、手套、安全眼镜或护目镜和不露脚趾的鞋。其他的防护设备(如防护面罩、特种手套、围裙和防毒面具)视实验的危险程度使用。

除了使用个人防护装备外,还应考虑其他减少实验过程中的个人损伤的方法,包括使用危险性更小的化学试剂和设备取代危险性大的化学试剂和设备,减小反应的规模,将反应装置和操作人员隔开,使用通风设备等。

一、眼部防护

在所有进行化学实验或有化学物质溅出风险的场所,职工、学生和访客都要进行眼部防护。根据化学物质的物理状态、毒性不同,实验人员须佩戴安全眼镜或护目镜。安全眼镜是对眼部最基本的保障,进入实验室至少须佩戴安全眼镜。安全眼镜可以有效地防止固体(粉尘和飞溅物)进入眼中,但不能有效地阻止飞溅向脸部的化学试剂进入眼中。当使用大量化学试剂时,或化学试剂有可能飞溅进入眼中时,需要佩戴护目镜。护目镜在眼部周围阻碍液体进入,可以防止飞溅液体进入眼中。如有需要,可以佩戴带防护面罩的护目镜。使用高反应活性物质,进行加压反应,或使用大量的腐蚀性、有毒或高温化学试剂时,必须使用带防护面罩的护目镜。处方眼镜是可以接受的,但要求镜片是抗冲击的,并配备了侧护板。

在麻省理工学院期间,2001年诺贝尔化学奖获得者K. B. 夏普莱斯(K. B. Sharpless)教授经历了一个永远改变他一生的事件。K. B. 夏普莱斯教授通常戴着安全眼镜,但在1970年的一个晚上,他没有佩戴安全眼镜,在检查一个的密封核磁共振(NMR)管时,管子爆炸了,玻璃碎片喷进了他的一只眼睛里,损伤严重,致使他那只受伤的眼睛丧失了视力。K. B. 夏普莱斯教授概括了眼睛保护的重要性,"从我的经验中得到的教训是直截了当的,在实验室里没有任何不戴安全眼镜的理由"。

二、手部防护

使用危险化学试剂或可能触碰危险化学试剂时,必须佩戴化学防护手套。手套的选择取决于实验中使用的化学试剂,可能遇到的危险,以及操作的方便性。每次使用前都要检查手套的完整性。

薄层手套是实验室中最常用的手套之一,每次使用后可以作为普通垃圾处理。建议使用丁腈薄层手套。一般来说,丁腈薄层手套比乳胶手套和塑胶手套的化学特性都要好。不推荐使用乳胶手套,因其对很多化学物质的耐性不高,且容易引起某些实验者的过敏反应。

在有可能长时间接触危险化学试剂时还应该使用可重复使用的厚手套。此类手套在脱下前应该充分清洗,并应定期更换,更换频率取决于使用的频率和接触的化学物质,手套材质和推荐用途见表1-1。

表 1-1 手套材质和推荐用途

手套材质	推荐用途
乳胶	稀酸或碱溶液
丁基橡胶	丙酮、CH_3CN、DMF、DMSO
氯丁橡胶	酸、碱、过氧化物、碳氢化合物、醇、酚类
丁腈橡胶	乙酸、乙腈、二甲基亚砜、乙醇、乙醚、己烷、稀酸
聚氯乙烯	酸、碱、胺、过氧化物
氟橡胶	氯化溶剂、芳香族溶剂
银复合膜	种类繁多的化学品,提供最高级别的保护

实验室手套是安全实验室实践的重要组成部分,在处理化学品时必须佩戴。尽管运用了良好的安全技术,悲剧仍可能发生。1996年,美国著名化学家凯伦·维特哈恩博士在做实验时,在她的乳胶手套里只渗出了一滴(约0.1毫升)二甲基汞[$Hg(CH_3)_2$],10个月后她死于汞中毒,尽管她在通风橱内工作,并穿着个人防护装备(PPE),但独立测试显示,她的乳胶手套几乎没有提供防二甲基汞的保护。这一悲惨事件表明,手套并不是一个完美的化学品屏障,仍然必须注意尽量减少暴露,必须戴上合适的手套。在选择手套类型时,研究人员应考虑多种因素,包括化学物质的降解和渗透、暴露类型、温度、手套厚度和手套的物理阻力。

三、呼吸系统的防护

通过通风系统和呼吸防护装备可以控制可吸入性化学试剂的危险。化学试剂的标签和MSDS上有该物质的吸入危险性信息和通风要求。当存在潜在的吸入危险,或者化学试剂的标签或MSDS上有如下警告时,必须采取必要的措施才能使用该试剂:在足够通风条件下使用,避免吸入蒸气,在通风橱内使用,提供局部通风。

实验室中,通风橱是减少呼吸损害的最主要的手段之一。通风橱可以确保蒸气和气体从中散逸,保护实验者的呼吸区域免受污染;可以用于放置可能危害实验者呼吸健康的设备和化学试剂;其玻璃门可以有效地阻碍火焰、飞物、化学试剂飞溅、小型内爆和爆炸。耶鲁大学规定,玻璃门开启时,通风橱的气流的面速度应为100 fpm($\pm 20\%$)(30.48 m/min, $\pm 20\%$)。

使用通风橱时应注意保证所有化学试剂和设备都在通风橱内,距离玻璃门至少6 in

(15 cm)。通风橱不能用于长期存放化学试剂,通风橱内放置的化学试剂越少越好。按照化学试剂的厂家或供应商的特别说明决定实验的通风状况。建议一切使用挥发或高危险的化学试剂的实验都在通风橱中完成,只使用微升量级危险化学试剂的反应可以在实验台上进行。

第三节 实验室安全预防及应急措施

一、实验室必备的急救药品

实验室必须储备如下急救药品,并定期检查是否过期,及时更换。
(1)绷带、纱布、脱脂棉花、橡皮膏、医用镊子、剪刀等。
(2)凡士林、创可贴、玉树油或鞣酸软膏、烫伤油膏、消毒剂等。
(3)醋酸溶液(2%)、硼酸溶液(1%)、碳酸氢钠溶液(1%及饱和)、医用酒精、甘油、红汞、龙胆紫等。使用HF的实验室要有葡萄糖酸钙软膏。

二、实验室用电安全

(1)使用电器时,应防止人体与电器导电部分直接接触。不能用湿的手或手握湿物接触电插头。电源裸露部分应有绝缘装置(如电线接头处应裹上绝缘胶布)。为防止触电,装置和设备的金属外壳都应连接地线。
(2)实验结束后,应先关仪器电源开关再拔下插头。
(3)用电设备不要自己检修,不能用试电笔去试高压电。
(4)使用高压电源应有专门的防护措施。
(5)使用的熔丝要与实验室允许的用电量相符,电线的安全通电量应大于用电功率。
(6)实验室内若有氢气、煤气等易燃易爆气体,应避免产生电火花。继电器工作和开关电闸时,易产生电火花,要特别小心。电器接触点(如电插头)接触不良时,应及时修理或更换。
如遇电线起火,立即切断电源,用沙或二氧化碳灭火器、四氯化碳灭火器灭火,禁止用水或泡沫灭火器等导电液体灭火。
(7)线路中各接点应牢固,电路元件两端接头不要互相接触,以防短路。
(8)电线、电器不要被水淋湿或浸在导电液体中,例如实验室加热用的灯泡接口不要浸在水中。
(9)在使用前,先了解电器仪表要求使用的电源是交流电还是直流电;是三相电还是单相电以及电压的大小(380 V、220 V、110 V、6 V)。须弄清电器功率是否符合要求及直流电器仪表的正极、负极。
(10)仪表量程应大于待测量。若待测量大小不明时,应从最大量程开始测量。
(11)在电器仪表使用过程中,如发现有不正常声响,局部温升或嗅到绝缘漆过热产生的焦味,应立即切断电源,并检查问题来源。

(12)电击事故的处理方法:不要直接触碰伤者。拉下电闸或用绝缘物(木头、塑料、玻璃、橡胶)移开伤者或电线。如果有心肺复苏术资质,对其进行心肺复苏。立即寻求医学援助。

三、火灾或火灾相关紧急事故

如果发现火灾或火灾相关紧急事故(如化学试剂反常地变热,可燃气体泄漏,可燃液体洒出,烟雾或有燃烧的味道),立即按照如下步骤行事。

(1)报火警。激活警报。如果警报不可用或无法操作,逐一通知楼内所有人。

(2)关门窗,隔离该区域,迅速逃离。

(3)如果可能的话,关掉该区域的所有仪器设备。

(4)如果接受过训练,当且仅当如下情况时,可以用便携式灭火器:

①帮助自己逃离;

②帮助别人逃离;

③如果可能的话,控制小型的火势。

(5)向消防人员提供火情的详细信息。你所掌握的危险化学品的详细信息对消防人员的安全十分重要。

(6)如果你所在的建筑中防火警报响起,必须立即撤离建筑物,直至被通知可以回去。站在建筑物的上风向方向,让开街道、车道、人行道及其他通向建筑物的通道。导师应联系所辖雇员和学生,让他们聚在一起,并向消防人员报告失踪人员。

(7)如果人的衣服起火,迅速将其拖拽到安全淋浴,用大量水冲洗,或者用安全毯将火完全扑灭。脱去被化学试剂污染的衣服,但不要将已经与皮肤粘连的衣服扯掉。将伤处浸泡在冷水或冰水中,直至疼痛缓解且从水中拿出后疼痛也不会反复。如果不能浸泡伤处,使用冰敷。

(8)如果自己的衣服起火,切勿惊慌乱跑,迅速脱下衣服将火扑灭,或用厚外衣、石棉布裹紧,使火熄灭。严重者应立即躺在地上(以免火焰烧向头部)打滚将火闷熄,或就近打开水龙头用水扑灭。

(9)如果有人大面积烧伤,要谨防休克,保持伤者的冷静(用毛毯保暖,但不要过热)。当心不要弄脏烧伤区域,使用消毒纱布或床单包住伤处。不要对伤处使用油膏、洗剂或清洁液。寻求医学援助。

四、化学试剂洒出、泄漏

尽量找出实验室内所有可能发生化学试剂洒出事故的类型,并准备必要的装备(处理装备及个人保护设备)以应对小规模的洒出,学会安全清理小规模洒出试剂。

化学试剂洒出事故的清理只能由经过训练的、具有一定相关知识和经验的人员完成。

如果洒出事故规模过大,超出掌控范围,必须做好呼吸系统防护,如果对实验者甚至公共安全造成威胁(如高毒性或高反应性化学试剂洒出),请立即寻求援助。

耶鲁大学规定,如下化合物洒出后不能由实验室人员自行处理:芳香胺、溴素、二硫化碳、氰化物、醚类和其他 IA 类易燃溶剂、联氨、有机卤化物、腈类、硝基化合物,但考虑我国大多数科研院所的现状,实验室人员应根据 MSDS 上的信息自行处理。

小规模洒出事故的处理办法:如果决定自行清理小规模的洒出事故,必须确保自己清楚地了解洒出的化合物的危险性,实验室通风足够(开窗,通风橱正常运行),并且有合适的个人保护装置(至少有手套、护目镜和实验服)。具体操作规程如下:

(1)应通知该区域的所有人有化学试剂洒出。

(2)增强该区域的通风(开窗,开通风橱)。

(3)穿戴防护装置,包括护目镜、手套、长袖实验服、不露脚趾的鞋。

(4)避免吸入洒出物的蒸气。

(5)使用合适的工具中和并吸附无机酸或碱。收集所有残留物,装入容器,作为危险化学垃圾废弃处理。如果必要的话致电环境健康安全办公室将其运走处理。对于其他化学试剂,使用合适的设备处理,或用蛭石、干沙、硅藻土、吸水纸或毛巾吸附。收集残留物,装入容器,作为化学垃圾处理。

(6)用水清理洒出区域。

(7)处理完毕后,将所有洒出的化学试剂和清理时用到的用具(吸附剂、手套等)作为危险垃圾处理。将处理物装入密封容器(塑料袋)中,做好标识,放入通风橱内,作为危险垃圾处理。

大规模洒出事故的处理办法:

如果有大量化学试剂洒出,则应:

(1)照顾伤员或被化学试剂沾染人员,将其从受污染区域移开。

(2)通知实验室内的无关人员撤离。

(3)如果洒出的试剂可燃,切断点火装置和热源。将清理材料铺洒在洒出物上以防其挥发。

(4)寻求专业应急人员帮助,通知实验室管理人员。

(5)如果洒出物有燃烧或爆炸的风险(如大量乙醚、碱金属、白磷洒出),要在初步处理后立即撤离。

汞洒出:不要使用市售的吸尘器清理。使用一次性吸管收集汞液滴。将硫磺粉或锌粉洒在难以收集的小液滴上。将洒出物装入标识好的容器中。

碱金属洒出:用粉末的石墨、碳酸钾、碳酸钠或"Met-L-X"盖住洒出物,并致电求助。

白磷洒出:用湿沙子或湿的不可燃吸收剂盖住洒出物,并致电求助。

五、化学试剂灼伤事故

(1)必须知道最近的安全淋浴和洗眼器的位置。

(2)如果在实验室内有人受到化学试剂沾染,或者暴露于危险化学试剂中,尽力保障他的生命安全。确定沾染了何种化学试剂。MSDS 上可能有急救信息。若非必要,不要移动伤者,将其移开毒气环境或避免皮肤接触的情况除外。立即用毛毯保护伤者,防止其磕碰或暴露于有害环境中,并致电急救机构。向导师报告事件的过程和伤情。

(3)如果自己遇到了此类事故,迅速将受污染的衣服或鞋脱掉。迅速到达安全淋浴,冲洗受影响身体部位至少 15 min。将首饰脱掉，以免影响清除残余的化学试剂。发生事故后立刻大喊求助。迅速寻求医学援助。一定要说出事故中涉及的试剂。

（4）有些化学试剂（如苯酚、苯胺）会迅速被皮肤吸收。如果足够大面积的皮肤沾染了化学物质，毒害作用（全身毒物反应）可能会立即显现，也可能会在接触有毒化学物质后的几个小时后显现，这取决于化学试剂的种类。通常来说，如果大于 9 in^2（58.06 cm^2）的皮肤区域沾染了危险化学物质，在清洗后需要寻求医学援助。

溴素灼伤的处理：接触溴素、氢氟酸会引起极度疼痛的灼伤。因此在处理这类化学试剂时必须佩戴围裙、手套和面罩，并在通风橱中处理。如果被溴素灼伤，要立即用大量冷水冲洗受伤区域，立即寻求医学援助。不能用其他化学试剂中和溴素的灼伤。应用酒精洗至无溴液，然后再涂抹鱼肝油软膏。如果衣服被污染，则必须脱掉。

氢氟酸灼伤的处理：葡萄糖酸钙凝胶可用来处理沾染氢氟酸的区域。使用或存储氢氟酸的实验室必须准备一支葡萄糖酸钙软膏。氢氟酸洒落到人身体上后，如果实验室储备有葡萄糖酸钙凝胶，立即用冷水冲洗受污区域至少 5 min，将葡萄糖酸钙软膏轻轻地涂抹在受污区域。持续敷抹直至医务人员到来。告知救援人员沾染的是氢氟酸。若没有葡萄糖酸钙凝胶，则继续用大量冷水冲洗直至医务人员到来。一定要说明是氢氟酸沾染。

碱金属灼伤的处理：如果碱金属的颗粒掉落在皮肤上，要迅速用毛巾、纸巾或镊子将其移走，并迅速用大量的冷水冲洗皮肤。

强酸灼伤的处理：所有的浓酸都会损伤皮肤和眼睛，灼伤处会非常疼痛。硝酸、铬酸和氢氟酸的损伤尤其严重。如果身体接触了这些化学物质，应该立即用大量的冷水冲洗，然后用 3%～5%碳酸氢钠溶液洗涤，并涂烫伤油膏，随后寻求医学援助。

强碱灼伤的处理：实验室常见的强碱包括氢氧化钾、氢氧化钠和氨水。这些物质造成的灼伤不如酸造成的灼伤疼。然而其造成的损害可能比酸灼伤严重，这是因为由于未感到强烈的疼痛，受伤者可能不会及时采取措施，从而使其渗入皮肤组织。强碱烧伤后应立即用大量的水冲洗，再用 1%～2%硼酸溶液洗涤，最后再用水洗，涂抹油膏。

脱水剂灼伤的处理：由于其对水较强的亲和性，这类物质接触皮肤后可以引发强烈的灼伤。受污的区域必须立即用大量的水冲洗。

六、危险化学试剂吞食和吸入事故

（1）确定吞食的化学试剂的种类。立即寻求医学援助。包裹好伤者身体防止休克。将化学试剂的名称和其他相关信息告知救护人员。如果可能的话，将容器、MSDS 或标签一同交给医务人员。

（2）对腐蚀性毒物，如果吞食强酸，先大量饮水，然后服用氢氧化铝膏、鸡蛋白；如果吞食强碱，先大量饮水，然后服用醋、酸果汁、鸡蛋白。无论是酸还是碱中毒皆应灌注牛奶，不要吃呕吐剂。

（3）具有刺激神经性的毒物，先大量饮用牛奶或鸡蛋白使之立即冲淡和缓解，然后用一大匙硫酸镁（约 30 g）溶于一杯水中催吐。有时也可以使用手指伸入喉部促使呕吐。随后立即送往医院。

（4）如果有人吸入了有毒的气体和烟雾，首先将吸入了烟雾或者化学物质蒸气的人员移出有害的气体环境,并进行防休克治疗。如果该区域依然处于危险状态,不要进入。这里的"危险状态"指缺氧,腐蚀性蒸气或高毒性的气体(氰化物气体、硫化氢、氮氧化物、一氧化氮)泄漏。吸入少量氯气或溴者,可用碳酸氢钠溶液漱口。如有必要,且具备心肺复苏术(CPR)资质,请对其进行标准的CPR。立即寻求医学援助。

七、割伤

如果有人割伤,首先应该检查伤口有无玻璃屑,如果有,将其取出。如果血液呈喷出状,戴上手套或其他个人防护装备后将软垫直接盖在伤处,并适当加压按住;用防火毯包裹住伤者防止休克。立即寻求医学援助。不要使用止血带。情况稍微缓和些但依然十分严重的割伤,要迅速寻求医学救援。只有轻微的割伤可以简单冲洗并包扎。

第四节 实验报告格式规范

一般说来,实验报告把实验的目的、方法、过程、结果等记录下来,经过整理,写成的书面汇报。实验报告的种类因科学实验的对象而异,如化学实验的报告叫化学实验报告,物理实验的报告就叫物理实验报告。随着科学事业的日益发展,实验的种类、项目等日渐繁多,但其格式大同小异,比较固定。实验报告必须在科学实验的基础上进行,它主要的用途在于帮助实验者不断地积累研究资料,总结研究成果。

实验报告的书写是一项重要的基本技能训练,它不仅是对每次实验的总结,更重要的是它可以初步地培养和训练学生的逻辑归纳能力、综合分析能力和文字表达能力,是科学论文写作的基础。因此,参加实验的每位学生,均应及时认真地书写实验报告。要求内容实事求是,分析全面具体,文字简练通顺,誊写清楚整洁。通常实验报告是根据实验步骤和顺序从七个方面展开来写的:

(1)实验目的:本次实验所要达到的目标或目的是什么,使实验要在明确的目的下进行。

(2)实验日期和实验者:在实验名称下面注明实验日期和实验者名字,这是很重要的实验资料,便于将来查找时进行核对。

(3)实验仪器和药品:写出主要的仪器和药品,应分类罗列,不能遗漏。需要注意的是,实验报告中应该有为完成实验所用试剂的浓度和仪器的规格。因为,所用试剂的浓度不同往往会得到不同的实验结果,对于仪器的规格,不能仅仅停留在"大试管""小烧杯"的阶段。

(4)实验步骤:根据具体的实验目的和原理设计实验,写出主要的操作步骤,这是报告中比较重要的部分。此项可以了解实验的全过程,明确每一步的目的,理解实验的设计原理,掌握实验的核心部分,养成科学的思维方法。在此项中还应写出实验的注意事项,以保证实验的顺利进行。

(5)实验记录:正确如实地记录实验现象或数据,为表述准确应使用专业术语,尽量避免口语的出现。这是报告的主体部分,在记录中,即使得到的结果不理想,也不能修改,可以通过分析和讨论找出原因和解决的办法,养成实事求是和严谨的科学态度。

(6)实验结论和解释:对于所进行的操作和得到的相关现象运用已知的化学知识去分析和解释,得出结论,这是实验联系理论的关键所在。

(7)评价和讨论:此项是回顾、反思、总结和拓展知识的过程,是实验的升华,应给予足够的重视。在此项目中,学生可以在教师的引导下自由地发挥,比如"你对本次实验的结果是否满意?为什么?如果不满意,你认为是什么原因造成的?如何改进?"或者"为达到实验目的,实验的设计可以如何改进?这样改进的优点是什么?"或者"你认为本实验的关键是什么?"等问题。此项内容的书写应是实验报告的重点和难点。

此外,撰写化学实验报告要注意以下四点:

(1)以说明为主。实验报告以说明为主,不要像记叙文一样进行生动细致的描写,要避免主观感受的出现。

(2)必须记实,资料客观。实验报告所使用的资料都应是通过实验所观察到的现象和所获得的数据。这些内容应是客观、真实、确切的,不允许有半点虚假。

(3)尽量用图解辅助。图解可以增加实验报告的表达能力,比如实验装置有时较复杂,仅用文字无法完全说明,如果使用图解辅助,加上文字注解,就可以一目了然;图解有时也可以省略烦琐的实验步骤的表达。

(4)表述准确、简明。准确,就是按照实验的客观实际,选择合乎化学学科特点的最恰当的词句,科学地表述意思;简明,就是在说明问题时语言简洁明了,避免冗长的句子和啰唆含糊的表达。

第二章
天然药物实验

提取、分离、纯化和结构鉴定是贯穿于天然药物实验全过程的基本操作单元。正确掌握和灵活处理各个环节的操作技能是训练学生严格认真的科学态度与良好工作习惯，促进理论与实践结合的一个重要环节。

天然药物主要来源于植物、动物、矿物、海洋生物等，其中大部分来源于植物。其特点是所含成分复杂，常见结构相似的产物共存一体，甚至同时含有多种活性成分，有着多方面的临床用途。天然药物品种繁多，因地区用药习惯、文献的记载混乱等诸多原因，常致品名混乱。即使同一品种所含成分及含量也因产地、取材部位、采集时间、贮存条件及存放时间等的不同而变化。因此，在实验之前，必须对材料进行品种鉴定。确定学名、记录采集地和采集时间、药用部位，并留样备查。研究天然药物时，应查阅有关文献资料，了解前人对该植物或同属植物中化学成分的分离、药理及临床研究情况，特别应搜集该成分的各种提取、分离方法和工业生产方法，再根据具体条件进行设计，确定提取、分离路线。

第一节　天然药物提取技术

提取是研究天然药物的一个重要步骤，是采用适宜的溶剂和适当的方法，将所要的成分尽可能完全地从天然药物中提取出来，同时注意避免或减少其他杂质的提出。常用的提取方法有溶剂提取法和水蒸气蒸馏法。提取方法设计是否合理，操作是否正确，将直接影响下一步分离和纯化。

天然药物成分非常复杂，其中主要有糖类（如单糖、低聚糖和多糖如淀粉、纤维素等）、蛋白质、脂类（如油脂和蜡）、叶绿素、树脂、树胶、鞣质和无机盐等，一般认为这些物质在药用上是无效物质或杂质。提取前，通常对实验药材进行预处理。将其粉碎成粗粉，增加药材的表面积，以提高提取率。但粉碎过细，使表面积太大，表面吸附作用也随之增加，反而影响溶剂扩散速度，同时，杂质的提出率也随之增高。因此，一般以能通过二号筛的粒度为宜。对于种子类药材常含有大量油脂，可以先用压榨法将大部分油脂除去后再粉碎。富含纤维素、淀粉的根茎类药材，若用水作溶剂提取时，因多糖类高分子亲水性成分遇水易膨胀，提取液黏稠，产生胶冻状物，使提取、过滤困难，则以打成粗粒、切成小段或薄片为宜。植物体内所含的苷类，往往与某种特殊的酶共存于同一组织的不同细胞中，当细胞破裂时，在适宜的温度和湿度下，酶与苷接触，可产生酶解作用。提取苷类成分时，将药材粗粉用乙醇或沸水提取，杀灭酶的活力。在提取蒽醌苷时，尤需注意处理。但在提取次生苷或苷元时，却要利用酶解作用，如从毛花洋地黄叶中提取狄戈辛，从穿山龙中提取薯蓣皂苷元。总的来说，天然药物成分的提取分离过程即去粗取精的过程。

一、溶剂提取法

溶剂的提取过程是溶剂对药材组织细胞不断做往返地扩散、渗透、溶解的过程，直至药材组织细胞内外溶液中，被溶解的化学成分的浓度达到平衡为止。影响提取的因素除了前述的药材粉碎度之外，还有溶剂的选择、提取的方法、时间、温度等。

(一)溶剂的选择

天然药物的极性大体可分为3类：极性（亲水性）、非极性（亲脂性）、中等极性（亲水又亲脂）。依据相似相溶的规律，极性成分易溶于极性溶剂，亲脂性成分易溶于非极性溶剂。通过对于提取成分及与其共存成分的极性差异来选择溶剂，如提取苷元、游离生物碱常用亲脂性溶剂氯仿、乙醚；苷类成分由于结构中含糖分子，羟基数目增多，与其苷元相比有更强的亲水性，则可选择极性较大的溶剂，如乙酸乙酯、正丁醇等。溶剂的极性大体可根据介电常数 ε 的大小来判断。常用溶剂的极性排列顺序为：石油醚＜苯＜无水乙醚＜氯仿＜乙酸乙酯＜丙酮＜乙醇＜甲醇＜水，它们的介电常数 ε 分别为1.8、2.3、4.3、5.2、6.1、21.5、26.0、31.2、81.0。

尚需说明的是，文献提供的化合物的溶解度是指纯品在溶剂中的溶解度。在粗提时，药材处于复杂的混合物状态，各成分的溶解度相互影响，可能由于成分间的助溶或发生化学作用，使溶解度有较大的改变。如用水提取时，水不溶的成分有时会被带出；从酒精提取物中分出的各种纯化合物，有时难溶于乙醇中；因油脂类杂质的存在，使香豆素可溶解于石油醚中。这也是常以水或不同浓度乙醇作为粗提的溶剂的缘由。在实际工作中，依据提取的目的，可分为定向提取法和系统溶剂提取法两类。从天然药物中提取某一已知成分或某类成分，可根据它们的性质，选择适当溶剂进行定向提取。如用石油醚直接提取细辛醚；提取有机酸时，可将药材用适量酸水浸润，使其游离，然后用脂溶性溶剂提取。系统溶剂提取法是研究天然药物成分常用的初步提取分离方法。根据天然药物中各类化学成分的极性不同，药材粉末用极性由低到高的溶剂依次提取。一般顺序是石油醚、乙醚（或氯仿）、乙酸乙酯、正丁醇、甲醇（或丙酮）、水，分别得到极性不同的组分。更换溶剂前，必须将前一种溶剂挥尽。也可以先用水或醇提取，浓缩成浸膏，加入惰性填料（如硅藻土），拌匀、低温烘干、研成粗粉，再用上述溶剂系统依次提取。本法的缺点是由于各成分间的助溶作用，同一类成分往往也会分散在邻近的几个部位中，这一现象较为普遍。尽管如此，系统溶剂提取法仍是研究成分不明的天然药物最常使用的方法之一。

(二)溶剂提取的方法

1.浸渍法

浸渍法是将药材粗粉置于适当容器中，加入适量溶剂，如烯醇、酸性醇、水、酸水或碱水等,密闭,时常振摇或搅拌,室温下浸提1~2天后,过滤。一般可重复提取2~3次,第2、3次浸渍的时间可缩短,合并浸渍液,浓缩后得提取物。本法适用于提取遇热易破坏的成分或含大量淀粉、黏液质、果胶、树胶等多糖的药材。因提取在室温及静态下进行,提取效率低,耗时长,特别是用水作为溶剂,提取液易发霉变质,必要时可加入适量防腐剂。

2. 渗漉法

渗漉法是将药材粗粉置渗漉筒内,使溶剂自上而下匀速流动,达到渗漉提取天然药物的一种浸出法,如图2-1所示。因溶剂一直处于动态,造成了浓度差,使扩散能较好地进行,故本法浸出效率较浸渍法高。同时常温下渗漉法适用于遇热易破坏成分的提取,常用溶剂有不同浓度的乙醇、酸性乙醇、碱性乙醇、酸水、碱水和水等。

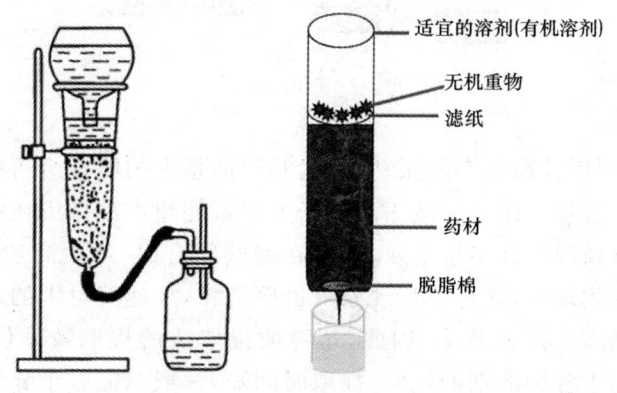

图2-1 渗漉法装置

渗漉法操作步骤主要包括浸润、装筒、排气、浸渍和渗漉。装筒均匀、松紧合适,充分浸渍和控制流速为关键。一般流速以每分钟2~5 mL为宜。通常收集渗漉液约为药材质量的8~10倍,或以成分鉴别试验决定渗漉终点。生产上,则可将后期的稀渗漉液套用来提高溶剂的浸出效率。溶剂消耗量大和提取时间长是本法的不足之处。

3. 煎煮法

将药材粗粒或薄片置适当容器(避免用铁器)中,加水加热煮沸,一般煎煮2~3次,第1次1 h,第2、3次可酌减煎煮时间。含挥发性成分及遇热易破坏成分的天然药物不宜适用本法。含多糖类量大的药材因煎煮后,淀粉等多糖呈糊状,使提取液黏稠,过滤困难,也不适宜用煎煮法。

4. 回流提取法

将药材粗粉置于圆底烧瓶中,添加乙醇或其他低沸点有机溶剂至烧瓶容量的1/2~2/3处,接上球形或直形冷凝管,水浴加热回流适时,趁热滤取提取液,药渣再用新溶剂回流2~3次。若遇成分在溶剂中不易溶解或药材质地坚实不易溶出时,需适当延长每次提取时间或增加提取次数,合并滤液及浓缩即得提取物。本法提取效率较高,但溶剂用量较大,操作也比较麻烦,因药材与水浴接触,受热温度较高、时间较长,不适用于遇热不稳定成分的提取。

5. 索氏提取法

索氏提取器弥补了分次加热提取法中需要溶剂量大且操作麻烦的不足,但提取时间较长,一般需 4~10 h 才能提取完全,因此,对热不稳定的成分慎用。为防止成分破坏,可在提取 1~2 h 后转移出提取液,另加新溶剂再继续提取,实验装置如图 2-2 所示。

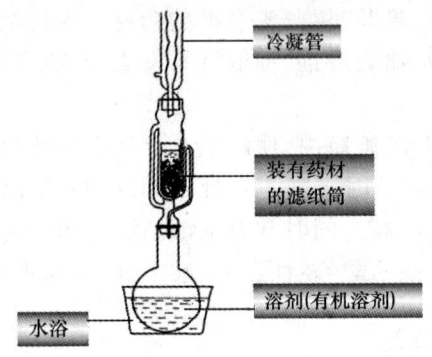

图 2-2 索氏提取器

6. 超声波提取法

超声波提取法利用其高频率的振动,产生并传递强大的能量给药材和溶剂,使它们做高速运动,产生的穿透效应比电磁波深。由于大能量的超声波作用在液体里,当振动处于稀疏状态时,液体被撕裂成许多小空穴,待其在瞬间闭合时,产生高达数百毫帕的瞬时压力,这一现象称作空化现象,这种空化现象可击碎药材,加速药材中的成分溶入溶剂,使其进一步提取,从而提高了提取效率,因此,超声波提取法的提取效率优于前述各提取法。本法操作简便,适用于各种溶剂的提取;提取时间短,一般只需数十分钟即可完成;无须加温即可达到提取目的,故也适用于对热不稳定成分的提取。

7. 微波辅助提取法

微波是波长介于 1 mm~1 m(频率为 300 MHz~300 GHz)的电磁波。在微波提取中,微波利用其穿透性能够投入基质内部,被辐射物质的极性分子(如 H_2O)在微波电磁场中快速转向及定向排列,从而产生撕裂和相互摩擦引起发热,使细胞内温度迅速升高,连续高温使其内部压力超过细胞空间膨胀的能力,导致细胞破裂,细胞内有效成分自由流出,传递到周围被溶解。

微波提取过程中,将天然药物与适当溶酶混合、预热,经高强度微波的短时间脉冲式照射,其可溶性成分在强大的非热效应下,迅速溶出、扩散、转移,从而在短时间内实现平衡。同时固液分离及新鲜溶酶的补充,提供足够的浓度梯度,使目标成分得以充分转移。仍采用传统给热方式,微波仅提供混合物整体温升的一小部分能量。基于上述原因,我们称为微波辅助提取法。

微波辅助提取法的优点主要包括:

(1)提取效率高。微波提取时,物料的极性物质分子在快速振动的微波电磁场中吸收电磁能,使物料快速升温,减少了操作时间。微波几秒到几分钟的提取效果,用传统的热提取法、索氏提取法需要几个小时甚至十几个小时以上的时间才能达到,因此大大提高了提取效率。

(2)选择性好。微波是对极性分子的选择性加热而使其选择性地溶出,从而提高了产品的纯度。此外,还可以在同一装置中采用两种以上的提取剂分别提取所需组分,降低工艺费用。

(3)能耗低。由于微波加热过程是介质分子,获得微波能并转化为热能的过程,其能量直接作用于被加热物质,空气及容器对微波基本上不吸收和反射,从根本上保证了能量的快速传导和充分利用。而且既减少了溶剂用量,又缩短了操作时间,大大降低了能耗。

二、水蒸气蒸馏法

水蒸气蒸馏法只适用于具挥发性,能随水蒸气馏出而不被破坏,与水不发生反应而又难溶于水的天然药物的提取,如挥发油、小分子挥发性成分麻黄碱、丹皮酚、蓝雪醌的提取。水蒸气蒸馏法的原理是基于两种互不相溶的液体共存时,两组分的蒸气压和它们各自在纯状态时的蒸气压相等,混合体系的总蒸气压为两组分蒸气压之和。也就是说,总蒸气压恒定高于任一组分的蒸气压,而沸点则恒定低于任一纯组分的沸点,也就是这里所提取的挥发性成分,其沸点一般高于 100 ℃。因此,当研究的天然药物的沸点很高,不易直接进行蒸馏,或者在达到纯组分的沸点以前其已开始分解,不能用常压蒸馏的方法提取时,可采用本法来进行纯化,其装置如图 2-3 所示。

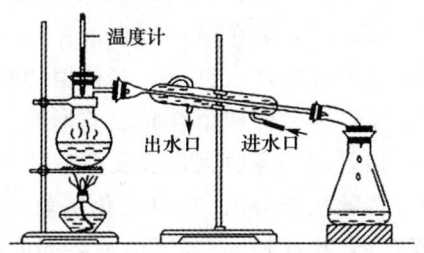

图 2-3 水蒸气蒸馏法装置

第二节 天然药物分离、纯化技术

用各种提取方法得到的提取液,一般体积较大,所含成分的浓度较低,需进行浓缩以提高浓度。若溶剂选择合适,提取液略作浓缩,即有结晶析出,如用乙醇提取橘皮中的橙皮苷,用氯仿提取白花丹中的蓝雪醌。但这种情况是极个别的,通常所得的提取液是诸多成分的混合物,往往需经反复多次地分离和纯化处理才能获得单体。分离和纯化是两个不可决然分割的步骤,它们经常是同时进行、互相包含的过程。在分离过程中包含着纯化的作用,而在纯化过程中也包含着分离微量成分或杂质的过程。

一、蒸馏与浓缩

蒸馏是浓缩、分离和纯化液态物质的最重要、最常用的手段之一。所采用的方法视溶剂和有效成分的性质而定。常压蒸馏法适用于有效成分受热不易分解、低沸点有机溶剂(氯仿、乙醚、石油醚等)提取液的浓缩。处理乙醚提取液时,禁止用明火或电炉加热水浴,需用电热板或没有明火的其他装置加热水浴。减压蒸馏法适用于溶剂沸点高、有效成分受热易分解的提取液的浓缩。在实际工作中,当溶剂沸点超过 70 ℃时,在可能条件下应采用减压浓缩。

常用抽气减压装置有水泵和油泵。为防止水压变动引起倒吸,在水泵和蒸馏装置间需装安全瓶;为防止挥发性物质及腐蚀性气体侵入油泵,需装安全瓶和干燥、吸收装置。蒸馏结束后应按顺序先撤热源,关闭压力计活塞,慢慢打开安全瓶活塞,使整个系统与大气相通后,才能关上水泵或油泵。减压蒸馏如苷、多糖等产生大量泡沫的水提液时,需在蒸馏瓶与冷凝器之间安装防泡球,以用来消泡。

二、萃取

萃取是天然药物化学实验中用于分离、纯化有效成分的常用操作之一。其原理是利用混合物中各成分在两种互不相溶(或微溶)溶剂中分配系数的不同而达到分离的目的。依据分配定律,化合物在一定的温度和压力下,溶解在两个同时存在的互不相溶的溶剂中,达到平衡后,该化合物在两相中浓度的比是一个常数,称为分配系数(K)。各成分在两相溶剂中分配系数相差越大,则分离效率就越高。我们可用分离因子 β 值来表示分离得难易;A、B两种成分在同一溶剂系统中进行萃取,则其分离因子:$\beta = K_A/K_B$。

液-液萃取中常遇到乳化现象,特别是在碱性水提液中以氯仿进行萃取时,这种现象更为严重。这是因为天然药物中含有皂苷、蛋白质、多种植物胶质、鞣质等表面活性物质,加上两相互不相溶的溶剂和振摇等因素促成了乳状液的形成。有时由于存在少量轻质的沉淀、溶剂互溶、两液相的密度相差较小等原因也会使两液相不能清晰地分开。用来破坏乳化的方法有:较长时间静置;将乳状液分出(有时乳化层就是所需要的成分),再换新溶剂萃取;将乳状液加温或冷冻;将乳状液抽滤;若因两种溶剂能部分互溶而乳化,可加入少量电解质(如氯化钠),利用盐析作用破乳。在两相密度相差较小时,也可加入氯化钠,以增加水相的密度;加入低级醇,如乙醇、戊醇等,其表面活性更强,把原来的界面活性剂顶替,达到破乳目的。

1. pH梯度萃取法

pH梯度萃取法是分离酸性、碱性、两性成分常用的手段。其原理是由于溶剂系统pH变化改变了它们的存在状态(游离型或解离型),从而改变了它们在溶剂系统中的分配系数。如混合黄酮苷元,由于结构中酚羟基的数目和位置不同,各自所呈酸性强弱不同,可使溶于有机相(如乙醚),依次用5%碳酸氢钠、5%碳酸钠、0.2%氢氧化钠、4%氢氧化钠的水溶液萃取而达到分离的目的。分离碱性强弱不同的游离生物碱,可用pH由高至低的酸性缓冲溶液顺次萃取,使碱性由强到弱的生物碱分别萃取出来。

2. 逆流连续萃取法

逆流连续萃取法是根据两种互不相溶的溶剂的相对密度不同而自然分层,分散相液滴逆流穿过连续相而进行连续萃取的方法。其操作简便,萃取比较完全并可避免乳化,适合各种密度的溶剂萃取。萃取管内填充小瓷圈或不锈钢丝。萃取管可用一根、数根或更多,依分配效率的需要而定。密度小者置高位贮存器中,密度大者置低位贮存器中。如用氯仿从川楝皮水浸液中提川楝素,则氯仿置低位贮存器中,水提取的浓缩液置高位贮存器中。萃取是否完全,可用薄层色谱、纸色谱及显色反应或沉淀反应进行检查。

3.逆流分溶法与液滴逆流分配法

逆流分溶法是一种多次、连续的液-液萃取分离方法,经仪器操作,做数百次甚至千余次的两相溶剂的振摇、静止、分离、转移程序,将两个分配系数很接近的化合物分离。操作条件温和,样品容易回收,特别适合于分离因子较小、中等极性、不稳定物质的分离。样品极性过大或过小,或分配系数受浓度或温度影响过大时则不易用本法分离。易于乳化的溶剂系统也不宜采用。液滴逆流分配法又称液滴逆流色谱法,原理类似逆流分溶,使移动相在固定相的液柱中呈液滴形式垂直上升或下降达到逆流色谱分离的方法。溶剂系统的选择基本同逆流分溶法,但要求能在短时间分离成两相,并能生成有效的液滴。因不需振荡,故不易乳化或产生泡沫,特别适用于皂苷类的分离。用氮气驱动移动相,适用于易被氧化物质的分离。目前液滴逆流分配法已广泛用于皂苷、生物碱、酸性成分、蛋白质、糖类等天然药物的分离与精制,并取得良好的效果。

三、结晶与重结晶

大多数的天然药物在常温下是固体物质,具有结晶的特性,有一定的熔点和结晶学的特征,有利于化合物的鉴定。结晶法是利用混合物中各成分在某种溶剂中溶解度不同的特性,滤去某些固体成分中伴随的杂质,而通过析晶过程达到互相分离、精制的目的。结晶的形成是同类分子的自相排列的产物,如试样中杂质太多,妨碍分子的排列,就很难析晶,也就是说,试样必须达到一定的纯度。通常,能结晶的大部分是比较纯的化合物,但不一定是单体化合物,有时它仍是个混合物,需进一步分离纯化。因此,结晶法是天然药物化学实验中获得单体的一个重要环节。

形成结晶的条件是有效成分在欲结晶的混合物中的含量、适宜的溶剂系统、合适的温度和时间、正确的操作等,其中最主要的是选择合适的溶剂。

1.溶剂的选择

理想的溶剂必须具备以下条件:不与结晶物质起化学反应;杂质与结晶物质在溶剂中的溶解度相差很大。例如,结晶成分热时溶解度大,结晶成分冷时溶解度小,而对杂质则冷热都不溶或冷热全能溶解;溶剂的沸点不宜太高或太低。沸点太低则溶剂易挥发逸失,沸点太高则不易将结晶表面的溶剂除去。常用的溶剂为甲醇、乙醇、丙酮、氯仿、乙酸乙酯等;能给出较好的晶形;无剧毒。

事实上很少能找到如上所要求的理想溶剂,需要通过小量摸索试验而定;或查阅文献资料,参考同类型化合物的一般溶解性质和结晶的溶剂条件;或依据"相似相溶"规律按所推测的结晶物质的极性大小来选择溶剂。当不了解结晶物质的溶解性能时,可取少量样品(数毫克),用不同溶剂(数滴或数毫升)在小试管中,用滴管逐滴加入溶剂试验其溶解度,包括冷时或热时的溶解度。一般首选乙醇,因为它是脂溶性和水溶性基团均可用的溶剂,且经济安全。

有些成分在一般溶剂中不易形成结晶,可考虑其他不常用的溶剂,如二氧六环、二甲基亚砜、乙腈、甲酰胺、二甲基甲酰胺、冰醋酸等。如葛根素在冰醋酸中形成结晶;大黄素在吡啶中易于结晶。也有用水或酸水结晶,如小檗碱可在水中结晶;石蒜碱可用5%盐酸溶液生成盐酸盐结晶。当难以选择到合适的单一溶剂时,通常使用混合溶剂。先将样品用易溶的溶剂溶解,然后在加热的情况下,分次滴加对样品难溶而与原来溶剂能相混溶的溶剂,直至初显浑浊,再略加热溶解或稍滴加易溶的溶剂,使溶液澄明后置室温或冰箱中析晶。在选择混合溶剂时,最好使需结晶的成分在低沸点溶剂中较易溶解,而在高沸点溶剂中较难溶解,这样可在放置过程中,先挥发低沸点溶剂,使结晶慢慢析出。常用的混合溶剂有水-乙醇、乙醇-乙醚、石油醚-苯、水-丙酮、乙醚-乙醇-乙酸乙酯、石油醚-乙醚等。

2. 结晶溶液的制备

结晶溶液一般是过饱和溶液。通常将需结晶物质置于锥形瓶中,加入较需要量略少的溶剂,水浴加热至微沸。为了避免溶剂挥发,应在装置中接上冷凝管。若未完全溶解,可逐步添加溶剂,直至所需结晶物质刚好完全溶解(要注意判断是否有不溶性杂质,以免误加过多溶剂)。趁热过滤,放置冷处析晶。结晶时一般以低温较好,且温度应逐渐降低,使结晶慢慢形成,这样才能使结晶含杂质少,纯度高。溶剂的用量是影响结晶的纯度和速率的关键。在放置过程中,先塞紧瓶塞,避免液面先出现结晶,而致结晶纯度较低。如不结晶,可打开瓶塞,使溶剂逐步自然挥发,慢慢析晶。也可以用玻璃棒或金属刮勺摩擦瓶壁或加入微量晶种,诱导析晶。

3. 重结晶与分步结晶

一般采用减压抽滤把结晶从母液中分离出来。晶体需用少量溶剂洗涤,以除去存在于结晶表面的母液。洗涤时,宜暂停抽气,用刮刀小心拨动,使所有晶体润湿,略静置后再行抽气。母液适当浓缩放置,又可得到一部分纯度较低的晶体。上述得到的结晶仍为粗晶,有时仍是几个成分的混合体,可以用分步结晶使之分开。由于不同成分的含量不同、形成晶体的条件不同,析晶也有先后。因此在制备结晶时,最好在形成一批结晶后,立即抽滤分出结晶,母液略作浓缩,放置后得第二批结晶。抽滤后又浓缩母液……得到数批结晶。从上述分步结晶法所得各部分结晶,其纯度往往有较大的差异,而且常是不同的成分,在未做检查之前不要贸然混合。纯化结晶常用的方法是数次的重结晶。重结晶用的溶剂可以用原先制备结晶的溶剂,但也经常改变,因为经精制后的结晶在溶剂中的溶解度和混晶的溶解度随着纯度的改变而改变。

通常,判断结晶的纯度可依据结晶外观的色泽均匀、晶形一致程度和是否具有一定的熔点和较小的熔距;同时结合在薄层色谱或纸色谱上,经数种不同展开系统展开,均显示出的单一近圆形的斑点来判断。必要时,可制备衍生物,采用高效薄层色谱、气相色谱、高效液相色谱来进一步确定结晶是否为单一化合物。

四、干燥

分离得到的单体需要干燥,除去附着在结晶表面的少量水分或溶剂,尤其在进行测定熔点、波谱分析、定性和定量分析时必须使其完全干燥,以免影响检测的准确性。在两相溶剂萃取后,有机相需干燥除去水分,精制或再生溶剂时也需干燥脱水。所以,干燥是天然药物化学实验中最普通且又很重要的操作。选择适宜的干燥方法和适当的干燥剂是本操作的关键。

1. 基本原理

干燥的方法大致可分为物理法和化学法两种。吸附、分馏以及利用共沸蒸馏除去水分均为物理法。用吸附物理法干燥时,常用分子筛吸附去水。分子筛是多水硅铝酸盐的晶体,晶体内部有许多孔径大小均一的微孔,具有很强的吸附能力,能有效地把小于其孔径的分子吸进孔内,从而达到将不同大小的分子"筛分"的目的。无毒、无腐蚀性,不溶于水和有机溶剂,能在 pH 为 5~12 的范围内使用。新的分子筛用前应于(350±10)℃烘 2 h 活化脱水,待冷至 200 ℃左右,应立即存于干燥器内备用。分子筛宜用于除去微量的水分,如样品中水分过多,应先用其他干燥剂去水后,再用分子筛干燥。用过的分子筛可在相同温度烘烤解吸后重复使用。化学法是以干燥剂去水,按其去水作用可分为两类:能与水可逆的结合生成水合物,如氯化钙、硫酸钠等;与水发生不可逆的化学反应生成新的化合物,如金属钠、五氧化二磷。实验室应用最广泛的干燥剂是前者。

2. 固体的干燥

重结晶后,滤集的结晶表面上仍吸附有少量溶剂,需根据其性质选择适当的方法进行干燥。少量结晶可用数层滤纸挤压吸出溶剂,此法常使晶体上沾污滤纸纤维。对易挥发性溶剂,可将结晶置表面皿上铺成薄层,上覆一滤纸避免灰尘沾污,置于室温自然干燥。对热稳定的化合物可置红外干燥箱或烘箱中加热干燥。因溶剂的存在,使结晶可能在较其熔点低得多的温度下就开始熔融,因此操作中应十分注意控制温度并经常翻动,以免造成分解或变色。置干燥器内常压或减压下进行干燥是最常用的方法,其适用于易吸湿、在较高温度干燥时会分解或变色的物质,以及未明性质的样品的干燥。真空干燥器干燥效率较高,抽气时干燥器外需用布包裹,一般以盖子推不动为宜,以防炸碎。最常用的干燥剂是变色硅胶。石蜡片可用来吸收乙醚、氯仿、苯等溶剂。实验过程中抽滤得到的固体析出物视具体情况选择处理。

真空恒温干燥器(干燥枪)干燥效率高,特点是可除去结晶水或结晶醇,需专用装置,当需要化合物完全干燥(如作波谱分析送样),才采用本法进行干燥处理。

3. 液体的干燥

溶剂萃取液在浓缩前和溶剂的精制、再生,脱水干燥是必经的步骤。选择干燥剂的首要条件是其不与被干燥的有机化合物发生任何反应和互溶,次之是干燥效能和价格低廉。操作时应将被干燥的液体中的水分尽可能分离干净,不应有任何可见的水层。干燥剂的用量要适当,因其在吸水的同时也会吸附部分溶质和溶剂,必要时,可先加入一些干燥剂,密塞后振摇片刻,放置一段时间,若发现干燥剂附着瓶壁互相黏结,可过滤后再加入新的干燥剂或更换干燥效能较强的干燥剂。因液体中含水量不同,干燥剂质量、颗粒不同,处理时温度不同等因素,难以规定干燥剂具体用量,实验者应在实践中仔细观察积累经验。

五、其他方法

沉淀法、盐析法、吸附法、透析法、升华法等也是分离、纯化天然药物的常用方法。该部分内容在理论教材中已做介绍。事实上,从天然药物中获得单体常是多种分离手段结合运用,逐步分离、纯化的结果。

第三节　色谱分离技术

色谱法是一种被广泛应用的分离、分析方法。由于天然产物的各类成分结构不同,性质各异,选择的色谱法也不同。如一般生物碱的分离可用氧化铝或硅胶吸附色谱法;极性较高的生物碱可用分配色谱法;季铵型水溶性生物碱常用分配色谱法或离子交换色谱法;对具多元酚结构的黄酮类和鞣质的分离常用聚酰胺色谱法或葡聚糖凝胶色谱法;分离三萜皂苷常用大孔吸附树脂法和分配色谱法。总的来说,对非极性成分往往考虑硅胶或氧化铝吸附色谱法;对极性较大的成分则采用分配色谱法或弱吸附剂的吸附色谱法;对酸性或两性成分可用离子交换色谱法,有时也可用吸附色谱法或分配色谱法;凝胶色谱法用于分离分子大小差异较大的物质。

根据实验课程内容,重点介绍薄层色谱法和吸附柱色谱法。

一、薄层色谱法

薄层色谱(thin layer chromatography,TLC)属于固-液吸附色谱,是一种微量的分离分析方法,具有设备简单、速度快、分离效果好、灵敏度高以及能使用腐蚀性显色剂等优点。适用于小量样品(几到几十微克,甚至 $0.01\ \mu g$)的分离。同时薄层色谱是一种非常有用的跟踪反应的手段,在进行化学反应时,常利用薄层色谱观察原料斑点的逐步消失来判断反应是否完成。也常用于柱色谱分离中展开剂的选择,也可监视柱色谱分离状况和效果。

最常用的薄层色谱属于固-液吸附色谱,把吸附剂(如氧化铝、硅胶)和黏合剂[如煅石膏($CaSO_4 \cdot H_2O$)、羧甲基纤维素钠等]均匀地铺在一块玻璃板上形成薄层,将分离样品滴加在薄层的一端,当利用毛细作用使流动相沿着吸附剂薄层(固定相)移动时,吸附剂借各种分子间力(包括范德华力和氢键)作用于混合物中各组分,各组分以不同的作用强度被吸附。被分离组分在固定相与流动相之间进行分配或吸附,经过反复无数次的分配平衡或吸附平衡,不同组分的极性化合物就会在薄层板上移动不同的距离。极性强的化合物会"黏"在极性的吸附剂上,在薄板上移动的距离比较短;而非极性的物质在薄层板上移动较大的距离。化合物移动的距离大小用 R_f 值表达,其值为 0~1,其计算公式为

$$R_f = \frac{\text{样品原点中心到斑点中心的距离}}{\text{样品原点中心到溶剂前沿的距离}}$$

薄层色谱常用的吸附剂或支持剂是硅胶或氧化铝。薄层色谱用的硅胶分为硅胶 H 不含黏合剂;硅胶 G 含煅石膏做黏合剂;硅胶 HF-254 含荧光物质,可在波长 254 nm 紫外光下观察荧光;硅胶 GF-254 含有煅石膏和荧光剂。薄层色谱用的氧化铝也分为氧化铝 G、氧化铝 GF254 及氧化铝 HF254,薄层色谱技术包括制板、点样、展开、显色等。

1. 薄层板的制备

薄层板的薄层应尽可能均匀而且厚度(0.25~1 mm)要固定。否则展开时溶剂前沿不齐,色谱结果也不易重复。

制备薄层板,首先将吸附剂调成糊状,如称取约 3 g 硅胶 G,加入到 6~7 mL 0.5% 的羧甲基纤维素钠水溶液中,调成均匀的糊状物(可铺 7~8 张载玻片)。这一步一定要将吸附剂逐渐加入到溶剂中,边加边搅拌;如果把溶剂加到吸附剂中,容易产生结块。然后采用简单的平铺法和倾斜法将糊状物涂布在干净的载玻片上,制成薄层板。

(1) 平铺法

可将自制涂布器洗净,把干净的载玻片在涂布器中摆好,上、下两边各夹一块比载玻片厚 0.25 mm 的玻璃板,在涂布器槽中倒入糊状物,将涂布器自左向右推,即可将糊状物均匀地涂在玻璃板上。

(2) 倾斜法

如没有涂布器,则可将调好的糊状物倒在载玻片上,用药匙摊开后,用手摇晃并轻轻敲击玻板背面,使其糊状物均匀铺开且表面均匀光滑。

涂好的薄层板室温水平放置晾干后,放入烘箱内加热活化,活化条件根据需要而定。硅胶板一般在烘箱中渐渐升温,维持 105~110 ℃ 活化 30 min。氧化铝板在 200~220 ℃ 烘 4 h 可得活性Ⅱ级的薄板,150~160 ℃ 烘 4 h 可得活性Ⅲ~Ⅳ级的薄板。薄层板的活性与含水量有关,其活性随含水量的增加而下降。注意硅胶板活化时温度不能过高,否则硅醇基会相互脱水而失活。活化后的薄层应放在干燥器内保存。

2. 点样

将样品溶于低沸点溶剂(丙酮、甲醇、乙醇、氯仿、苯、乙醚和四氯化碳)配成 1% 的溶液,用内径小于 1 mm 管口平整的毛细管点样:用毛细管取样品溶液,在薄层板一端约 1.0 cm 处,垂直地轻轻地接触到薄层上的吸附剂,样品溶液就可被吸到薄层上。在薄层色谱中,样品的用量对物质的分离效果有很大影响,所需样品的量与显色剂的灵敏度、吸附剂的种类、薄层的厚度均有关系。样品量太少,斑点不清楚,难以观察;样品量太多,往往出现斑点太大或拖尾现象,以致不易分开。若因样品溶液太稀,可重复点样,但应待前次点样的溶剂挥发后方可重新点样,样品直径一般以 2~4 mm 为宜。同一薄层上的样点直径应一致。另外点样要轻,不可刺破薄层。

3. 展开

薄层板的展开需要在密闭的色谱缸(也可用标本缸或广口瓶等)中进行。用来展开样品中各组分的溶剂(流动相)称为展开剂。先将一定量展开剂放在色谱缸中,盖上缸盖,让缸内溶剂蒸气饱和 5~10 min。再将点好试样的薄层板样点一端朝下放入缸内(注意控制器皿中展开剂的量,切勿使样点浸入展开剂中),盖好缸盖,展开剂因毛细管效应而沿薄层上升,样品中组分随展开剂在薄层中以不同的速度自下而上移动而导致分离。当展开剂前沿上升到距离薄层板边缘一定距离时取出薄层板,放平,用铅笔标明溶剂前沿位置,冷风吹干溶剂。

化合物在薄板上移动距离的大小取决于所选取的溶剂。溶剂的极性越大,对化合物的洗脱能力也越大,即 R_f 值也越大。在戊烷和环己烷等非极性溶剂中,大多数极性物质不会移动,但是非极性化合物会在薄板上移动一定距离。极性溶剂通常会将非极性的化合物推到溶剂的前端而将极性化合物推离基线。一个好的溶剂体系应该使混合物中所有的化合物都离开基线,但并不使所有化合物都到达溶剂前端。最理想的 R_f 值为 0.4~

0.5,良好的分离 R_f 值为 0.15～0.75,如果 R_f 值小于 0.15 或大于 0.75 则分离不好,就要调换展开剂重新展开。

选择展开剂时,除参照溶剂极性来选择外,更多地采用试验的方法,在一块薄层板上进行试验:

(1)若所选展开剂使混合物中所有的组分点都移到了溶剂前沿,此溶剂的极性过强。

(2)若所选展开剂几乎不能使混合物中的组分点移动,留在了原点上,此溶剂的极性过弱。

当一种溶剂不能很好地展开各组分时,常选择用混合溶剂作为展开剂。先用一种极性较小的溶剂为基础溶剂展开混合物,若展开不好,用极性较强的溶剂与前一溶剂混合,调整极性,再次试验,直到选出合适的展开剂组合。合适的混合展开剂常需多次仔细选择才能确定。一些常用溶剂和它们的相对极性:

甲醇＞乙醇＞异丙醇＞乙酸乙酯＞氯仿＞二氯甲烷＞乙醚＞甲苯＞正己烷、石油醚
强极性溶剂│←————中等极性溶剂————→│非极性溶剂

常用混合溶剂:乙酸乙酯/正己烷,常用比例 1:10～1:3;乙醚/戊烷,常用比例 1:10～1:2.5;乙醇/正己烷,对强极性化合物 1:10～1:3 比较合适;二氯甲烷/正己烷,常用比例 1:10～1:3,当其他混合溶剂失败时可以考虑使用。

4.显色

当展开的薄层板上化合物斑点本身有颜色时,可直接观察。若化合物本身无色,可在紫外光灯下观察荧光斑点,也可用显色剂显色。简单常用的显色剂是碘蒸气,广口瓶中放置少量碘晶体,使用时将薄层板放入,盖上瓶盖,密封瓶内的碘蒸气即可使大部分有机化合物显色(饱和烃与卤代烃除外)。

二、吸附柱色谱法

吸附柱色谱通常在玻璃管中填入表面积很大的多孔性或粉状固体吸附剂。当待分离的混合物溶液流过吸附柱时,各种成分同时被吸附在柱的上端。当洗脱剂流下时,由于不同化合物吸附能力不同,往下洗脱的速度也不同,于是形成了不同层次,即溶质在柱中自上而下按对吸附剂的亲和力大小分别形成若干色带。再用溶剂洗脱时,已经分开的溶质可以从柱上分别洗出收集;或将柱吸干,挤出后按色带分割开,再用溶剂将各色带中的溶质萃取出来。

柱色谱分离如图 2-4 所示。

实验室常用氧化铝、硅胶做吸附剂。吸附剂的选择一般要根据待分离的化合物类型而定。例如硅胶的性能比较温和,属无定形多孔物质,略具酸性,极性相对较小,适合于分离极性较强的化合物,如羧酸、醇、酯、酮、胺等。而氧化铝极性较强,对于弱极性物质具有较强的吸附作用,适合于分离极性较弱的化合物。酸性氧化铝适合于分离羧酸或氨基酸等酸性化合物;碱性氧化铝适合于分离胺;中性氧化铝则可用于分离中性化合物。

大多数吸附剂都能强烈地吸水,且水分易被其他化合物置换,因此导致吸附剂的活性降低。故吸附剂使用前一般要经过纯化和活性处理,颗粒大小应当均匀。对于吸附剂而言,粒度愈小表面积愈大,吸附能力就愈高,但颗粒小时,溶剂的流速就愈慢,因此应根

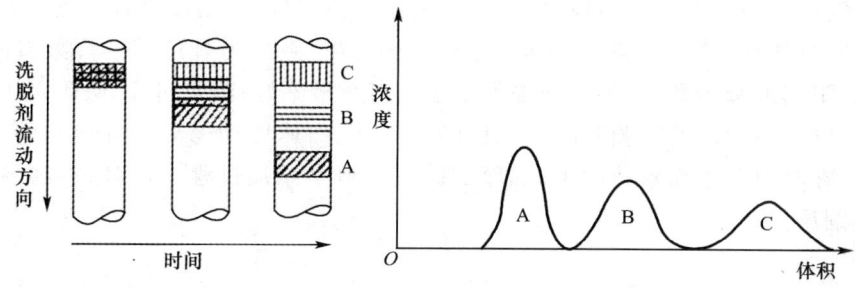

图 2-4　柱色谱分离

据实际分离需要而定。化合物在吸附剂上的吸附性与它们的极性成正比,化合物分子中含有极性较强的基团时,吸附性也较强。

柱色谱分离中,洗脱剂的选择是重要的一环,通常根据被分离物中各化合物的极性、溶解度和吸附剂的活性等来考虑。但是必须注意,选择的洗脱剂极性不能大于样品中各组分的极性,否则样品组分在柱色谱中移动过快,不能建立吸附-洗脱平衡,影响分离效果。实际操作时,一般采用薄层色谱反复对比,选择柱色谱的洗脱剂。能在薄层色谱上将样品中各组分完全分开,即可作柱色谱洗脱剂。在有多种洗脱剂可选择时,一般选择目标组分 R_f 值较大的洗脱剂。一般来说,洗脱剂都需要采用混合溶剂,利用强极性和弱极性溶剂复配而成。

硅胶和氧化铝作吸附剂的柱色谱,洗脱剂的洗脱能力有如下顺序:

己烷和石油醚＜环己烷＜四氯化碳＜三氯乙烯＜二硫化碳＜甲苯＜苯＜二氯甲烷＜氯仿＜乙醚＜乙酸乙酯＜丙酮＜丙醇＜乙醇＜甲醇＜水＜吡啶＜乙酸

常用的柱色谱装置包括色谱柱、滴液漏斗、接受瓶,如图 2-5 所示,操作包括装柱、上样、洗脱、收集等。

（1）装柱

实验时选一合适色谱柱(长径比应不小于 7∶1～8∶1,吸附剂填充量约为柱容量的 3/4,预留 1/4 空间装溶剂),洗净干燥后垂直固定在铁架台上,柱子下端放置一锥形瓶。如果层析柱下端没有砂芯横隔,就应取一小团脱脂棉或玻璃棉,用玻璃棒将其推至柱底,然后再铺上一层约 0.5 cm 厚的砂,然后采用湿法装柱或干法装柱。装柱要求吸附剂填充均匀,无断层、无缝隙、无气泡,否则会影响洗脱和分离效果。

①湿法装柱

将一定量的吸附剂(吸附剂用量应是被分离混合物量的 30～40 倍)用溶剂(最好选用 90～120 ℃ 石油醚)调成糊状,向柱内倒入溶剂至柱高的 3/4 处。再将调好的糊状吸附剂从色谱柱上端倒入,同时打开色谱柱下端的活塞,使溶剂慢慢流入锥形瓶。在添加吸附剂的过程中,可用木质试管夹或套有橡皮管的玻璃棒绕柱四周轻轻敲打,促使吸附剂均匀沉

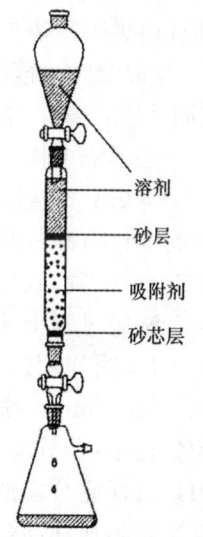

图 2-5　柱色谱装置

降并排出气泡。注意敲打色谱柱时,不能只敲打某一部位,否则被敲打一侧吸附剂沉降更紧密,致使洗脱时色谱带跑偏,甚至交错而导致分离失败。另外还需掌握敲打时间,敲打不充分,吸附剂沉降不紧实,各组分洗脱太快分离效果不好;敲打过度,吸附剂沉降过于紧实,洗脱速度太慢而浪费实验时间(一般以洗脱剂流出速度为每分钟 5~10 滴)。吸附剂添加完毕,在吸附剂上面覆盖约 1 cm 厚的砂层。整个添加过程中,应保持溶剂液面始终高出吸附剂层面。

②干法装柱

将一定量的吸附剂用漏斗慢慢加入干燥的色谱柱中,边加入边敲击柱身,务必使吸附剂装填均匀,不能有空隙。加完后,在吸附剂上覆盖少许石英砂,然后加洗脱剂洗柱赶走小气泡。

(2)上样

①湿法上样

湿法上样就是用少量溶剂(最好就是展开剂,如果展开剂的溶解度不好,则可以用一极性较强的溶剂,但必须少量)将样品溶解,湿法装柱后,当柱内的溶剂液面降至吸附剂表层时,关闭层析柱下端的活塞。将待分离的混合物用最小量展开剂溶解,用滴管小心滴加到柱内吸附剂表层,并用少量溶剂洗涤色谱柱内壁上沾有的样品溶液。旋开滴液漏斗旋塞,待混合物溶液液面接近吸附剂上的石英砂时,连续滴加洗脱剂。滴加速度以每秒 1~2 滴为宜。整个过程中,应使洗脱剂始终覆盖吸附剂。

②干法上样

干法上样是把待分离的样品用少量溶剂溶解后,再加入少量硅胶,拌匀后再旋去溶剂。如此得到的粉末再小心加到柱的顶层。干法上样较麻烦,但可以保证样品层很平整。

(3)洗脱、收集

洗脱过程中注意保持液面高度,使洗脱剂匀速流动,切忌柱面洗脱剂流干。为使吸附、解吸附作用进行充分,洗脱剂的流速不宜太快,一般长为 40 cm 的色谱柱,流速控制在 3~4 mL/min。洗脱液的收集视实验目的而定,若分离纯化的成分是有色的,可选择性地收集色带;若分离纯化的成分是无色的,则采用等份收集,每份洗脱液的体积随吸附剂的用量及样品分离的具体情况而定。如吸附剂为 50 g,每份洗脱液可为 50 mL。若洗脱剂极性很强或样品各组分的结构相似,每份洗脱液的收集量要小。

何时及如何更换洗脱剂是柱色谱分离成功的关键。可根据洗脱液的颜色变化,当颜色变得很淡时更换下一种溶剂;也可借薄层色谱协助监控洗脱分离的进程,当证实所用的洗脱剂对吸附柱上的物质已无洗脱能力,就是到了更换洗脱剂(提高洗脱剂的极性)的时刻。更换洗脱剂时,常先用混合溶剂作为过渡,逐步增加较强极性溶液的比例(0%~10%),以后每次递增 5%~10%,直到达 50%,然后再更换成较强极性溶剂,同时检查此期间是否已有另外成分从柱中被洗脱出来。该程序一直继续到所有组分均被洗脱为止。

将各份洗脱液浓缩后用薄层色谱检测,把成分相同的洗脱液合并,回收溶剂,得到单体。如为数个成分的混合物,可再进一步用柱色谱法或其他方法进一步分离纯化。

第四节 天然药物化学实验案例

实验一 莪术挥发油的提取和鉴别

【实验目的】
1. 掌握莪术挥发油的提取方法。
2. 掌握用薄层层析法分析鉴别莪术挥发油的成分。
3. 掌握气相色谱法测定莪术挥发油中莪术醇的成分。

【实验原理】
莪术为姜科植物蓬莪术（*Curcuma phaeocaulis* Val.）、广西莪术（*Curcuma kwangsiensis* S.G. Lee et C. F. Liang）和温郁金（*Curcuma wenyujin* Y. H. Chen&C. ling）的干燥根茎。莪术味辛，性温，具有行气破瘀、消积止痛之功效。主治积滞胀痛、血滞腹痛、肝脾肿大、血滞经闭、跌打损伤等。

莪术根茎中含有挥发油 1.0%～2.5%，油中主要成分为多种倍半萜类。其中以莪术烯酮、莪术醇为主要成分。此外还含有莪术稀、滞焦莪术烯酮、莪术烯醇、原莪术烯醇、莪术双酮、去氢莪术双酮、呋喃二烯酮等。莪术油、莪术注射液、莪术酮以及莪术醇混合液都具有良好的抗肿瘤作用，主要用于宫颈癌的治疗。此外，莪术挥发油也具有抗菌和升白细胞作用。挥发油提取物结构式如图 2-6 所示。

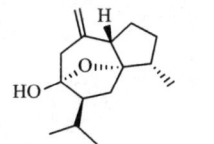
(a) 莪术醇((-)-curcumol)　(b) 莪术烯(curzerene)　(c) 莪术烯酮(curzerenone)

图 2-6　挥发油提取物结构式

挥发油能随水蒸气馏出，但不溶或极难溶于水，易溶于有机溶剂。挥发油是多种成分的混合物，各组成成分的结构或特有功能基对某些试剂呈现一定的颜色反应，且具有一定的理化性质，包括沸点、密度、比旋度、折光率等。故可以利用这些性质对挥发油进行定性分析。

【实验材料】
1. 器材：500 mL 三颈烧瓶、挥发油提取器、球形冷凝管、薄层硅胶板、展开缸、加热套、气相色谱仪等。
2. 试剂：莪术片、蒸馏水、香草醛-浓硫酸溶液等。

【实验方法】

(一) 莪术挥发油的提取
称取莪术药材干粉约 30 g，置于 500 mL 三颈烧瓶中，加入 350 mL 水浸泡；安装提取装置,在三颈烧瓶上接挥发油提取器,在挥发油提取器中加水至刚好流入烧瓶,安装冷凝装置;加热烧瓶至沸腾,回流至提取器中无油珠流出时停止加热,读取挥发油体积,计算提取率(按照 mL/g 计算)。放出挥发油提取器中的水,接取挥发油于瓶中,保存。

(二)莪术挥发油及莪术醇的鉴定

1. 莪术挥发油薄层色谱分析

吸附剂:硅胶 GF254。

展开剂:石油醚-乙酸乙酯(9∶1)。

显色剂:香草醛-浓硫酸溶液。

样品:自提的莪术挥发油的石油醚溶液,莪术醇标准品。

结果:记录挥发油薄层色谱中的主要斑点和颜色,计算其 R_f 值。

2. 莪术挥发油 GC-FID 分析

色谱条件:以毛细管柱,涂布柱交联苯基甲基聚硅氧烷(HP-5);汽化室温度为 260 ℃;柱温 60 ℃ 至 240 ℃(8 ℃/min),240 ℃ 保温 5 min;氮气流速为 0.8 mL/min。检测器为氢火焰离子化检测器;分流比为 25∶1;配制供试液,每 1 mL 含 1 mg 的挥发油正己烷溶液。吸取 1 μL 注入气相色谱仪中,记录色谱图。另精密称取适量莪术醇对照品,制成每 1 mL 含 0.2 mg 的正己烷溶液,同法测定。计算莪术挥发油中莪术醇的含量。

【注意事项】

1. 挥发油收集后,会含有微量的水而略显浑浊,故在做气相分析时,要静置一段时间,吸取上清液进行分析。

2. 莪术挥发油薄层色谱分析时,样品浓度不宜太大,否则会影响展开效果。

【思考题】

1. 挥发油的通性有哪些?应如何保存挥发油?
2. 挥发油的常规提取方法有哪些?
3. 挥发油成分有哪些定性和定量分析方法?

【参考文献】

[1] 赵海燕,许钰,班颖芳,等.广西莪术挥发油提取工艺优化及抗氧化活性研究[J].山东化工,2020,49(14):7-9+14.

[2] 吴妹,滕院,郝钰泽,等.三种方法提取海南产温莪术挥发油的比较研究[J].广州化工,2017,45(24):96-98+160.

[3] 柳英帅.手性 β-氨基酸合成新方法研究及天然产物莪术醇的合成[D].浙江工业大学,2014.

实验二 槐米中芦丁的提取、分离和鉴别

【实验目的】

1. 掌握酸-碱法提取黄酮类化合物的原理与操作方法。
2. 通过芦丁结构的检识,掌握黄酮类化合物定性鉴别的原理和方法。

3. 通过对芦丁及其水解产物的精制和鉴别,掌握苷类化合物水解的方法和鉴别方法。

4. 通过对芦丁及槲皮素的液相色谱含量分析,了解黄酮类化合物的高效液相色谱分析方法。

【实验原理】

芦丁(rutin)是一种天然黄酮苷,广泛存在于植物界中,现已发现含芦丁的植物至少有 70 种,如烟叶、槐花、荞麦、蒲公英等,尤以槐米(植物槐树未开放花蕾)和荞麦中含量最高,可作为大量提取芦丁的材料。芦丁是由槲皮素 3 位上的羟基与芸香糖(rutinose,1 分子葡萄糖和 1 分子鼠李糖组成的双糖)脱水形成的黄酮苷。

芦丁为浅黄色粉末或极细的针状结晶,溶解度:冷水中为 1:10 000;热水中为 1:200;冷乙醇中为 1:650;热乙醇中为 1:60。提取芦丁的方法有很多,目前多采用碱提取-酸沉淀的方法,提取原理是因分子中有较多的酚羟基,显弱酸性,在碱水中成盐溶解,而在酸性条件下重新游离而析出沉淀。故可以采用碱提取-酸沉淀的方法提取芦丁。此外,还可以采用沸水提取法或醇提法。芦丁可在稀酸条件下水解,生成苷元槲皮素和糖。

芦丁和槲皮素结构式如图 2-7 所示。

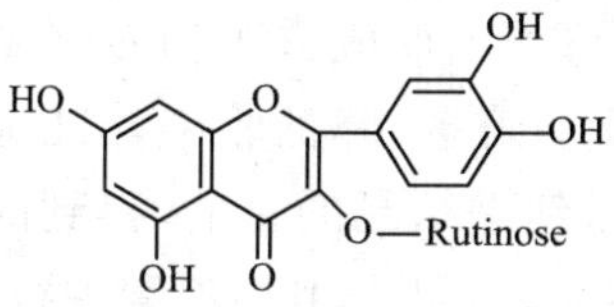

芦丁 (Rutin) 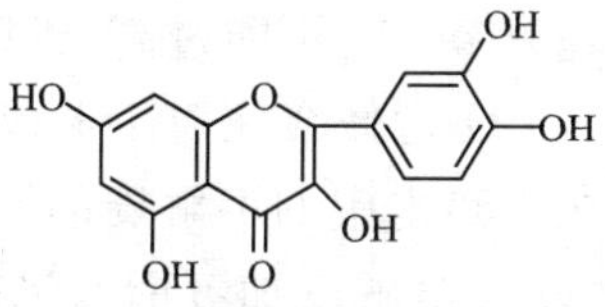　　槲皮素 (Quercetin)

图 2-7　芦丁和槲皮素结构式

【实验材料】

1. 器材:500 mL 三颈烧瓶、球形冷凝管、加热套、薄层硅胶板、布氏漏斗、玻璃棒、表面皿、展开缸等。

2. 试剂:槐米、石灰乳、浓盐酸、硫酸、镁粉、α-萘酚/乙醇溶液等。

【实验方法】

(一)芦丁的提取

称取槐米约 50 g,在研钵中碾碎成粗粉。称取 1.0~1.5 g 石灰粉,加入 10 mL 水研成乳液备用。在 500 mL 三颈烧瓶中加入 350 mL 蒸馏水,煮沸 2~3 min 后,加入槐米煮沸 5 min,在搅拌下加入石灰乳调节 pH 为 8~9,加热微沸回流 20 min,趁热过滤。滤渣再加入蒸馏水 250 mL,加石灰乳调节 pH 为 8~9,回流 10 min,趁热过滤。合并两次滤液,用浓盐酸调节 pH 为 4~5,静置 1 h,析出芦丁,抽滤,收集粗制芦丁,干燥称重。将粗制芦丁 2~3 g 悬浮于蒸馏水(按照比例中),加热煮沸 15 min,趁热过滤,滤液充分静置,析晶,过滤,收集芦丁,在 60~70 ℃ 干燥,称重得精制芦丁,计算收率。

(二)芦丁的水解

称取一定量的精制芦丁 1.0 g(±0.01 g),加入 1% 硫酸 100 mL,加热搅拌约 40 min,放冷静置,过滤,用少许水洗除沉淀中残留的硫酸,干燥称重,即得槲皮素。

(三) 芦丁和槲皮素的鉴定

分别取芦丁和槲皮素各 3～4 mg，加乙醇 5～6 mL 溶解，分别做如下实验：

盐酸-镁粉反应：分别取上述溶液 1～2 mL，加 2 滴浓盐酸，再加少许镁粉，注意观察颜色变化情况。

Molish 反应：分别取上述溶液 1～2 mL，然后再加入等体积的 10% α-萘酚/乙醇溶液，摇匀，沿管壁滴加浓硫酸，注意观察液面交界处的颜色变化。

薄层色谱法：

吸附剂：硅胶 GF254。

展开剂：芦丁，氯仿-甲醇(2∶1)（加入 1 滴冰醋酸）。
　　　　槲皮素，氯仿-甲醇(3∶1)（加入 1 滴冰醋酸）。

样品：芦丁、槲皮素及相应标准品溶液。

显色：5% 的 $FeCl_3$ 乙醇溶液。

【注意事项】

1. 槐米研磨得不可过细，以免提取液过滤困难。
2. 加入石灰乳调节 pH 不能过高，否则钙离子与芦丁形成螯合物而沉淀析出。
3. 加盐酸调节 pH 过低会使芦丁形成氧盐重新溶解，降低收率，pH 为 5 左右为最佳。
4. 利用芦丁在冷热水中的溶解度的不同来达到重结晶的目的，得到的沉淀要称量，按照在热水中 1∶200 的溶解度加蒸馏水进行重结晶，也可以用热乙醇进行重结晶精制。

【思考题】

1. 苷类水解有几种催化方法？苷类结构的检识大概程序是什么？
2. 黄酮类化合物的定性反应有哪些？
3. 黄酮类化合物有哪些显色方法，分别针对哪类黄酮？
4. 石灰乳在芦丁的提取中能起到什么作用？
5. 提取芦丁时，为什么在水煮沸后再加入槐米？

【参考文献】

[1] 李星，李静. 槐米中芦丁提取工艺研究进展[J]. 现代农业科技，2022(03)：214-216.

[2] 张跃彬，王玉荣，王振宇，等. 碱提酸沉法提取玉米须芦丁的工艺优化[J]. 化学与生物工程，2021，38(10)：27-31.

实验三　苦参生物碱的提取分离和检识

【实验目的】

1. 通过苦参生物碱的提取与精制，掌握酸-碱法提取生物碱类化合物的操作。
2. 通过苦参生物碱的检识，了解生物碱类定性鉴别的一般原理和方法。
3. 学习粗提物的纯化方法，包括萃取和重结晶的操作方法。
4. 学习总生物碱的薄层层析鉴别方法。

【实验原理】

苦参是豆科植物苦参(Sophora flavescens)的干燥根,有清热燥湿、杀虫、利尿之功效,临床用于治疗痢疾、肝炎、湿疹、气管炎等疾病。苦参中主要含有生物碱和黄酮类成分,生物碱包括苦参碱、氧化苦参碱、槐定碱、槐果碱等。药理研究表明苦参总生物碱有抗心律失常及抗癌活性作用。氧化苦参碱有抗肝炎、抗癌、抗衰老作用。

生物碱提取一般用水、酸水或醇提法,粗提物用树脂法或酸碱法纯化,分离方法多用硅胶或氧化铝柱层析。实验采用乙醇提取、酸碱法纯化苦参总生物碱。可利用苦参碱和氧化苦参碱不同的溶解度,进行分离纯化。苦参碱易溶于氯仿、醇,溶于乙醚、苯,难溶于水;氧化苦参碱易溶于水、乙醇、甲醇、氯仿,不溶于乙醚、苯。

苦参碱和氧化苦参碱结构式如图2-8所示。

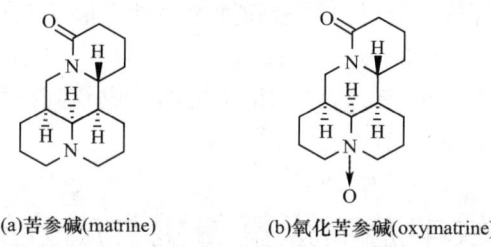

(a)苦参碱(matrine)　　(b)氧化苦参碱(oxymatrine)

图2-8　苦参碱和氧化苦参碱结构式

【实验材料】

1.器材:500 mL三颈烧瓶、球形冷凝管、加热套、薄层硅胶板、布氏漏斗、玻璃棒、表面皿、展开缸、分液漏斗、旋转蒸发仪等。

2.试剂:苦参片、95%乙醇、乙醚、氨水、氯仿、无水硫酸钠等。

【实验方法】

(一)苦参生物碱的提取分离

称取苦参粗粉50 g,置于500 mL三颈烧瓶中,加入350 mL的95%乙醇,加热至微沸,回流提取30 min,过滤。在滤渣中再次加入300 mL的95%乙醇,回流提取30 min,过滤,合并滤液,浓缩至膏状。加入150 mL水溶解成混悬液,滴加稀盐酸调节pH为3~4,抽滤。将酸液置于250 mL分液漏斗中,加入乙醚萃取(30 mL,3次)。向乙醚萃取后的酸水层中滴加氨水,碱化至pH为8~9,置于250 mL分液漏斗中,加入氯仿萃取(30 mL,3次)。合并氯仿萃取液,加入适量无水硫酸钠干燥,过滤,浓缩氯仿层至黏稠状,转移出氯仿浓缩物,得苦参生物碱。

(二)生物碱的鉴定——薄层色谱法

吸附剂:硅胶GF254。

展开剂:氯仿-甲醇(8∶2)(加入2滴氨水)。

样品:总生物碱、氧化苦参碱、苦参碱。

显色:UV 254 nm灯照射,喷洒碘化铋钾显色剂。

结果:观察记录样品斑点颜色变化和样品纯度。

【注意事项】
1. 苦参粉碎不可过细,以免过滤时速度过慢。
2. 乙醚萃取时注意放气,以免造成人身伤害。

【思考题】
1. 叙述酸水法和离子交换树脂法提取纯化生物碱的原理。
2. 生物碱的鉴别方法有哪些?
3. 比较氧化苦参碱和苦参碱的 R_f 值大小和碱性强弱,分析原因。

【参考文献】
[1] 郭朝万,张苑浩,聂艳峰,等.苦参碱的提取制备及其抑菌活性研究[J].广东化工,2021,48(14):58-61.
[2] 拉巴次旦,纪鹏,赵年寿,等.苦参碱类生物碱提取工艺优化及纯化方法[J].动物医学进展,2021,42(03):119-122.
[3] 高明焱,孙朋,杜同同,等.苦参碱衍生物的合成及其抗肿瘤活性研究进展[J].大众科技,2017,19(03):57-60.

实验四　虎杖中游离羟基蒽醌类成分的提取和分离

【实验目的】
1. 以虎杖中游离羟基蒽醌为例,掌握酸-碱法提取蒽醌类化合物原理与操作。
2. 掌握蒽醌类化合物定性鉴别的一般原理和方法。

【实验原理】
虎杖为蓼科植物虎杖(*Polygonum cuspidatum* Sieb. et Zucc.)的根及根茎。别名阴阳莲、花斑竹。味苦、性微寒。有清热解毒、祛风利湿、利尿通淋、祛痰、止咳、通经等功效。主要用于湿热黄疸、风湿痹痛、淋浊带下、经闭、烫伤。虎杖中含有较多的羟基蒽醌类成分及二苯乙烯类成分,其中主要有大黄素、大黄酚、大黄素甲醚、大黄素 8-β-D-葡萄糖苷及 β-谷甾醇、鞣质等。虎杖的主要药理作用有抗菌、抗病毒及镇咳平喘,常用来治疗急性炎症、烧烫伤、肝炎、气管炎等。

虎杖提取物中主要成分结构式如图 2-9 所示。

羟基蒽醌类化合物及二苯乙烯类成分,均可溶于乙醇中,故可用乙醇进行提取。羟基蒽醌类易溶于乙醚或者氯仿等弱极性溶剂,白藜芦醇苷在氯仿中溶解度很小,利用它们在氯仿中的溶解性差异使羟基蒽醌类与白藜芦醇苷分离,再利用各羟基蒽醌类结构上的不同所表现出的酸性差异,用 pH 梯度萃取法进行分离。

【实验材料】
1. 器材:500 mL 三颈烧瓶、球形冷凝管、加热套、薄层硅胶板、布氏漏斗、玻璃棒、表面皿、展开缸、分液漏斗、旋转蒸发仪等。
2. 试剂:虎杖、95%乙醇、氯仿、5%碳酸氢钠水溶液、5%碳酸钠、2%的 NaOH、醋酐-浓硫酸等。

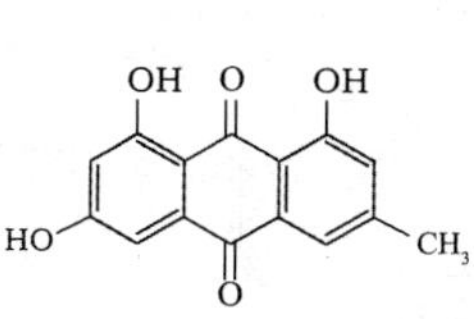

(a) 大黄素(emodin) 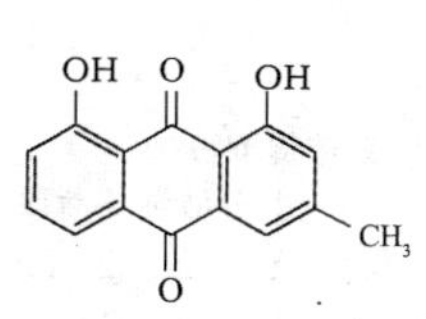　　(b) 大黄酚(chrysophanol) 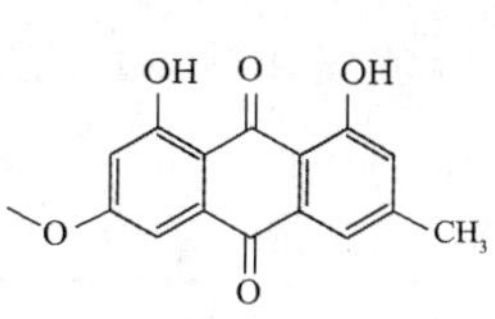　　(c) 大黄素甲醚(physcion)

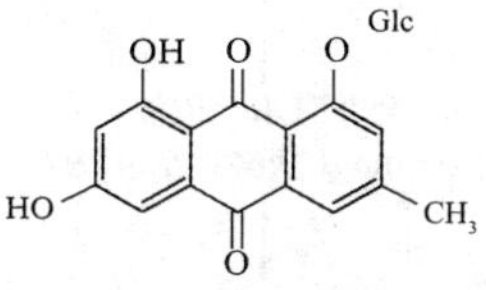

(d) 大黄素-1-β-D-葡萄糖苷
(emodin-1-β-D-monoglucoside)

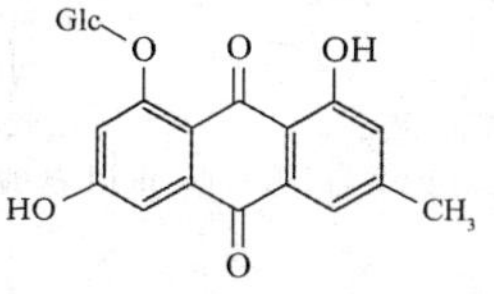

(e) 大黄素-8-β-D-葡萄糖苷
(emodin-8-β-D-monoglucoside)

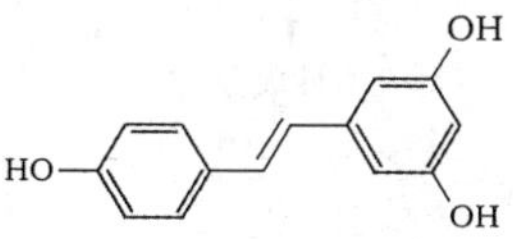

(f) 白藜芦醇(resveratrol) 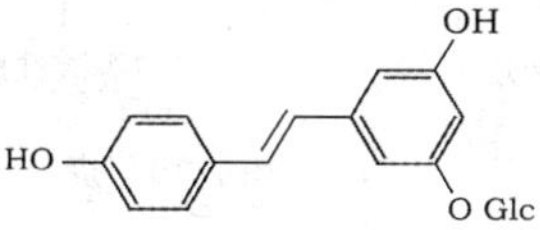　　(g) 白藜芦醇苷(polydatin)

图 2-9　虎杖提取物中主要成分结构式

【实验方法】

(一) 虎杖的提取

乙醇总提取物的制备：取虎杖粗粉 100 g，于 500 mL 圆底烧瓶中加热回流，第一次加 300 mL 乙醇回流 40 min，趁热过滤；第二次加 250 mL 乙醇回流 30 min；第三次加 200 mL 乙醇回流 30 min。合并三次乙醇提取液，滤液减压回收乙醇得膏状物。

(二) 羟基蒽醌类成分的分离

1. 亲脂性成分与亲水性成分的分离

将上述膏状物加水 30 mL，置于 250 mL 分液漏斗中，氯仿(或者乙醚)萃取(30 mL)，合并氯仿液即亲脂性成分总游离蒽醌，氯仿提取过的水相中含水溶性成分。

2. 游离蒽醌的分离

(1) 强酸性成分的分离：将上述含总游离蒽醌的氯仿液置于 250 mL 分液漏斗中，加 5% 碳酸氢钠水溶液萃取(30 mL，5 次)，合并碱水提取液，在搅拌下缓缓滴加稀盐酸调至 pH 为 2，注意观察颜色变化，稍放置即可析出沉淀，抽滤，用水洗涤沉淀至中性，将沉淀置表面皿上干燥，得强酸性成分。

(2) 中等酸性成分的分离：碳酸氢钠萃取过的氯仿液用 5% 碳酸钠溶液萃取(40 mL，6 次)。合并碳酸钠提取液，小心加稀盐酸调至 pH 为 3，放置，抽滤，水洗沉淀至中性，抽干，干燥称重，得中等酸性成分。

(3) 弱酸性成分的分离：碳酸钠萃取过的氯仿液，用 2% 的 NaOH 萃取(30 mL，4 次)，合并碱水提取液，在搅拌下缓缓滴加稀盐酸调至 pH 为 2，抽滤得弱酸性成分。氯仿层用水洗至中性，浓缩回收溶剂，浓缩液中含中性成分，与 β-谷甾醇做 TLC 对照，醋酐-浓硫酸显色，观察现象。

虎杖提取流程如图 2-10 所示。

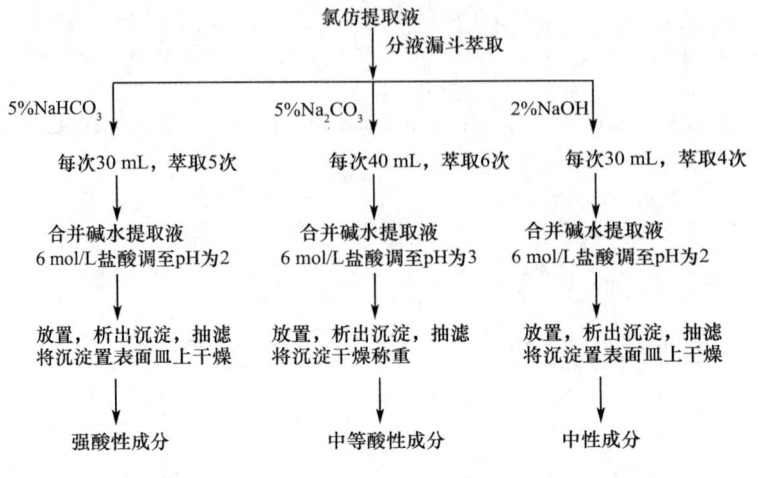

图 2-10　虎杖提取流程

(三) 羟基蒽醌类成分的鉴定

1. 化学检识

分别取强酸性成分、中等酸性成分,用氯仿溶解,做如下反应:

A. 碱液试验:取试液 1 mL,加 20% NaOH 数滴,观察颜色。

B. 醋酸镁反应:取试样 1 mL,加醋酸镁试剂数滴,观察现象。

2. 薄层鉴定

A. 酸性成分:

吸附剂:硅胶 GF254。

展开剂:石油醚-乙酸乙酯(2∶1)。

显色剂:(1)氨蒸气熏;(2)5% KOH 喷雾。观察颜色变化,测出 R_f 值。

B. 中性成分:

吸附剂:硅胶 GF254。

展开剂:石油醚-乙酸乙酯(5∶1)。

显色剂:醋酐-浓硫酸,观察颜色变化,测出 R_f 值。

【注意事项】

1. 分液漏斗使用前注意检漏。

2. 氯仿萃取时,乳化现象比较严重,静止分层时间要稍长一些。

3. 做显色鉴定时,先用氨蒸气熏,氨蒸气挥发后,再做喷雾实验。

【思考题】

1. 利用 pH 梯度法分离蒽醌的原理是什么?

2. 蒽醌类化合物的定性反应有哪些?

3. 在分离过程中,氯仿提取过的剩余物中含哪些水溶性成分?

4. 排列出虎杖中几种蒽醌类化学成分的酸性大小。

5. 萃取时发生乳化的处理方法有哪些?

【参考文献】

[1] 吴桂玲,周丽,邓维先.虎杖有效成分的提取方法研究进展[J].粮食与油脂,2022,35(6):16-18.

[2] 骆航,李华生,孙兴力,等.虎杖中白藜芦醇及大黄素超声综合提取工艺[J].兰州工业学院学报,2020,27(5):81-86.

实验五　茶叶中咖啡因的提取、分离和鉴别

【实验目的】

1. 学习生物碱提取原理和方法。
2. 掌握硅胶柱色谱法分离纯化天然产物的方法。

【实验原理】

茶叶中含有多种嘌呤类衍生物的生物碱,其中主要成分为丹宁酸(又称鞣酸,占11%～12%,易溶于水和乙醇)、咖啡因(又称咖啡碱,占1%～5%),尚有少量的茶碱、可可豆碱,此外还有约0.6%的色素、纤维素和蛋白质。

咖啡因的化学名为1,3,7-三甲基黄嘌呤,具有弱碱性,无臭、味苦。露置于空气中可以被风化,100 ℃时失去结晶水,并开始升华,120 ℃升华加快,170 ℃以上显著升华。可溶于水、丙酮和乙醇,易溶于氯仿,较难溶于乙醚和苯。咖啡因在医学上用作心脏、呼吸器官和神经系统的兴奋剂,也是感冒药APC(阿司匹林-非那西丁-咖啡因)组成成分之一。过度使用咖啡因会产生轻度上瘾。

从茶叶中提取咖啡因的常用方法有两种:(1)用适当的有机溶剂在索氏提取器中连续抽提,然后浓缩得到粗咖啡因。由于粗咖啡因中还含有一些其他生物碱和杂质,可利用咖啡因高温时的快速升华特点进一步纯化。(2)碱性水溶液加热浸泡,使咖啡因呈游离状态而溶于热水中,从而与不溶于水的纤维素、蛋白质、脂肪等分离(由于丹宁、色素、有机酸等也可溶于水,故浸泡液常呈棕色)。可先用醋酸铅溶液处理,使酸性物质生成铅盐沉淀而除去,然后用有机溶剂萃取,使咖啡因转溶于有机溶剂,从而与色素等分开。蒸去溶剂,即得粗制的咖啡因,因叶绿素极易溶于丙酮中,故可用丙酮重结晶将叶绿素除去或升华法纯化。本实验采用乙醇溶剂提取,氯仿萃取得到咖啡因粗品,然后用柱层析分离纯化得到咖啡因。

【实验材料】

1. 器材:500 mL三颈烧瓶、球形冷凝管、加热套、薄层硅胶板、布氏漏斗、玻璃棒、表面皿、展开缸、分液漏斗、旋转蒸发仪、玻璃色谱柱等。

2. 试剂:绿茶叶、95%乙醇、氯仿、石油醚、200～300目硅胶、5%鞣酸溶液、10%盐酸、硅钨酸试剂等。

【实验方法】

(一)咖啡因粗品的提取

称取15 g绿茶叶,加入盛有200 mL 95%乙醇的500 mL三颈烧瓶中,恒温水浴锅中

加热回流30 min。滤出提取液,再加入200 mL 95%乙醇回流提取30 min。合并两次提取液,浓缩成膏状,加入热水80～100 mL,得水混悬液,用石油醚3次萃取,每次30 mL。然后用氯仿3次萃取,每次30 mL。合并氯仿萃取液,加无水硫酸钠除水,减压回收氯仿,浓缩得到浅黄色粗提物。

(二)咖啡因的分离纯化

取上述粗品0.2～0.4 g,加入少量氯仿转移到表面皿中,加入200～300目硅胶搅拌均匀(硅胶量根据样品5倍量加入),挥发溶剂后备用。

取1支色谱柱,采用干法装柱,硅胶比例按照1∶50称取(20～30 g),均匀装填,然后将挥发溶剂后的样品均匀倒入色谱柱,加入少量硅胶。上样后先用展开剂乙酸乙酯-石油醚(1∶1)洗脱50～100 mL,后换展开剂[乙酸乙酯-甲醇(19∶1)]洗脱,薄层色谱监测收集液[展开条件为乙酸乙酯-甲醇(19∶1)]。合并收集液,回收溶剂,得到白色咖啡因纯品。

(三)咖啡因的鉴别

取咖啡因结晶于小试管中,加4 mL水溶解,分装于2支试管中,一支加入1～2滴5%鞣酸溶液,记录现象;另一支加1～2滴10%盐酸(或10%硫酸),再加入1～2滴硅钨酸试剂,记录现象。

【注意事项】

1. 乙醇经减压蒸馏后可循环使用。
2. 干法装柱时可用质软的物体,如吸耳球等轻轻敲击柱身,促使硅胶装填紧密,排除气泡,最终应使硅胶的上端表面平整。
3. 层析柱洗脱过程中利用薄层色谱进行跟踪监测。
4. 洗脱时切勿使柱中溶剂流干。

【思考题】

1. 咖啡因与鞣酸溶液作用出现什么现象?
2. 咖啡因与硅钨酸试剂作用出现什么现象?
3. 咖啡因的其他鉴别方法有哪些?
4. 除乙醇外,还可以采用哪些溶剂提取咖啡因?

【参考文献】

[1] 王船英.茶叶中咖啡因提取技术研究[J].生物化工,2020,6(04):160-162.
[2] 王文权,胥鑫萌,张雨佳.茶叶中咖啡因的提取工艺研究进展[J].四川化工,2020,23(6):17-19.
[3] 李海霞,陈榕,周丹,等.咖啡因的合成及其药理作用的研究进展[J].华西药学杂志,2011,26(2):182-187.

实验六　穿山龙中薯蓣皂苷及薯蓣皂苷元的提取、分离及检识

【实验目的】
1. 学习中草药中甾体皂苷及皂苷元的提取、精制及鉴别方法。
2. 掌握甾体皂苷及皂苷元的提取和分离方法。
3. 掌握甾体皂苷及皂苷元的检识方法。
4. 掌握索氏提取器的使用方法。

【实验原理】
穿山龙为薯蓣科植物穿龙薯蓣(*Dioscorea nipponica* Makino)的干燥根茎，《中华人民共和国药典》收载品种，具有祛风除湿、活血通络、清肺化痰等多种功效，主治风湿痹痛、肢体麻木、胸痹心痛、慢性气管炎、跌打损伤、疟疾、痈肿等疾病，其主要有效成分为甾体皂苷。现代药理研究表明，穿山龙总皂苷提取物具有降低动脉压、减慢心率、增大心肌收缩力、改善冠脉循环、增加冠脉流量、抗动脉粥样硬化、降血脂及抗炎等作用，其中水溶性皂苷具有镇咳作用，水不溶性皂苷则具有祛痰作用。水不溶性皂苷主要有薯蓣皂苷、纤细薯蓣皂苷、穗菝葜皂苷等，其皂苷元均为薯蓣皂苷元。近年来的研究表明，薯蓣皂苷及薯蓣皂苷元具有明显的抗肿瘤活性，其作用机制主要有诱导肿瘤细胞向正常细胞分化、直接杀伤肿瘤细胞及提高免疫系统功能三个方面。

薯蓣皂苷元是合成多种甾体激素和甾体避孕药的重要前体，世界各国生产的甾体激素(如可的松)60%以上以薯蓣皂苷元为原料。从1958年开始，我国也建立了以薯蓣皂苷元为主要原料的甾体激素药物工业，目前国内有众多厂家生产甾体激素药物和甾体口服避孕药，是药品生产中仅次于抗生素的一个重要领域。薯蓣皂苷元主要分布在薯蓣科薯蓣属植物中，我国的薯蓣属植物有80余种，其中只有薯蓣根茎组的17种、1亚种及2变种才含有甾体皂苷元。其中，由于穿龙薯蓣具有薯蓣皂苷元含量高(1.5%~2.6%)、易于栽培等特点而成为重要的研究对象。目前全世界年产薯蓣皂苷元为3 500 t，其中我国年产薯蓣皂苷元为1 700 t。

薯蓣皂苷，白色针状结晶(甲醇)，易溶于吡啶、热甲醇及三氯甲烷-甲醇(3∶1)混合液，稍溶于乙醇，不溶于水。分子式为 $C_{45}H_{72}O_{16}$，分子量为869.06，熔点为275~277 ℃(分解)。

薯蓣皂苷元，白色结晶(丙酮)，不溶于水，可溶于一般有机溶剂和醋酸。分子式为 $C_{27}H_{42}O_3$，分子量为414.61，熔点为204~207 ℃。

薯蓣皂苷元在植物体内与糖结合成苷，经水解(酸水解、酶水解)可得薯蓣皂苷元和糖。利用薯蓣皂苷元不溶于水、溶于一般有机溶剂的性质，用石油醚连续回流提取，将其从原植物中提取出来。

薯蓣皂苷和薯蓣皂苷元结构式如图2-11所示。

【实验材料】
1. 器材：500 mL三颈烧瓶、球形冷凝管、加热套、薄层硅胶板、布氏漏斗、玻璃棒、表面皿、展开缸、分液漏斗、旋转蒸发仪、40目筛、索氏提取器、乳钵等。
2. 试剂：穿山龙粗粉、乙醇、石油醚、正丁醇、丙酮、甲醇、2 mol/L 盐酸甲醇、碳酸钠等。

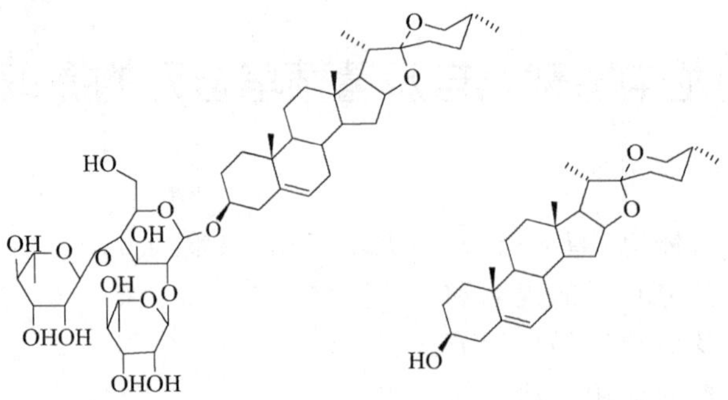

(a)薯蓣皂苷(dioscin)　　(b)薯蓣皂苷元(diosgenin)

图 2-11　薯蓣皂苷和薯蓣皂苷元结构式

【实验方法】

(一)薯蓣皂苷的提取

取穿山龙粗粉 50 g,置于 500 mL 三颈烧瓶中,用 250 mL 70%乙醇于水浴上回流提取 2 h,稍冷后抽滤,药渣再加 250 mL 70%乙醇回流 1 h,合并乙醇提取液(保留 10 mL 用作皂苷性质检识),经减压浓缩至无醇味。浸膏加适量蒸馏水溶解,水液用石油醚脱脂,再用 100 mL 水饱和正丁醇萃取,萃取液减压浓缩至小体积,加入 50 mL 丙酮,即析出沉淀,过滤,沉淀用水洗涤数次,得薯蓣皂苷粗品,烘干,称重,计算得率。取薯蓣皂苷粗品 1 g,加 50~60 mL 甲醇,加热溶解,趁热抽滤,将滤液浓缩至 20~30 mL,放置过夜析晶(或放冷析晶),抽滤,得精制薯蓣皂苷,烘干,称重,计算收率。

(二)薯蓣皂苷的水解

取薯蓣皂苷粗品 0.5 g,加 20 mL 的 2 mol/L 盐酸甲醇溶液,回流 2 h,加 40 mL 水稀释,减压蒸去甲醇,冷却后滤取残留液中析出的晶体(保留滤液 20 mL,以检查其中所含单糖),结晶加 20~30 mL 乙醇加热回流使其溶解,趁热抽滤,滤液放置析晶,抽滤,得精制薯蓣皂苷元。烘干,称重,计算收率。

(三)薯蓣皂苷元的直接提取

取穿山龙粗粉 25 g(过 40 目筛),置于 500 mL 三颈烧瓶中,加 8%酸水(水：浓硫酸=230：20(V/V))250 mL,加热回流 3.5 h,滤去酸水,将药渣用水洗涤 2 次,然后倒入乳钵内,加固体碳酸钠粉研磨,调 pH 至中性,水洗,过滤。滤渣研碎,低温干燥(不超过 80 ℃)。将该干燥滤渣装入滤纸筒后置索氏提取器中,用石油醚(沸程为 60~90 ℃) 300 mL,在水浴上回流提取 3 h。提取液浓缩回收石油醚至 10~15 mL 时停止,转入 50 mL 锥形瓶中,冷却,析出结晶,抽滤,用少量新鲜石油醚洗涤 2 次,即得薯蓣皂苷元粗品。薯蓣皂苷元粗品用 20~30 mL 95%乙醇加热溶解(色深时加入 1%~2%的活性炭脱色),抽滤,滤液放置,析出晶体,过滤得精制薯蓣皂苷元。烘干,称重,计算收率。

(四)薯蓣皂苷、薯蓣皂苷元的检识

(1)皂苷的检识

①泡沫试验:取穿山龙的乙醇提取液 2 mL 置小试管中,用力振摇 1 min,如产生多量泡沫,放置 10 min,泡沫没有显著消失,即表明含有皂苷。另取试管 2 支,各加入穿山龙的乙醇提取液 1 mL,一支试管中加入 2 mL 的 0.1 mol/L 氢氧化钠溶液,另一支试管中

加入 2 mL 的 0.1 mol/L 盐酸溶液,将 2 支试管塞紧用力振摇 1 min,观察 2 支试管出现泡沫的情况,如 2 支试管的泡沫高度相近,表明含有三萜皂苷,如含碱液管比含酸液管的泡沫高过数倍,表明含有甾体皂苷。

②溶血试验:取清洁试管 2 支,其中一支试管中加入蒸馏水 0.5 mL,另一支试管中加入穿山龙的乙醇提取液 0.5 mL,然后分别加入 0.5 mL 0.8%的 NaCl 水溶液,摇匀,再加入 1 mL 2%红细胞悬浮液,充分摇匀,观察溶血现象。

根据下列标准判断实验结果:

全溶:试管中溶液透明为鲜红色,底部无红色沉淀物。

不溶:试管中溶液透明为无色,底部沉着大量红细胞,振摇发生浑浊。

(2)皂苷及皂苷元的颜色反应:将所提取的薯蓣皂苷、薯蓣皂苷元进行下列实验:

①三氯乙酸试剂:薯蓣皂苷及薯蓣皂苷元结晶少许,分别置于干燥试管中,加等量固体三氯乙酸放在 60~70 ℃恒温水浴锅中加热。

②硫酸-醋酐试剂:薯蓣皂苷及薯蓣皂苷元结晶少许,分别置白瓷板上,加硫酸-醋酐试剂 2~3 滴,观察颜色变化。

③三氯甲烷-浓硫酸反应:薯蓣皂苷元结晶少许溶于三氯甲烷,沿管壁滴加浓硫酸,观察三氯甲烷层及浓硫酸层颜色变化。

(3)薯蓣皂苷元的薄层色谱

薄层板:硅胶 CMC-Na 板。

样品:精制薯蓣皂苷元、薯蓣皂苷元重结晶母液、薯蓣皂苷水解制得薯蓣皂苷元。

对照品:薯蓣皂苷元标准品乙醇溶液。

展开剂:石油醚-乙酸乙酯(14∶3)。

显色剂:5%磷钼酸乙醇溶液,喷雾后加热。

(4)薯蓣皂苷的薄层色谱

薄层板:硅胶 CMC-Na 板。

样品:薯蓣皂苷甲醇液、薯蓣皂苷水解母液。

对照品:薯蓣皂苷标准品甲醇溶液。

展开剂:三氯甲烷-甲醇-水(65∶35∶10,下层)。

显色剂:5%磷钼酸乙醇溶液,喷雾后加热。

(五)薯蓣皂苷元乙酰化物的制备

取样品 100 mg 溶于 3 mL 吡啶中,加入 20 mL 醋酐,煮沸 0.5~1 h 后,将反应物倒入冰水中(冬季操作使用冷水即可)。静置 20 min,待析出白色晶体后,抽滤,析出物丙酮重结晶即得。(熔点为 193~196 ℃)

(六)薯蓣皂苷元的 HPLC 色谱鉴定

色谱柱:TOSOH TSKgel ODS-100V 柱(4.6 mm×250 mm,5 μm)。

流动相:甲醇。

波长:203 nm。

流速:0.8 mL/min。

柱温:25 ℃。

薯蓣皂苷元对照品 5 mg,精密称定,置于 10 mL 容量瓶中,甲醇溶解定容,得浓度为

500 μg/mL 的对照品溶液。自制薯蓣皂苷元样品 5 mg 同法制备样品溶液。对照品及样品溶液过 0.45 μm 微孔滤膜,吸取 10 μL 滤液,注入高效液相色谱仪,采用上述色谱条件,记录色谱图。对照品及样品均在 9.886 min 处出现色谱峰。

【注意事项】
1. 原料经酸水解后应充分洗涤呈中性,以免烘干时炭化。
2. 在干燥水解原料的过程中,应注意压散团块和勤翻动,以利快干。
3. 在连续回流提取过程中,由于使用的石油醚极易挥发损失,故水浴温度不宜过高,能使石油醚微沸即可。此外可加快冷凝水的流速,以增加冷凝效果。

【思考题】
1. 重结晶操作应注意哪些问题?如何制成过饱和溶液?
2. 萃取过程中出现乳化现象应如何处理?
3. 使用索氏提取器有什么优点?应注意哪些问题?
4. 三萜化合物和甾体化合物在理化性质上有哪些不同之处,如何鉴别?

【参考文献】
[1] 王洁雪,刘军,丁克毅.穿山龙中原薯蓣皂苷的提取工艺研究[J].西南民族大学学报(自然科学版),2014,40(05):696-700.
[2] 刘斌,高文学,刁兴彬.穿山龙提取物的纯化工艺研究[J].中国现代中药,2014,16(07):569-573.
[3] 马明旭,陈朋伟,周薪,等.薯蓣皂苷的汇聚式合成[J].中国海洋大学学报(自然科学版),2017,47(05):101-105.

实验七　盐酸小檗碱的提取、分离和鉴定

【实验目的】
1. 学习生物碱的初步提取分离方法。
2. 掌握利用化合物及其盐类溶解度的差异分离纯化生物碱的方法。
3. 掌握小檗碱的化学与色谱检识方法。

【实验原理】
小檗碱是最先由毛茛科黄连(*Coptis chinensis* Franch)和芸香科黄树皮(黄柏,*Phellodendron chinense* Schneid)等植物中提取出的一种黄色的生物碱。黄连属植物的根茎、须根、叶等都含有小檗碱、黄连碱、药根碱、巴马汀等生物碱。现发现,唐松草属、小檗科的小檗属、十大功劳属及防己科天仙藤属等都可以作为提取小檗碱的资源植物。本实验即用小檗属植物三颗针或黄连属黄连作为提取小檗碱的原料。三颗针及黄连中均含有小檗碱(分别为1%和5.1%)以及巴马汀(掌叶防己碱,palmatine)、药根碱等,它们均有明显的抗炎作用。

小檗碱(Berberine),系季铵型生物碱,其游离碱为黄色长针状结晶,熔点为 145 ℃,在 100 ℃ 干燥时失去结晶水转为棕黄色。小檗碱能缓慢溶于水(1:20)、乙醇(1:100),较易溶于热水、热乙醇,微溶于丙酮、三氯甲烷、苯,几乎不溶于石油醚。小檗碱与三氯甲烷、丙酮、苯均能形成加合物。小檗碱盐酸盐,熔点为 205 ℃(分解),微溶于冷水,较

易溶于沸水,其硝酸盐及氢碘酸盐,极难溶于水(冷水约1∶2 000),小檗碱的中性硫酸盐、磷酸盐、醋酸盐在水中溶解度较大。故可以用甲醇、乙醇或水进行提取,然后通过盐析,降低其在水中的溶解度而沉淀,与其他杂质分离。小檗碱及其衍生物结构式如图2-12所示。

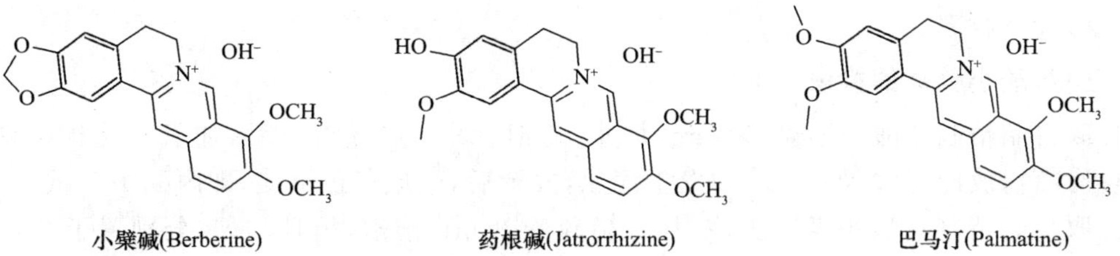

图2-12 小檗碱及其衍生物结构式

目前制药工业提取小檗碱主要以三颗针为原料。三颗针来源于小檗科小檗属多种植物,其根皮含生物碱约2%,主要含小檗碱、小檗胺、药根碱、巴马汀等生物碱。

【实验材料】

1. 器材:500 mL烧杯、加热套、薄层硅胶板、布氏漏斗、玻璃棒、表面皿、展开缸等。
2. 试剂:三颗针的根粗粉、0.2%硫酸、氢氧化钠、石灰乳、浓盐酸等。

【实验方法】

(一)盐酸小檗碱粗品的制备

取三颗针的根粗粉40 g置于500 mL烧杯中,加入8倍量0.2%硫酸水溶液使之浸没药面,浸泡24 h。用脱脂棉过滤,滤液加石灰乳中和多余硫酸,调至pH为12,静置30 min。滤除沉淀,滤液用10%盐酸调至pH为2~3,向滤液中加10%(W/V)的食盐。搅拌使完全溶解后,继续搅拌至溶液出现浑浊现象为止,静置30 min,抽滤,沉淀用少量水洗涤至中性,抽干,即盐酸小檗碱粗品。盐酸小檗碱粗品提取流程如图2-13所示。

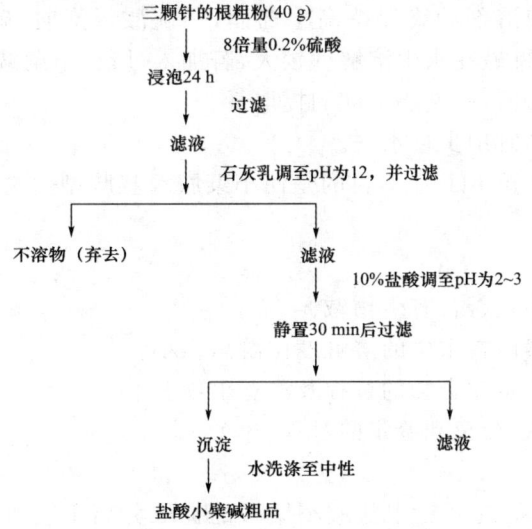

图2-13 盐酸小檗碱粗品提取流程

(二)盐酸小檗碱精制

取盐酸小檗碱粗品于20倍量的沸水中,加热数分钟,搅拌使其溶解。然后加入石灰乳调至pH为8~9,趁热过滤,滤液于65 ℃左右加浓盐酸调至pH为2,放置冷却,即析出大量黄色沉淀,过滤,沉淀用蒸馏水清洗,抽干,于80 ℃以下干燥,即得精制盐酸小檗碱,称重,计算收率。

(三)盐酸小檗碱的检识

1. 取自制精制盐酸小檗碱50 mg,加水5 mL,缓缓加热溶解后,加氢氧化钠试液2滴,显橙红色,放冷,加丙酮4滴,即发生浑浊,放置后,生成黄色沉淀,即丙酮小檗碱。

2. 取自制精制盐酸小檗碱少许,加入稀硫酸8 mL溶解,搅拌均匀,分别置于2支试管中,一支加漂白粉少量,即显樱红色;另一支加入2滴浓硝酸,也显樱红色。

3. 取自制精制盐酸小檗碱少许,加入稀硫酸12 mL溶解,分别置于3支试管中,分别加入碘化汞钾试剂、碘化铋钾试剂及硅钨酸试剂,观察其产生的现象。

4. 盐酸小檗碱的薄层层析

吸附剂:硅胶G硬板(未活化)。

样品:

①自制精制盐酸小檗碱乙醇溶液。

②盐酸小檗碱标准品乙醇溶液。

展开剂:

①氯仿-乙醇(9∶1)。

②甲醇-丙酮-乙酸(4∶5∶1)。

显色剂:先置于紫外光灯(365 nm)下检视,再喷雾改良碘化铋钾试剂,观察斑点颜色,并与标准品对照。

【注意事项】

1. 在浸渍过程中使溶剂始终保持高于药面,用硫酸浸泡时,硫酸的浓度以0.2%为宜,此时生成的硫酸小檗碱在水中溶解度较大,若加入过量,小檗碱就形成酸式硫酸盐,水中溶解度就降低(1∶100),影响小檗碱的提取量。

2. 盐酸小檗碱粗品宜用少量水洗。

3. 小檗碱精制时调至pH为2,目的是使小檗胺等叔胺型生物碱留在溶液中除去,以便得到较纯的小檗碱。

【思考题】

1. 如何检查滤液中是否含有生物碱?
2. 为什么盐酸小檗碱在水中的溶解度比游离碱小?
3. 简述薄层色谱鉴定化合物的过程及注意事项。
4. 简述生物碱提取、分离和鉴定的过程。

【参考文献】

[1] 肖道安,罗小凤.三颗针中盐酸小檗碱的提取分离工艺研究[J].宜春学院学报,2016,38(12):22-24.

[2] 班旦,四朗玉珍,吴金措姆,等.Box-Behnken响应面法优化西藏三颗针中盐酸小

檗碱的提取工艺[J].中兽医医药杂志,2021,40(02):23-27.
[3] 胡聪,王超英,王立民.从三颗针与黄连中提取盐酸小檗碱的实验研究[J].临床误诊误治,2012,25(04):81-83.

实验八　女贞子中齐墩果酸的提取、分离和鉴定

【实验目的】
1. 掌握三萜皂苷元的提取、分离和鉴定技术。
2. 掌握两相溶剂水解方法。
3. 熟悉三萜皂苷元的性质。

【实验原理】
女贞子为木犀科植物女贞的干燥成熟果实。女贞子在中国分布较广,野生和家种兼有。味苦,性甘、凉。具有滋补肝肾、明目乌发之功效。用于肝肾阴虚、眩晕耳鸣、腰膝酸软、须发早白、目暗不明、内热消渴、骨蒸潮热等。

现代研究表明,女贞子中所含的齐墩果酸具有降血脂、抗动脉硬化、降血糖、抗肝损伤、抗炎和抑制变态反应等作用。临床上可用于治疗冠心病、高脂血症、高血压、慢性肝炎等。

齐墩果酸以游离态和结合成苷的形式共存于女贞子中。不同时期女贞子中的齐墩果酸含量有较大差异,以幼果期含量最高,可达8.04%,随着发育成熟下降到2.5%左右。此外还含有乙酰齐墩果酸、熊果酸、乙酸熊果酸、β-谷甾醇、槲皮素、女贞苷等多种成分,其主要成分的结构式如图2-14所示。

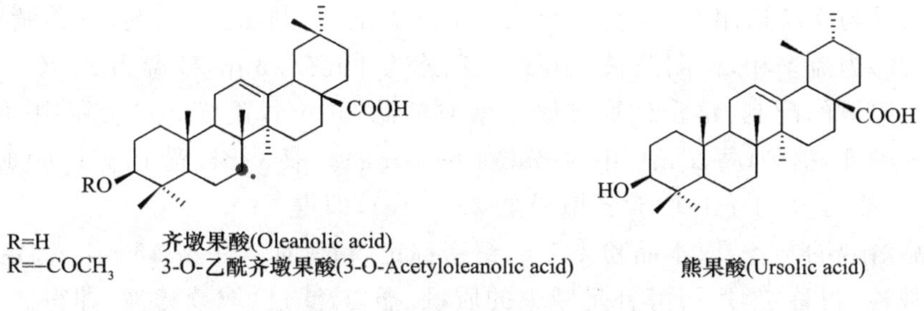

R=H　　　　　　齐墩果酸(Oleanolic acid)
R=–COCH₃　　3-O-乙酰齐墩果酸(3-O-Acetyloleanolic acid)

熊果酸(Ursolic acid)

图2-14　齐墩果酸主要成分结构式

齐墩果酸:白色针状晶体,熔点为305～306 ℃。可溶于热甲醇、乙醇、乙醚、三氯甲烷、丙酮等。

乙酰齐墩果酸:白色簇晶,熔点为258～260 ℃。可溶于三氯甲烷、乙醚、无水乙醇,不溶于水。

熊果酸:白色针状晶体,熔点为286～287 ℃。易溶于二氧六环、吡啶。可溶于热乙醇,微溶于苯、三氯甲烷、乙醚,不溶于水。

【实验材料】
1. 器材:500 mL三颈烧瓶、加热套、球形冷凝管、薄层硅胶板、布氏漏斗、玻璃棒、表面皿、展开缸、旋转蒸发仪等。

2. 试剂：女贞子果皮粗粉、15％盐酸、氯仿、石油醚、95％乙醇等。

【实验方法】

(一)齐墩果酸的提取和纯化

取女贞子果皮粗粉50 g，置于500 mL三颈烧瓶中，加15％盐酸350 mL，三氯甲烷250 mL，水浴回流2 h，过滤，取三氯甲烷层。药渣用水洗至中性，干燥至含水量小于10％，再用三氯甲烷250 mL回流1 h。合并三氯甲烷提取液，浓缩，冷却至半固体，用石油醚洗涤，用95％乙醇(1∶100)回流10 min，抽滤，滤液浓缩析晶，得齐墩果酸粗品，用95％的乙醇反复重结晶得齐墩果酸精品。

(二)齐墩果酸的检识

1. 显色反应

取齐墩果酸少许置试管中，加醋酐1 mL，使溶解后，沿试管壁加浓硫酸数滴，观察颜色变化。

2. 薄层色谱鉴别

样品：自制齐墩果酸乙醇溶液。

对照品：齐墩果酸对照品乙醇溶液。

吸附剂：硅胶G-CMC-Na板。

展开剂：环己烷-乙酸乙酯(8∶2)。

显色剂：喷10％硫酸乙醇溶液，105 ℃烘至显色，在日光下观察。

(三)高效液相色谱法测定齐墩果酸含量

1. 女贞子中齐墩果酸的含量测定

色谱条件与系统适用性实验：以十八烷基硅烷键合硅胶为填充剂，以乙腈-0.4％磷酸溶液(80∶20)为流动相，检测波长210 nm，流速为1 mL/min，柱温为25 ℃。

对照品溶液的配制：精密称取齐墩果酸对照品20 mg，置25 mL量瓶中，加甲醇使溶解并稀释至刻度，摇匀(每1 mL中含齐墩果酸8 mg)。取3 mL置10 mL量瓶中，加甲醇稀释至刻度，摇匀(每1 mL中含齐墩果酸2.4 mg)，即得。

供试品溶液的制备：取本品粉末1 g，精密称定，精密加入甲醇25 mL，称定，加热回流提取1 h，放冷，再称定，用甲醇补足减失的质量，摇匀，滤过，取续滤液，即得。

测定法：分别吸取对照品溶液10 μL、供试品溶液20 μL注入液相色谱仪，测定，即得。齐墩果酸保留时间约为10 min。

2. 齐墩果酸精品的含量测定

供试品溶液的制备：精密称取干燥的齐墩果酸样品适量，加流动相制成适当浓度的溶液即得。测定前用0.45 μm微孔滤膜过滤，其余步骤与药材中齐墩果酸的含量测定相同。

【注意事项】

1. 女贞子中齐墩果酸的含量因采收季节、产地不同有较大差异，可根据原料含量酌增取材量。

2. 用石油醚洗涤应控制用量，以防主成分的损失，也可用适量苯替代。

【思考题】
1. 用果皮作原料的特点是什么？
2. 两相溶剂水解法的原理是什么？
3. 齐墩果酸和熊果酸在结构上有何差异？在薄层色谱中如何区分？

【参考文献】
[1] 常艳丽,李鹏跃,何婷,等.女贞子中齐墩果酸提取制备与含量测定方法的研究进展[J].中医药学报,2017,45(06):113-118.
[2] 王莹,陈圆,聂倩倩,等.女贞子中齐墩果酸的提取工艺及其抗氧化活性[J].江苏农业科学,2017,45(16):174-176.
[3] 张蓬勃,宋艳玲.齐墩果酸衍生物的合成及其抗癌活性的研究[J].沈阳化工大学学报，2021，35(01):25-29.

实验九　补骨脂中补骨脂素、异补骨脂素的提取、分离与鉴定

【实验目的】
1. 掌握用溶剂法提取呋喃香豆素类化合物的操作技术。
2. 通过补骨脂素和异补骨脂素的分离,熟悉干柱色谱法的操作技术。
3. 掌握香豆素类化合物的鉴定方法。

【实验原理】
补骨脂为豆科植物补骨脂(*Psoralea corylifolia* Linn.)的干燥成熟果实,具有补肾助阳、温中止泻之功效。主治肾虚阳痿、遗精遗尿及腰膝冷痛,小便频数,外用治疗白癜风。补骨脂中含有数种香豆素和黄酮类成分,主要有补骨脂素、异补骨脂素、补骨脂双氢黄酮(补骨脂甲素)、异补骨脂查耳酮(补骨脂乙素)、补骨脂次素等。现代药理研究表明,补骨脂甲素有明显扩冠作用,补骨脂素及异补骨脂素是具吸收紫外线性质的光敏性物质,因此是抗白癜风的有效成分,制剂有祛白素、补骨脂注射液、复方补骨脂酊等。

补骨脂素,化学式为 $C_{11}H_6O_3$,无色针状结晶(乙醇),熔点为 189～190 ℃。溶于乙醇、苯、三氯甲烷、丙酮,微溶于水、乙醚和石油醚;异补骨脂素,化学式为 $C_{11}H_6O_3$,无色针状结晶,熔点为 137～138 ℃,溶于甲醇、乙醇、丙酮、苯、三氯甲烷,微溶于水、乙醚,难溶于冷石油醚;补骨脂双氢黄酮,化学式为 $C_{20}H_{20}O_4$,无色结晶,熔点为 191～192 ℃。异补骨脂查耳酮,化学式为 $C_{20}H_{20}O_4$,黄色针状结晶,熔点为 154～156 ℃。

根据内酯类化合物在乙醇中溶解度大,在水中溶解度小的性质,利用乙醇从中药补骨脂中提取补骨脂素及异补骨脂素,并用活性炭进行脱色,最后利用两者的极性差异,用氧化铝干柱层析予以分离。补骨脂素和异补骨脂素结构式如图 2-15 所示。

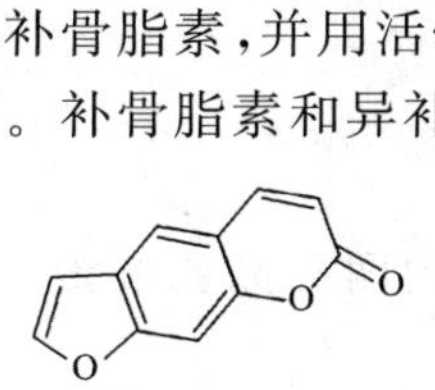

补骨脂素(Psoralen) 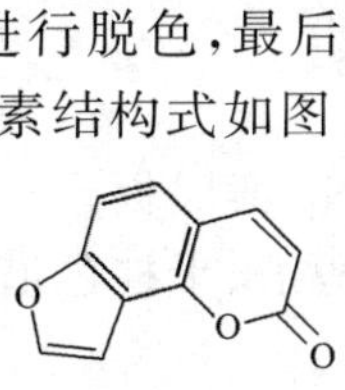　　**异补骨脂素(Isopsoralen)**

图 2-15　补骨脂素和异补骨脂素结构式

【实验材料】

1. 器材:500 mL 三颈烧瓶、加热套、球形冷凝管、超声波清洗机、薄层硅胶板、布氏漏斗、玻璃棒、表面皿、展开缸、旋转蒸发仪、玻璃色谱柱等。

2. 试剂:补骨脂粗粉、乙醇、甲醇、活性炭等。

【实验方法】

(一)补骨脂素和异补骨脂素混合物粗品的制备

超声波振荡提取:取补骨脂粗粉 100 g,用 50%乙醇 900 mL 分三次进行超声波振荡提取,每次 30 min,过滤,合并滤液,回收乙醇至无醇味,放置过夜,倾去上清液,得棕黑色黏稠物。加 20 倍量甲醇分四次回流,每次 15 min,趁热抽滤,合并滤液,浓缩至小体积,放置析晶。滤取结晶,80%干燥即得补骨脂素和异补骨脂素混合物粗品,称重。注意补骨脂提取液具有光敏性,避免与皮肤直接接触。

浸渍法提取:称取补骨脂粗粉 200 g,用 50%乙醇浸泡三次,每次 24 h,合并三次滤液,回收乙醇至无醇味,其余步骤与超声波振荡提取法相同。

(二)补骨脂素和异补骨脂素混合物的精制

将上述粗品加适量甲醇溶解,加少许活性炭,回流 10 min,趁热抽滤,滤液放冷析晶,滤取结晶,少量甲醇淋洗,80 ℃以下干燥,即得补骨脂素和异补骨脂素混合物精品。

(三)补骨脂素和异补骨脂素的分离

取色谱用中性氧化铝 12 g,装于直径为 1.0 cm × 28 cm 的色谱柱中。将补骨脂素和异补骨脂素混合物精品 0.2 g 溶于少量甲醇,用 0.5 g 氧化铝拌匀,60 ℃烘干,上样,以苯-石油醚(4∶1)(每 50 mL 加丙酮 15 滴)作洗脱剂,待洗脱剂柱底,置紫外光灯下观察,用刀片切取两段蓝色荧光带,分别用甲醇回流提取,过滤,滤液回收溶剂至小体积,静置析晶,滤取结晶,分别得补骨脂素和异补骨脂素精品,供鉴定。

(四)补骨脂素和异补骨脂素的检识

1. 呈色反应

①异羟肟酸铁反应:取补骨脂素精品少量,置于试管中,加入 7%盐酸羟胺甲醇溶液 2～3 滴,再加 10%氢氧化钾甲醇溶液 2～3 滴,于水浴上加热数分钟,冷却,用盐酸调至 pH 为 3～4,加 1%三氯化铁试液 1～2 滴,观察溶液颜色。

②开环闭环试验:取样品少许加稀氢氧化钠溶液 1～2 mL,加热,观察现象;再加稀盐酸试液几滴,观察所产生现象。

③荧光:取样品少许溶于三氯甲烷中,用毛细管点于滤纸上,在紫外光灯下观察荧光与颜色。

2. 薄层色谱鉴定

吸附剂:硅胶 H-CMC-Na 薄层板。

样品:补骨脂素精品乙醇液、干柱色谱分得的两样品乙醇液、补骨脂素对照品乙醇液及异补骨脂素对照品乙醇液。

展开剂:苯-乙酸乙酯(9∶1)或苯-石油醚(4∶1)。

展开方式:上行展开。

显色:在紫外光灯(365 nm)下观察荧光斑点。

实验结果记录:观察斑点颜色,记录图谱并计算 R_f 值。

【注意事项】
1. 提取药材应是未炮制过的补骨脂种子,其补骨脂素和异补骨脂素等成分含量较高。
2. 补骨脂素和异补骨脂素含内酯结构,具有内酯类成分的通性,可用碱提酸沉法提取,但因补骨脂种子中含有大量油脂和糖类成分,易与碱水发生皂化反应和形成胶状物,致使难以滤过,降低收率,故选用50%乙醇提取而不用碱溶酸沉法提取。
3. 由补骨脂种子中提取所得的精制品,为补骨脂素和异补骨脂素的混合物结晶,两者含量近于1∶1,但随药材品种、质量等不同而有差异。在进行干柱色谱分离之前,应先进行薄层色谱检查,了解两者含量情况。

【思考题】
1. 从中药中提取香豆素类成分还有哪些方法?
2. 用异羟肟酸铁反应鉴别补骨脂素的机理是什么?

【参考文献】
[1] 狄庆锋.补骨脂有效成分提取工艺的研究[J].广东化工,2019,46(23):45-46.
[2] 李凯,鲁亚奇,周宁.补骨脂中补骨脂素和异补骨脂素提取工艺研究[J].中医学报,2018,33(09):1716-1720.
[3] 王亮.5-甲氧基补骨脂素(5-MOP)的合成[D].南京理工大学,2008.

实验十 甘草中甘草酸和甘草次酸的提取、分离和鉴定

【实验目的】
1. 掌握甘草酸和甘草次酸的提取原理和方法,以及甘草酸单铵盐的制备方法。
2. 熟悉以甘草酸为代表的皂苷的性质和一般检识方法。

【实验原理】
甘草为豆科植物甘草、胀果甘草或光果甘草的干燥根及根茎。味甘,性平,具有补脾益气、清热解毒、祛痰止咳、缓急止痛之功效。用于脾胃虚弱、倦怠乏力、心悸气短、咳嗽痰多、痈肿疮毒等症状。现代药理研究表明,甘草中所含甘草酸具有较强的抗溃疡、抗炎和抗变态反应作用,临床上也用于治疗和预防肝炎。此外,还有研究表明,甘草酸具有抗肿瘤和抑制艾滋病病毒等作用。

甘草的主要成分是甘草皂苷,又称甘草酸,由于有甜味,又称甘草甜素,其苷元称为甘草次酸。除含有甘草酸和甘草次酸外,甘草中还含有乌拉尔甘草皂苷A、B和甘草皂苷A3、B2、C2、D3、E2、F3、G2、H2、J2、K2及多种游离三萜类化合物。此外,还含有多种黄酮类化合物,目前分离出的黄酮类化合物有70余种。甘草主要成分结构式如图2-16所示。

甘草酸:甘草酸是由皂苷元18β-甘草次酸及2分子葡萄糖醛酸组成。由冰乙酸中结晶出的甘草皂苷为无色柱状结晶,熔点为170 ℃,加热至220 ℃分解,易溶于热稀乙醇,几乎不溶于无水乙醇或乙醚,其水溶液有微弱的起泡性及溶血性。

甘草次酸:甘草酸与5%稀硫酸在加压下,110～120 ℃进行水解,生成2分子葡萄糖醛酸及1分子的甘草次酸。甘草次酸具有α型和β型两种晶型,α型为小片状结晶,熔点

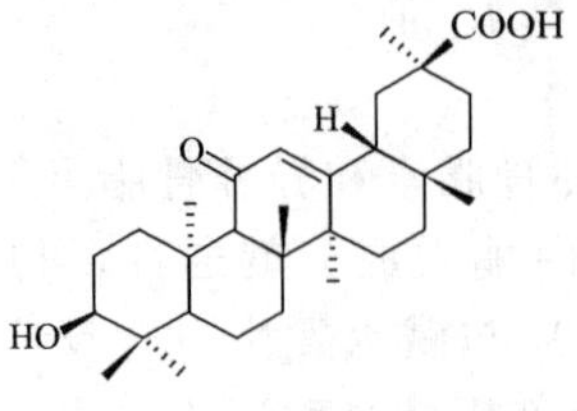

甘草次酸(Glycyrrhetinic acid) 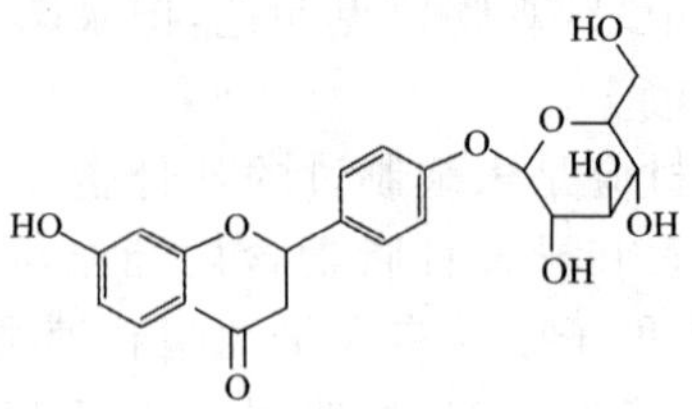　　　甘草苷(Liquiritin)

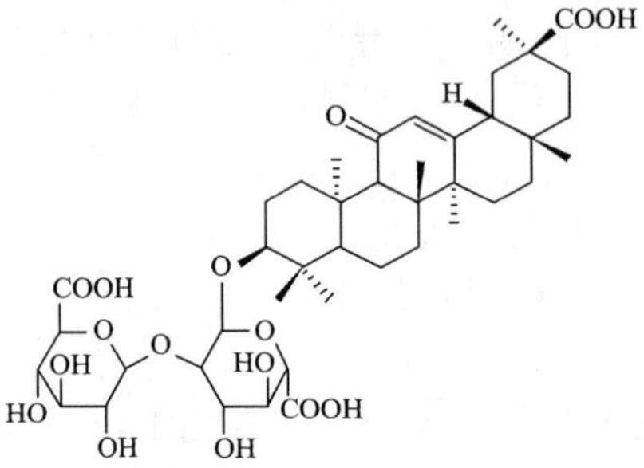

甘草酸(Glycyrrhizic acid)

图 2-16　甘草主要成分结构式

为 283 ℃；β型为针状结晶，均易溶于乙醇和三氯甲烷。

甘草酸常以钾盐或钙盐形式存在于甘草中，其盐易溶于水，于水溶液中加浓硫酸即可析出游离的甘草酸。甘草酸经水解，苷元不溶于水而沉淀析出，即可得到甘草次酸。

【实验材料】

1. 器材：500 mL 三颈烧瓶、加热套、球形冷凝管、薄层硅胶板、布氏漏斗、玻璃棒、表面皿、展开缸、旋转蒸发仪、氧化铝色谱柱等。

2. 试剂：甘草粗粉、5%硫酸、三氯甲烷等。

【实验方法】

(一)甘草酸的提取

取甘草粗粉 150 g，加水煎煮提取 2~3 次，滤过得水提液，浓缩，加 5%的硫酸酸化，调至 pH 为 2 左右，放置，滤过得甘草酸粗品。

(二)甘草次酸的制备

取甘草酸单钾盐，加 5%硫酸，加热回流 10 h，抽滤，水洗至中性，干燥，即得白色甘草次酸粗品。甘草次酸粗品溶于热三氯甲烷，趁热滤过，所得滤液放冷，通过氧化铝色谱柱，三氯甲烷洗脱，收集洗脱液，回收三氯甲烷，其残渣加乙醇热溶，再加 1/2 体积热水，放置，析晶得甘草次酸晶体。

(三)甘草次酸的检识

醋酐-浓硫酸反应：取甘草酸少许，加醋酐适量溶解，再沿管壁加少量浓硫酸，观察颜色变化。

层色谱鉴别：

样品：自制甘草酸样品甲醇溶液。

对照品:甘草酸单铵对照品的甲醇溶液。
吸附剂:硅胶 C-CMC-Na 板,湿法铺板,105 ℃活化 0.5 h。
展开剂:正丁醇-乙酸-水(6∶1∶3)上层液。
显色剂:10%硫酸乙醇溶液,于 105 ℃烘烤 3~5 min,在日光下观察。

(四)甘草次酸的纯度测定

测定甘草中甘草酸的含量

色谱条件与系统适用性实验:以十八烷基硅烷键合硅胶为填充剂,以乙腈为流动相 A,以 0.05%磷酸溶液为流动相 B,按表 2-1 中的规定进行梯度洗脱,检测波长为 237 nm。理论塔板数按甘草酸峰计算应不低于 5 000。

表 2-1　　　　　　　梯度洗脱程序

时间/min	流动相 A/%	流动相 B/%
0~8	19	81
8~35	19→50	81→50
35~36	50→100	50→0
36~40	100→19	0→81

对照品溶液的制备:取甘草酸铵对照品适量,精密称定,加 70%乙醇分别制成每 1 mL 含甘草酸铵对照品 0.2 mg 的溶液,即得(折合甘草酸为 0.195 9 mg)。

供试品溶液的制备:取甘草粉末约 0.2 g,精密称定,置 50 mL 量瓶中,精密加入 70%乙醇 100 mL,密塞,称定质量,超声处理 30 min,取出,放冷,再称定质量,用 70%乙醇补足减失的质量,摇匀,滤过,取续滤液,即得。

测定法:分别精密吸取对照品溶液与供试品溶液各 10 μL,注入液相色谱仪,测定即得。

供试品溶液的制备:精密称取干燥的甘草酸样品适量,加 70%乙醇制成适当的浓度,即得。测定前用 0.45 μm 微孔滤膜过滤,其余步骤与药材中甘草酸的含量测定相同。

【注意事项】

1. 水提取液调酸沉淀后,要充分沉化,否则难以抽滤。
2. 三氯甲烷毒性较大,其操作一定要在通风橱内完成。

【思考题】

1. 提取甘草总皂苷还可以用哪些方法?
2. 如何鉴别中药中的皂苷,如何区别三萜皂苷与甾体皂苷?
3. 甘草酸三钾盐用冰醋酸处理得到甘草酸单钾盐,请解释其反应原理。

【参考文献】

[1] 孙晓珊,林冬梅,王铮,等.甘草及其提取物的药理作用、提取工艺及在家禽养殖中的应用[J].饲料研究,2021,44(11):139-141.

[2] 柴美灵,李娜,乔宏萍,等.Box-Behnken 法优化甘草多糖提取工艺及其体外抗氧化活性分析[J].食品工业科技,2021,42(23):192-200.

[3] 王鹤颖.甘草酸提取、纯化及其结构类似物的制备[D].天津科技大学,2019.

实验十一 设计性实验：中药化学成分系统鉴别

【实验目的】
1. 通过预习及文献调研，掌握中药植物化学成分的提取方法。
2. 通过预习及文献调研，掌握各种鉴别试剂的配制、使用方法及原理。
3. 掌握中药植物化学成分的系统鉴别方法。

【实验原理】
天然药物尤其是中药中所含成分非常复杂，如生物碱类、黄酮类、皂苷类、强心苷类、蒽醌类、挥发油、有机酸、香豆素、木质素、鞣质类等，很多都具有显著的生理活性。如何从植物或药材中提取、分离有效成分呢？一般存在两种情况：一是有效成分已知或待提取的结构已知，可根据结构、性质确定提取方法。提取方式可用热煮、回流、超声波、冷浸等。二是对于化学成分的结构和性质未知的中药，则要结合化学成分的系统预实验、生物活性筛选实验，确定有效成分的类别与活性部位。常用的提取方法有：溶剂提取法、水蒸气蒸馏法、升华法、压榨法等。对活性成分所在部位、结构未知的中药提取物，通常要先进行化学成分的预实验。由于植物中所含成分非常复杂，通常是根据结构相似的一类化合物的结构特征，如生物碱类、黄酮类、皂苷类、强心苷类化合物，经过特征性的反应，通过颜色、溶解度等现象对提取物中所含化学成分类别进行鉴定。常用的显色剂分为通用显色剂（针对大多数有机化合物）和专属显色剂（特定的、结构相似的一类化合物）。试验后，在试验报告中编写中药成分系统预实验记录表，格式见表2-2。

表 2-2　　　　中药成分系统预实验记录表（样品编号_____）

序号	显色试剂	实验现象	推测含有哪类成分
1			
2			
⋮			

【实验材料】
试剂：陈皮、苦参、虎杖、酸枣仁、黄连、黄芪、麦冬、葛根。

【实验方法】
随机选取未知的中药材干粉15 g，置于500 mL三颈烧瓶中，加入100 mL 95%乙醇。加热回流60 min。过滤，回收滤液。浓缩至溶液体积约20 mL。根据文献调研得到的化学成分预试检查方法，使用不同显色剂，对提取物中化学成分进行分类鉴定。具体操作为分别在试管中加入待测样品溶液及不同显色试剂，观察现象。现象不明显时可适当在水浴中加热。或者将待测样品溶液点在滤纸上，喷洒各种显色试剂，在加热板上加热，观察现象。根据最终实验结果讨论未知药材中的主要化学成分类型。各类成分的预实验方法与试液配制方法如下：

(1) 碘化铋钾溶液：在试管中加入0.5 mL样品溶液，加入1 mL碘化铋钾溶液，观察现象，或在滤纸上进行。

(2)硅钨酸溶液:在试管中加入0.5 mL样品溶液,加入1 mL硅钨酸溶液,观察现象。

(3)硫酸铈-硫酸试剂:在试管中加入0.5~1 mL样品溶液,加入2~3滴硫酸铈-硫酸试剂,观察现象。或将样品点在滤纸片或硅胶板上,喷洒硫酸铈-硫酸试剂,干燥后100 ℃,加热数分钟,观察现象。

(4)α-萘酚试剂:在试管中加入0.5 mL样品溶液,加入2~3滴α-萘酚试剂,沿试管壁缓慢滴入10滴浓硫酸,观察现象。

(5)盐酸-镁粉试剂:在试管中加入0.5~1 mL样品溶液,加入少量镁粉,振荡,滴加3~5滴浓盐酸,观察现象,必要时可加热。

(6)乙酸镁试剂:将样品点在滤纸片上,喷洒1%的乙酸镁溶剂,干燥后100 ℃,加热数分钟,在紫外光灯下观察现象。

(7)磷钼酸试剂:将样品点在滤纸片上,喷洒5%的磷钼酸乙醇溶液,干燥后100 ℃,加热数分钟,在紫外光灯下观察现象。或通过薄层色谱,展开剂二氯甲烷-甲醇(9∶1),喷洒显色剂,加热显色。

(8)三氯化铁试剂:在试管中加入0.5 mL样品溶液,可根据需要加入1滴乙酸调成酸性后,滴加三氯化铁试剂,观察现象。

(9)茚三酮试剂:将样品点在滤纸片上,喷洒茚三酮试剂,干燥后100 ℃,加热数分钟,观察现象。

(10)泡沫试验:在试管中加入0.5 mL样品溶液,吹干,加入1~2 mL水,剧烈振荡,观察是否有泡沫产生,可持续数分钟。

(11)明胶试剂:在试管中加入0.5 mL样品溶液,可根据需要加入2~3滴0.1 mol/L盐酸,滴加明胶试剂,观察现象。

【注意事项】

1.很多显色剂配制时,需要使用强酸、强碱,在使用时必须在通风橱内进行。

2.进行滤纸显色实验时,要注意进行空白对照。

3.处理显色后的溶液时,要保存在指定的回收容器中,注意安全。

【思考题】

1.如果使用碘化铋钾显色时,出现阳性反应,能否说明一定含有生物碱成分?若未出现阳性反应,能否说明不含有生物碱成分?分别说明理由。

2.在使用三氯化铁溶液鉴别黄酮时,哪些组分会出现颜色反应?

3.根据实验结果,推测实验对象可能为哪种中药?说明依据。若无法确定,说明理由。

第三章
药物化学实验

　　药物化学是普通高等学校制药工程专业的必修课，药物化学实验则是学生专业技能培养中通过理论和实践密切结合，培养学生实践和创新能力的重要环节。在普通高校本科教学中，药物化学实验课程教学的主要任务是通过加深学生对基本理论与基础知识的理解，帮助学生进一步了解和掌握在药物合成与设计过程中的基本流程与基本方法，学会在药物结构修饰中常用的技巧，培养学生分析问题、解决问题以及能独立设计与实施实验的综合素质。实验教学对学生较好地理解理论知识，提高解决实际问题的能力，开拓科研思维有重要意义。药物化学实验主要面向三、四年级本科生开设，实验类型有验证性、综合性和设计性。实验内容主要根据课程教学大纲要求并结合药品生产和科研技术，开设高水平的综合实验，使学生掌握先导化合物的虚拟筛选、化学制药的原料药制备，培养"安全、有效、稳定、可控"的制药理念。本实验教学目标包括：

　　(1)加深对药物化学的基本理论和基本知识的理解和掌握，了解药物化学实验设备的结构、特点，学习常用实验仪器的使用，使学生掌握药物化学实验的基本方法并通过实验操作，训练学生的实验技能。

　　(2)可利用计算机辅助药物设计的方法，虚拟筛选活性分子，并进行结构优化设计；掌握合成药物的基本方法；掌握对药物进行结构修饰的基本方法，了解拼合原理在药物化学中的应用。

　　(3)通过对药物化学基本理论的学习，分析实验过程中的各种现象和问题，培养训练学生分析问题和解决问题的能力。

　　(4)通过实验数据的分析处理，编写报告，培养训练学生分析问题和解决问题的能力；培养学生良好的学风和工作作风，以严谨、科学、求实的精神对待科学实验与开发工作。

　　在药物化学实验中用到的仪器与试剂种类较多，特别是常常要用到很多易燃烧、易爆炸，或有剧毒和强腐蚀性的药品，如在实验过程中使用不恰当，很容易引起火灾、发生爆炸或中毒与灼伤等安全事故，为了确保实验能够安全地进行，要求学生在学习与掌握药物化学实验相关的基本理论与技能的基础上，必须严格遵守实验室规则，重点加强课前准备、熟悉操作的要求、强调实验过程的记录与药剂的使用规定。对药物化学实验室的规章制度有详细的说明与讲解,同时对实验室容易发生的安全事故有明确的说明及准确的处理介绍,严防安全事故的发生。

第一节　化学合成制备技术概述

原料药,亦称为活性药物成分(API),指的是通过化学合成、半合成或天然产物分离等途径获得,并经过一个或多个化学单元反应及其操作制成的,用于制造药物制剂的活性成分。原料药的生产工艺与制剂产品工艺有所不同,其过程主要涉及化学和物理的交叉融合处理,如产品的溶解脱色、萃取吸附等。原料药的分类多种多样,按照来源可分为化学合成原料药、动植物提取原料药和生产发酵与细胞培养所得原料药;按产品的微生物水平和目标剂型,原料药又可分为无菌原料药和非无菌原料药。

化学合成是原料药生产的主要方式,其化学结构通常是起始物料与其他化合物通过一系列化学反应得到的目标产物。随后,经过一步或几步的分离纯化,最终得到原料药产品。在这个过程中,对中间体和最终产品都需要进行定量分析。

以下简要介绍几个关键单元操作:

一、普通蒸馏

液体的蒸汽压随温度升高而增大,当蒸汽压与外界大气压相等时,液体开始沸腾,此时的温度称为液体的沸点。普通蒸馏主要用于分离和提纯液体混合物中的组分,基于混合物中各组分挥发度的差异,在加热条件下使液体达到沸点并挥发,然后通过冷凝将蒸汽转化为液体,从而实现组分的分离。蒸馏通常在专门的设备中进行,如圆底烧瓶、蒸馏头、冷凝器和接收器等。操作时,将待分离的液体混合物加入圆底烧瓶中,加热至沸腾,蒸汽通过蒸馏头进入冷凝器,冷凝后的液体流入接收器进行收集。普通蒸馏装置如图3-1所示。

除了普通蒸馏外,还常用减压蒸馏、水蒸气蒸馏和精馏等单元操作。减压蒸馏是在降低系统压力的情况下进行蒸馏,主要用于高沸点或热敏性物质的分离。水蒸气蒸馏则是利用水蒸气与待分离组分之间的相互作用,将组分从混合物中蒸出,常用于提取植物中的挥发性成分。精馏则是通过多次蒸馏和冷凝,将混合物中的组分按沸点高低顺序分离,得到高纯度的产品。

仪器组装:(按以下排列顺序,依次组装)蒸馏烧瓶、蒸馏头、温度计(注意水银球的位置)、直形冷凝管、尾接管、接收瓶。

仪器拆卸:先停止加热,冷却后关闭冷凝水,再按照与组装次序相反拆除。

二、减压抽滤

减压抽滤是一种常用的固液分离方法,主要用于将液体中的固体颗粒快速、有效地分离出来。其原理是利用真空泵产生的负压,使过滤器的滤布或滤纸两侧形成压力差,从而使液体通过滤布或滤纸,而固体颗粒则被截留在滤布或滤纸上。这种方法可以大大提高过滤速度,减少过滤时间,并且适用于处理大量固体颗粒的混合物。

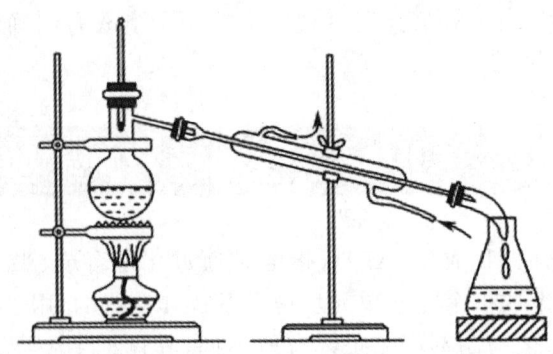

图 3-1　普通蒸馏装置

减压抽滤装置(图 3-2)主要包括布氏漏斗、抽滤瓶、真空泵和橡胶管等部件。操作时,将待过滤的液体倒入布氏漏斗中,然后将布氏漏斗放置在抽滤瓶上,并用橡胶管连接真空泵和抽滤瓶。打开真空泵,在减压的条件下进行过滤,滤液被抽到抽滤瓶中,而固体被截留在滤纸上的过程。抽滤前先熟悉布氏漏斗的构造及连接方式,将剪好的滤纸放入,滤纸的直径切不可大于漏斗底边缘,否则滤纸会折过,滤液会从折边处流过造成损失,将滤纸润湿后,可先倒入部分滤液(不要将溶液一次倒入),启动水循环泵,待滤饼已结一层后,再将余下溶液倒入,直至抽干为止。停泵时,要先打开放空阀,再停泵,可避免倒吸。

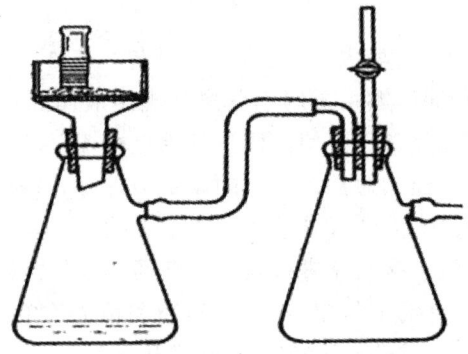

图 3-2　减压抽滤装置

三、萃取

萃取是利用物质在两种不互溶(或微溶)溶剂中溶解度或分配比的不同来达到分离、提取或纯化的目的。将含有机化合物的水溶液用有机溶剂萃取时,有机化合物就在两液相间进行分配。在一定温度下,此有机化合物在有机相中和在水相中的浓度之比为一常数,即"分配系数",它可以近似地看作为此物质在两溶剂中溶解度之比。

最常使用的萃取器皿为分液漏斗。操作时应选择容积较液体体积大一倍以上的分液漏斗,把活塞擦干,在离活塞孔稍远处薄薄地涂上一层凡士林,塞好后再把活塞旋转几圈。检漏,确认不漏水时方可使用。将要萃取的水溶液和萃取剂(一般为溶液体积的 1/3)依次倒入漏斗中,塞紧塞子。用右手手掌顶住漏斗顶塞并握住漏斗,左手握住漏斗活塞处,大拇指压紧活塞,把漏斗放平前后摇晃(图 3-3)。

在开始时,摇振要慢,摇振几次后,将漏斗的上口向下倾斜,下部支管指向斜上方,用拇指和食指旋开活塞,"放气"。活塞关闭再行振摇。如此重复至放气时只有很小压力后,再振摇 2~3 分钟,再将漏斗放置铁圈中静置,待两层液体完全分开后,打开上面的玻塞,再将活塞缓缓旋开,下层液体自活塞放出。然后将上层液体从分液漏斗的上口倒出,切不可也从活塞放出,合并萃取液,加入干燥剂干燥。然后蒸去溶剂,在萃取时可在水溶液中加入一定量的电解质(如氯化钠),降低有机物在水中的溶解度,提高萃取效果。

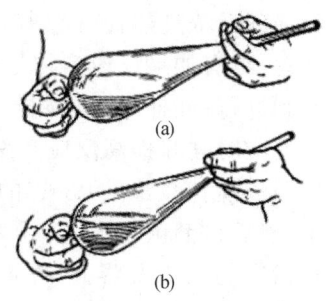

图 3-3 萃取操作示意图

四、简单回流

许多有机化学反应或药物化学合成反应要在反应物或溶剂的沸点附近才能进行,这就需要采用回流装置。还有重结晶提纯时样品的溶解,有时也采用回流装置。当液体沸腾时,它蒸发,从而能从容器中逸出。因此,烧瓶中液体溶剂的量减少。假如溶剂蒸汽在冷凝管中冷凝再变成液态,此液体又回到烧瓶中,那么溶剂就没有损耗,这过程称为回流。

回流装置安装时,先将要回流的液体放在烧瓶中,然后加入几粒沸石。按照由下至上,由左向右的原则,依次将圆底烧瓶安放在适宜的加热仪器上,再将冷凝管装在烧瓶上,最后根据冷凝管的出水口和进水口顺序通入冷水流,如图 3-4(a)所示,如果用于无水条件下实验,在冷凝管上还需要装上干燥管,如图 3-4(b)所示。

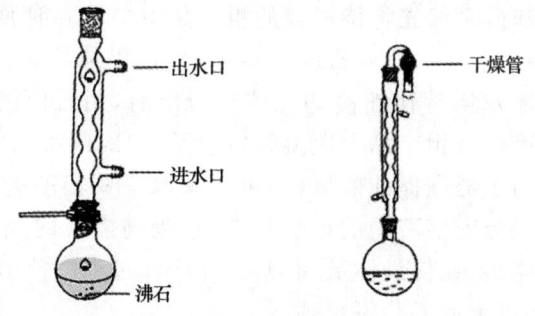

图 3-4 简单回流装置图

做回流操作时,还需要在烧瓶和冷凝管的磨口处应涂上适当的润滑剂;应选择合适的烧瓶,使液体体积占烧瓶容积的 1/2 左右为宜;为了防止暴沸需加入几粒沸石;一般多采用球形冷凝管。因为蒸汽与冷凝管接触面积较大,冷凝效果较好,尤其适合于低沸点溶剂的回流操作;回流速度控制在上升蒸汽不超过冷凝管两个球为宜。

五、搅拌回流

搅拌回流装置主要用于非均相反应体系,在有机化学及药物化学实验当中经常使用。均相反应体系一般可以不用搅拌,因为加热时反应混合液通过对流,即可以保持各部分均匀受热。如果反应液之一需要通过滴液漏斗逐滴加入,为了使反应液迅速混合均匀,以避免因局部过浓过热而导致其他不希望的副反应,也要采用搅拌装置;再有如果反应产物是固体,不采用搅拌将会影响反应的顺利进行;此外,通过搅拌不但可以较好地控制温度,还能缩短反应时间和提高反应产率。

回流搅拌装置(图 3-5)的安装先将要反应物放在三口烧瓶中,然后按照由下至上,由左向右的原则,先将三口烧瓶安放在适宜的加热仪器上,再将电动搅拌器安装在三口烧瓶中间开口处,冷凝管装在三口烧瓶上,并根据冷凝管的出水口和进水口顺序通入冷水流,在三口烧瓶上装入恒压滴液漏斗。

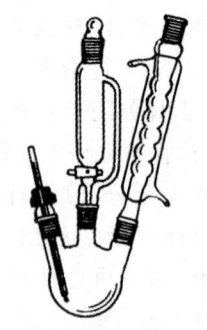

图 3-5　回流搅拌装置

六、重结晶

重结晶操作是提纯固体有机化合物常用的一种方法,它是利用混合物中各组分在某种溶剂中的溶解度不同,通过溶解、过滤、蒸发(或结晶)等步骤,使溶质从溶剂中析出,从而达到分离提纯的目的。在重结晶过程中,溶剂的选择至关重要。理想的溶剂应该对欲提纯的化合物溶解度随温度变化大,而对杂质则溶解度很小或者很大。这样,在加热溶解时,欲提纯的化合物能大量溶解在溶剂中,而杂质或者完全不溶或者溶解很少;在冷却时,欲提纯的化合物大量析出,而杂质或者不析出或者析出很少。常用的溶剂有乙醇、乙醚、丙酮、石油醚、水等,选择溶剂的原则是:溶剂对欲提纯的化合物溶解度大,对杂质溶解度小;溶剂与欲提纯的化合物不发生化学反应;溶剂的沸点不宜太高;溶剂应无毒或毒性很小;溶剂应便于回收,操作安全,价格便宜等。

在进行重结晶操作时,一般先将待提纯的粗产品用少量溶剂加热溶解,制成热的饱和溶液,趁热过滤,除去不溶杂质。然后将滤液冷却,使欲提纯的化合物结晶析出。冷却可以自然冷却,也可以用冰水浴等快速冷却。结晶析出后,用布氏漏斗抽滤,得到粗产品。如果需要进一步提纯,可以将粗产品再次溶解,进行第二次或第三次重结晶。

在重结晶过程中,为了提高提纯效果,还可以采取一些辅助措施。例如,在溶解过程中加入少量活性炭,可以吸附溶液中的色素和杂质,提高溶液的纯度;在结晶过程中加入少量晶种,可以诱导晶体析出,使晶体更加均匀;在冷却过程中控制冷却速度,可以避免晶体过快析出而导致晶体过小或形状不规则。

第二节　药物化学实验案例

实验一　硝苯地平的制备及合成

【实验目的】
1. 了解一锅法在药物合成上的应用。
2. 掌握通过 Hantzsch 反应合成二氢吡啶类化合物。
3. 熟悉掌握重结晶操作。

【实验原理】

硝苯地平(Nifedipine),化学名为1,4-二氢-2,6-二甲基-4-(2-硝基苯基)-3,5-吡啶二羧酸二甲酯,别名硝苯啶、心痛定、利心平等。它是一个二氢吡啶类的钙拮抗剂,具有强烈的扩冠作用,降压有效率达80%,吸收快,血浆半期为4~5 h,临床上也用于心绞痛、左心衰竭等疾病的治疗。其原理是通过阻滞钙离子内流进入心肌细胞或平滑肌细胞,从而使得冠状动脉压力降低,血管舒张,最终导致血压下降。硝苯地平物性:黄色结晶性粉末;无臭,无味,遇光不稳定,在丙酮或氯仿中易溶,在乙醇中略溶,在水中几乎不溶,熔点171~175 ℃。

硝苯地平在结构上属二氢吡啶类化合物,大多可以通过 Hantzsch 反应,由2分子酮酸酯和1分子醛、1分子氨缩合成环得到,其合成路线如图3-6所示。

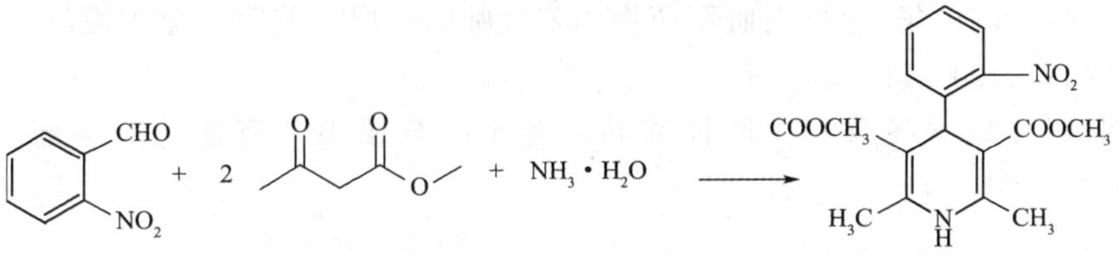

图3-6 硝苯地平合成路线

【实验材料】

1.器材:100 mL 三颈烧瓶、球形冷凝管、磁力搅拌器、恒压滴加漏斗、薄层硅胶板、布氏漏斗、展开缸、熔点仪等。

2.试剂:

邻硝基苯甲醛:分子量为151.12,浅黄色针状结晶,熔点为44~46 ℃,沸点为153 ℃/3.06 kPa,微溶于水,溶于醇、醚和苯。

乙酰乙酸甲酯:分子量为116.11,无色透明液体,沸点为169~171 ℃,无色透明液体,具芳香味,微溶于水,易溶于有机溶剂。常压蒸馏时会有部分分解为脱氧乙酸。

【实验方法】

量取30 mL 无水乙醇于100 mL 三颈烧瓶中,加入邻硝基苯甲醛8.0 g,搅拌下缓慢升温至60 ℃,呈均一混合溶液后,于20 min内滴加乙酰乙酸甲酯10 mL,搅拌反应1 h后,加入30%浓氨水5 mL,缓慢升温至70 ℃,保持该温度下反应3 h。TLC监测反应结束后,趁热过滤,滤液转移至烧杯中,置冰箱中冷却,析出黄色固体,抽滤得粗品。

取粗品置于装有球形冷凝器的100 mL 三颈烧瓶中,加入4倍量(W/V)无水乙醇,加热回流20 min,趁热抽滤(布氏漏斗、抽滤瓶应预热)。将滤液趁热转移至烧杯中,自然冷却,待结晶完全析出后,抽滤,压干,测熔点,计算收率。

【注意事项】

1.硝苯地平极易光解,故应避光保存。

2.选用乙醇重结晶时,要注意乙醇的用量,减少重结晶的损失。

3. 反应开始时,缓慢加热,避免大量氨气逸出。
4. 注意实验记录规范,起始原料的来源、投料比、仪器装置、实验过程现象等信息准确。

【思考题】

1. 工业上制备硝苯地平常用的工艺有哪些?与其相比,本实验采用的方法,优缺点有哪些?
2. 试解释为什么硝苯地平见光易分解,分解产物可能是什么?
3. 乙酰乙酸甲酯与浓氨水的加入顺序对反应是否有影响?

【参考文献】

[1] 李公春,田源,李存希,等. 硝苯地平的合成[J]. 浙江化工,2015,46(03):26-29.
[2] 邓永智,陈国华. 论抗高血压药物硝苯吡啶的合成工艺[J]. 化工设计通讯,2017,43(11):224-251.
[3] 胡敏培. 硝苯啶及其中间体邻硝基苯甲醛合成工艺概述[J]. 医药工业,1988(03):140-142.

实验二　N-乙酰-L-半胱氨酸的合成

【实验目的】

1. 通过 N-乙酰-L-半胱氨酸的合成,使学生对药物合成有一定认识。
2. 掌握酰化反应特点、机制、操作要求,进一步巩固有机化学实验的基本操作。

【实验原理】

N-乙酰-L-半胱氨酸,化学名为 N-乙酰-2-氨基-3-巯基丙酸,又称痰易净,是一种呼吸道黏液溶解剂,它是一种用途广泛的药物,主要用于黏痰溶解,并有解毒、抗氧化和抑制由癌变引起的组织、细胞坏死作用;还可以用作复方氨基酸大输液中的稳定剂以及用作化妆品添加剂和眼药水;在对艾滋病病毒感染者的治疗中,用于改善由于病毒引起的半胱氨酸缺乏者的生理和免疫功能。该化合物性状为白色颗粒状晶体或结晶粉末,熔点为 106～111 ℃,有强酸味道,在水和乙醇中易溶,其合成路线如图 3-7 所示。

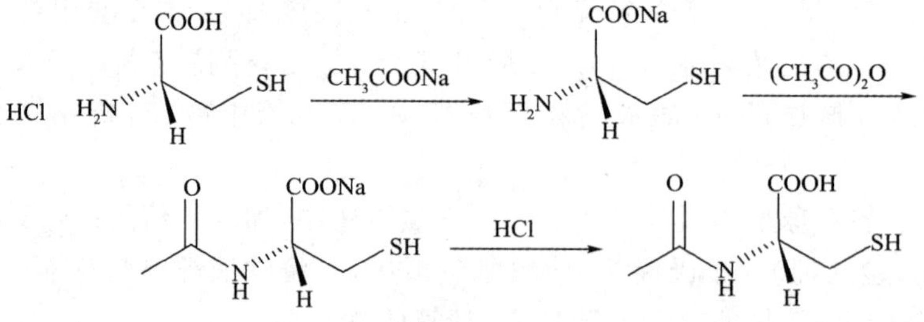

图 3-7　N-乙酰-L-半胱氨酸的合成路线

【实验材料】

1. 器材:250 mL 三颈烧瓶、球形冷凝管、磁力搅拌器、恒压滴加漏斗、薄层硅胶板、分液漏斗、展开缸、旋转蒸发仪、250 mL 茄型瓶、熔点仪等。

2.试剂:

L-半胱氨酸:一种生物体内常见的氨基酸,为含硫 α-氨基酸之一,存在于许多蛋白质、谷胱甘肽中,与 Ag^+、Hg^+、Cu^+ 等金属离子可形成不溶性的硫醇盐,分子式为 $C_3H_7NO_2S$,分子量为 121.16。无色晶体,溶于水、乙醇、乙酸和氨水,不溶于乙醚、丙酮、乙酸乙酯、苯、二硫化碳和四氯化碳,在中性和弱碱性溶液中能被空气氧化成胱氨酸。

乙酸钠:乙酸钠通常带有三个结晶水,三水合乙酸钠为无色透明或白色颗粒结晶,在空气中可被风化,可燃,易溶于水,微溶于乙醇,不溶于乙醚,温度在 123 ℃ 时失去结晶水。

乙酸酐:无色透明液体,有强烈的乙酸气味,味酸,有吸湿性,溶于氯仿和乙醚,缓慢地溶于水形成乙酸,与乙醇作用形成乙酸乙酯。相对密度为 1.080 g/cm^3,熔点为 −73 ℃,沸点为 139 ℃,折光率为 1.390 4,闪点为 49 ℃,燃点为 400 ℃。低毒,易燃,有腐蚀性,勿接触皮肤或眼睛,以防引起损伤,有催泪性。

【实验方法】

在装有磁子及恒压滴液漏斗的 250 mL 三颈烧瓶中,依次加入一水合 L-半胱氨酸盐酸盐 14.05 g(80 mmol),水 10 mL,四氢呋喃 70 mL,置冰水浴中搅拌,至 L-半胱氨酸全部溶解。称量 13.13 g(160 mmol)无水乙酸钠溶于 64 mL 水中,配成 2.5 mol/L 乙酸钠溶液,加入恒压滴液漏斗。控制反应器内温度为 3~5 ℃,滴加乙酸钠溶液,约 0.5 h 加完。之后保持该温度,剧烈搅拌 0.5 h,然后在 3~5 ℃ 下,将醋酐 8 mL(约 85 mmol)缓慢地加入上述反应液中,约 15 min 加完。加完醋酐后,移去水浴中的冰块,将温度升至 70 ℃,回流反应 3 h。TLC 监测反应完全,以浓盐酸调节反应液 pH 为 3~4,将反应液倾入分液漏斗中分层,放出下层有机相,上层水相用乙酸乙酯萃取(30 mL×3),合并乙酸乙酯萃取液与之前分出的有机层,用饱和食盐水萃取(40 mL×3),有机层倒入锥形瓶中,加适量无水硫酸钠振摇除水,之后加适量无水硫酸镁进一步除水,静置 1 h 以上。

将所得萃取液滤除干燥剂,以旋转蒸发仪回收乙酸乙酯。浓缩液为粗产物,移入小玻璃瓶(可加入少量晶种),密封至冰箱中,静置析晶。待结晶析出完全后,抽滤,用少量丙酮洗涤,压干,测熔点,计算收率。

【注意事项】

1.酰化反应是放热反应,故在滴加醋酐时控制好滴加速度,使反应温度为 3~5 ℃。
2.反应结束后,要充分静置一段时间,使有机相和水相充分分离。
3.有机相要尽可能加入干燥剂除水,其除水程度影响结晶速度。

【思考题】

1.反应结束后调节 pH 的目的是什么?是否可以不调?为什么?
2.醋酐为什么要分两次加入,过量加入醋酐对反应会有什么影响?
3.静置析晶过程中,加入晶种的作用是什么?

【参考文献】

[1] 金鑫,郑喆,秦娜,等.N-乙酰-L-半胱氨酸合成工艺优化[J].合成化学,2022,(10):1-8.
[2] 温新兰,肖日高,曾丘怀,等.N-乙酰-L-半胱氨酸合成的新方法[J].湛江师范学

院学报,2007(3):79-81.

[3] 徐衡,张群,孔学军. N-乙酰-L-半胱氨酸合成新工艺[J]. 氨基酸和生物资源,2000(1):23-26.

实验三 苯乐来(扑炎痛)的合成

【实验目的】

1. 了解拼合原理在药物化学中的应用和酯化反应在药物化学结构修饰中的应用。
2. 通过本实验,熟悉酯化反应的方法,掌握无水操作的技能。
3. 通过本实验,掌握反应中产生有害气体的吸收方法。

【实验原理】

扑炎痛又名贝诺酯、苯乐来、解热安,化学名为 2-乙酰氧基苯甲酸-乙酰胺基苯酯,白色结晶性粉末,无臭无味,熔点为 174～178 ℃,不溶于水,微溶于乙醇,溶于氯仿、丙酮。扑炎痛为一种新型解热镇痛抗炎药,临床上主要用于治疗风湿及类风湿性关节炎、骨关节炎、神经痛、头痛、感冒引起的中度钝痛等。

扑炎痛是由阿司匹林和扑热息痛经拼合原理制成,合成路线如图 3-8 所示。该化合物经口服进入体内后,经酯酶作用,释放出阿司匹林和扑热息痛而产生药效。本品既有阿司匹林的解热镇痛抗炎作用,又保持了扑热息痛的解热作用。由于体内分解不在胃肠道,因而克服了阿司匹林对胃肠道的刺激,克服了阿司匹林用于抗炎引起胃痛、胃出血、胃溃疡等缺点。

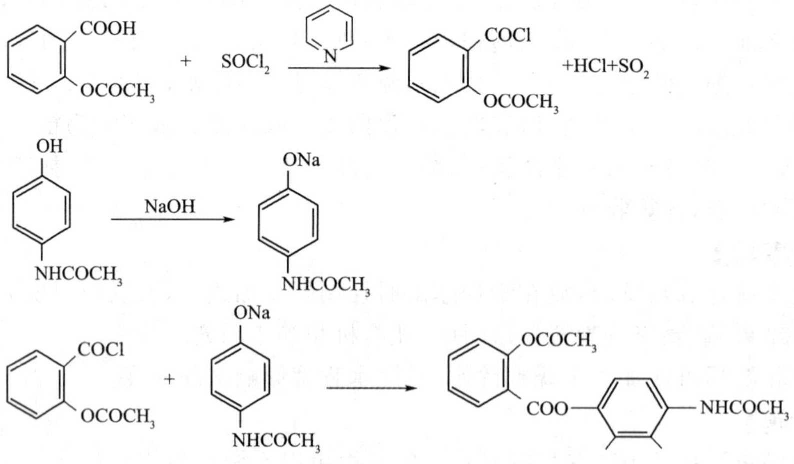

图 3-8 扑炎痛的合成路线

【实验材料】

1. 器材:100 mL 三颈烧瓶、250 mL 三颈烧瓶、球形冷凝管、磁力搅拌器、恒压滴加漏斗、熔点仪等。
2. 试剂:

阿司匹林:是一种白色结晶或结晶性粉末,无臭或微带醋酸臭,微溶于水,易溶于乙醇,可溶于乙醚、氯仿,水溶液呈酸性。本品为水杨酸的衍生物,经近百年的临床应用,证明对缓解轻度或中度疼痛,如牙痛、头痛、神经痛、肌肉酸痛及痛经效果较好,亦用于感冒、流感等发热疾病的退热,治疗风湿病等。近年来发现阿司匹林对血小板聚集有抑制作用,能阻止血栓形成,临床上用于预防短暂脑缺血发作、心肌梗死、人工心脏瓣膜和静脉瘘或其他手术后血栓的形成。吞咽有害,对眼睛、呼吸道和皮肤有刺激作用。

氯化亚砜:淡黄色至红色、发烟液体,有强烈刺激气味。可混溶于苯、氯仿、四氯化碳等有机溶剂。遇水水解,加热分解,吸入、口服或经皮吸收后对身体有害。对眼睛、黏膜、皮肤和上呼吸道有强烈的刺激作用,可引起灼伤。吸入后,可能引起咽喉、支气管痉挛、炎症和水肿而致死。中毒表现可有烧灼感、咳嗽、头晕、喉炎、气短、头痛、恶心和呕吐。该品不燃,具有强腐蚀性、强刺激性,可致人体灼伤。

扑热息痛:商品名称有百服宁、必理通、泰诺、醋氨酚等。该品国际非专有药名为Paracetamol。它是最常用的非抗炎解热镇痛药,解热作用与阿司匹林相似,镇痛作用较弱,无抗炎抗风湿作用,是乙酰苯胺类药物中最好的品种。特别适合于不能应用羧酸类药物的病人。从乙醇中得棱柱体结晶。熔点为169~171 ℃,相对密度为1.293(21/4 ℃)。溶于乙醇、丙酮和热水,难溶于水,不溶于石油醚及苯。无气味,味苦。饱和水溶液pH为5.5~6.5。

【实验方法】

在装有回流冷凝器(上端附有氯化钙干燥管、排气导管通入氢氧化钠溶液吸收)干燥的100 mL三颈烧瓶中,依次加入吡啶2滴,阿司匹林10 g,氯化亚砜5.5 mL。置水浴上慢慢加热至70 ℃(10~15 min),维持水浴温度在70±2 ℃反应70 min,冷却至室温,加入无水丙酮10 mL,将反应液用玻璃漏斗倾入干燥的恒压滴液漏斗中,混匀,密闭备用。

在装有搅拌子及温度计的250 mL三颈烧瓶中,加入扑热息痛8.39 g,水50 mL,冰浴冷至10 ℃左右,在搅拌下滴加氢氧化钠溶液(氢氧化钠3.6 g加20 mL水配成,用滴管滴加)。滴加完毕,在8~12 ℃强烈搅拌下,慢慢滴加上次实验制得的乙酰水杨酰氯丙酮溶液(20 min左右滴完)。滴加完毕,调至pH>10,控制温度在8~12 ℃继续搅拌反应60 min,真空抽滤,水洗至中性,干燥得粗品,计算收率。

取粗品置于装有球形冷凝器的三颈烧瓶中,加入3~4倍量(W/V)95%乙醇,在水浴上加热溶解。稍冷,加活性炭脱色(活性炭用量由粗品颜色而定),加热至75 ℃回流30 min,趁热抽滤(布氏漏斗、抽滤瓶应预热)。将滤液转移至烧杯中,自然冷却,待结晶完全析出后,抽滤,压干。用少量乙醇洗涤两次,压干,干燥,测熔点,计算收率。

【注意事项】

1. 二氯亚砜是由羧酸制备酰氯最常用的氯化试剂,不仅价格便宜而且沸点低,生成的副产物均为挥发性气体,故所得酰氯产品易于纯化。二氯亚砜遇水可分解为二氧化硫和氯化氢,因此所用仪器均需干燥。反应用阿司匹林需在60 ℃干燥4 h。制得的酰氯不应久置。

2. 扑炎痛制备采用Schotten-Baumann方法酯化,即乙酰水杨酰氯与对乙酰氨基酚钠缩合酯化。由于扑热息痛酚羟基与苯环共轭,加之苯环上又有吸电子的乙酰胺基,因此酚羟基上电子云密度较低,亲核反应性较弱;成盐后酚羟基氧原子电子云密度增高,有利于亲核反应；此外，酚钠成酯，还可避免生成氯化氢，使生成的酯键水解。

【思考题】

1. 由羧酸制备酰氯常用哪些方法？
2. 为什么要加入少量的吡啶？吡啶加多会有什么后果呢？
3. 扑炎痛的制备，为什么采用先制备对乙酰氨基酚钠，再与乙酰水杨酰氯进行酯化，而不直接酯化？
4. 什么叫拼合原理，在药物化学中有什么应用？

【参考文献】

[1] 杨晨.贝诺酯的合成工艺优化及过程分析[D].广西科技大学，2019.
[2] 武艺煊.扑炎痛合成条件优化[J].当代化工研究，2018(07)：171-172.
[3] 刘峤，刘佳，张银羽，等.贝诺酯合成实验反应条件的优化[J].湘南学院学报，2016，37(05)：18-21.

实验四 （R）-四氢噻唑-2-硫酮-4-羧酸的合成

【实验目的】

1. 了解手性物及手性合成的概念。
2. 初步掌握以手性源方法合成手性物的原理和方法。
3. 学会旋光仪的使用及测定手性物光学纯度的方法。

【实验原理】

（R）-四氢噻唑-2-硫酮-4-羧酸，简称（R）-TTCA，是一种手性化合物，可作为检查尿样中的二硫化碳含量的标准试剂，它对 R，S-胺、R，S-氨基酸酯等有很好的手性识别功能。原料 L-半胱氨酸盐酸盐水合物也是一种基本的手性化合物，可以此为原料，经非对称合成反应得到新的手性化合物。

本实验是利用手性源方法合成手性物的原理，使手性源 L-半胱氨酸盐酸盐水合物和二硫化碳在碱性条件下，以五水硫酸铜为催化剂，发生如下非对称反应来制得另一种手性化合物（R）-TTCA，合成路线如图3-9所示。

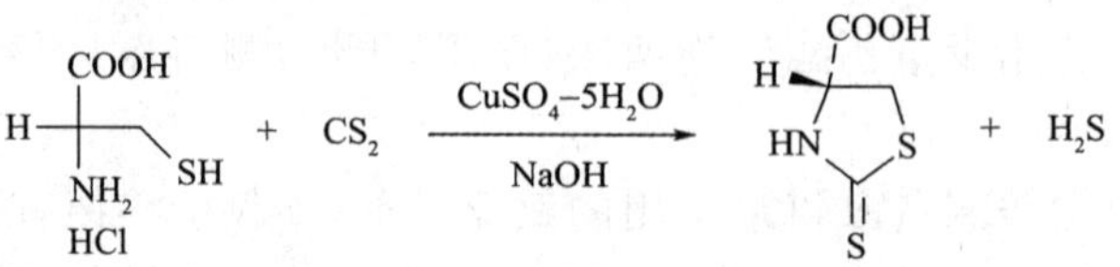

图3-9 （R）-TTCA的合成路线

【实验材料】

1. 器材：100 mL三颈烧瓶、250 mL三颈烧瓶、球形冷凝管、磁力搅拌器、恒压滴加漏斗、熔点仪等。

2.试剂:

二硫化碳:常见溶剂,无色液体。在常温常压下二硫化碳为无色透明微带芳香味的脂溶性液体,有杂质时呈黄色,少量天然存在于煤焦油与原油中,一般试剂有腐败臭鸡蛋味,具有极强的挥发性、易燃性和爆炸性。无色或淡黄色透明液体,纯品有乙醚味,易挥发,熔点为-111.9 ℃,密度为1.26 g/cm³,分子式为CS_2,相对分子质量为76.14。

五水硫酸铜:也被称作硫酸铜晶体,相对分子质量为250,为白色或灰白色粉末。水溶液呈弱酸性,显蓝色。但从水溶液中结晶时,生成蓝色的五水硫酸铜($CuSO_4 \cdot 5H_2O$,又称胆矾),此原理可用于检验水的存在。受热失去结晶水后分解,在常温常压下很稳定,不潮解,在干燥空气中会逐渐风化。熔点为560 ℃,密度为3.606 g/mL(25 ℃),蒸气压为7.3 mm Hg(25 ℃),溶于水、甲醇,不溶于乙醇。

【实验方法】

称取4.8 g NaOH溶于90 mL蒸馏水,搅拌至全溶后将溶液移入250 mL三颈烧瓶中;称取5.27 g的一水合L-半胱氨酸盐酸盐和6.75 g的$CuSO_4 \cdot 5H_2O$,依次加入上述三颈烧瓶中,充分搅拌均匀,再加入2.0 g亚硫酸钠;向上述反应液中滴加3.0 mL CS_2,升温至55 ℃,回流反应2 h。

待反应液冷却后真空抽滤,滤液6 mol/L的盐酸调至pH为1(有沉淀析出的话需要过滤)。用乙酸乙酯萃取溶液(30 mL×4),有机相收集入茄型瓶中减压浓缩得到(R)-TTCA的粗产品。

粗产品重结晶,即用适量的6mol/L盐酸,在90 ℃加热至粗产品完全溶解(盐酸稍过量);趁热过滤黄色不溶物,冷却至室温,得到白色针状晶体。将晶体过滤,烘干,称重,测熔点。

得到(R)-TTCA 0.98 g,为无色晶体,产率为66%,熔点为180~182 ℃,$[\alpha]_D^{20}=-88.7°$($c=0.25$g/100 mL水溶液)。

【注意事项】

1.萃取一定要完全。在分液漏斗里多振荡几次,否则产率可能降低。

2.要控制重结晶中所加的6 mol/L盐酸量。如果太多,晶体析出慢或析出不完全;如果太少,晶体出来太快,晶体品质不好,且产品纯度降低。

【思考题】

1.为什么(R)-TTCA的合成要在碱性的条件下进行?

2.五水硫酸铜可能的作用机理是什么?

3.加入亚硫酸钠的作用可能是什么?

4.如果产品的光学纯度不高,可能的原因是什么?

【参考文献】

[1] 张华.手性物α-苯乙胺的制备和分析研究[D].四川大学,2004.

[2] 李静.(R)-四氢噻唑-2-硫酮-4-羧酸的应用研究兼论羧酸金刚烷胺盐的合成及抗肿瘤活性[D].吉林大学,2008.

[3] 商艳梅.新手性催化剂催化下不对称碳-碳键的合成研究[D].吉林大学,2007.

实验五　苯乙胺外消旋体的拆分

【实验目的】
1. 了解手性的概念以及用化学衍生方法制备手性物的原理和方法。
2. 学会用手性试剂将外消旋手性物转化为非对映异构体后运用分步结晶拆分方法。

【实验原理】
要将外消旋的一对对映体分开，一般是将其与拆分剂形成非对映体，然后利用非对映体物理性质的不同，用结晶的方法将它们分离、精制，然后再去掉拆分剂，可得纯的旋光异构体。本实验通过化学反应的方法，用手性试剂将外消旋体中的两种对映体转化为非对映异构体，然后利用非对映异构体之间的物理性质和化学性质都不同的原理，将其拆分获得单一手性物。该方法是经典的手性物制备方法，目前仍是最广泛运用的工业化方法之一，主要适用于拆分制备酸、碱性手性物。

经典的酒石酸法拆分 R,S-α-苯乙胺步骤较复杂、时间较长，拆分试剂较贵，单一对映体收率较低。本实验用易于合成的(R)-TTCA 作为拆分试剂，对 R,S-α-苯乙胺进行拆分，其合成路线如图3-10所示。

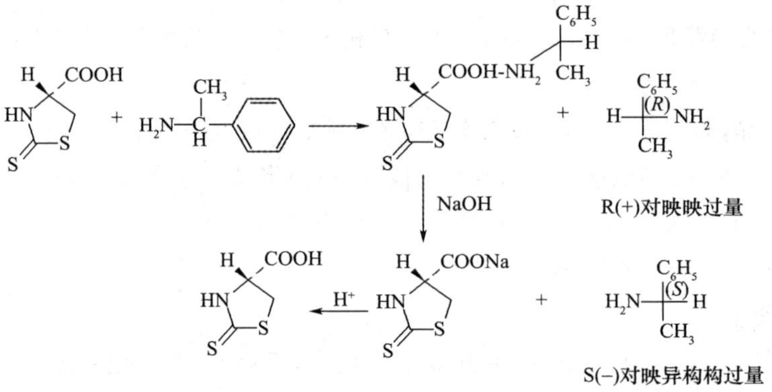

图3-10　苯乙胺拆分的合成路线

【实验材料】
1. 器材：100 mL 三颈烧瓶、球形冷凝管、磁力搅拌器、恒压滴加漏斗、分液漏斗、熔点仪、旋光仪等。
2. 试剂：

α-苯乙胺：无色液体，具有芳香气味。沸点为 188 ℃，80~81 ℃(2.4 kPa)，相对密度为 0.939 5(15 ℃)，折射率为 1.525 3，闪点为 79 ℃。溶于水，能与醇、醚混溶。具强碱性，能吸收空气中的二氧化碳。本品有毒。食入、吸入、与皮肤接触都会造成危害，其气体与空气形成爆炸性混合物。燃烧将产生有刺激性、腐蚀性和(或)有毒性的气体。

【实验方法】
量取 0.52 mL R,S-α-苯乙胺溶于 20 mL 乙酸乙酯；称取 0.33 g(R)-TTCA 溶于 20 mL 乙酸乙酯，溶解完后转入恒压滴液漏斗中。

在室温(25 ℃)条件下,将滴液漏斗中的(R)-TTCA乙酸乙酯液向R(+)-α苯乙胺和S(−)-α苯乙胺乙酸乙酯液中滴加。全部滴完后,继续反应30 min,反应结束后过滤,滤液部分用1.0 mol/L的NaOH溶液20 mL洗涤,再用饱和食盐水(20 mL×3)洗涤,有机相倒入锥形瓶中,无水Na_2SO_4干燥。

滤渣为白色固体,称其总质量,取少许块状物测定熔点和旋光度,将余下的全部置入100 mL三颈烧瓶中,加入20 mL 1mol/L的NaOH搅拌反应,白色块状物逐渐溶解至溶液澄清。反应10 min后用乙酸乙酯(20 mL×3)萃取,用饱和食盐水(20 mL×3)洗涤,上层为无色油状液体(有机相),下层为无色透明液体(无机相)。将有机相倒入锥形瓶中,加入无水Na_2SO_4干燥。

将两个干燥溶液分别滤去干燥剂,减压浓缩(茄型瓶要提前称重),得到两份淡黄色液体[R(+)-α-苯乙胺和S(−)-α-苯乙胺]。

称R(+)-α-苯乙胺0.20g左右,用10 mL无水乙醇转入25mL容量瓶中,定容摇匀,转入旋光管,测旋光度;测定S(+)-α-苯乙胺旋光度,方法同R(+)-α-苯乙胺。

白色固体为R(−)TTCA−S(−)-α-苯乙胺盐,熔点为154～156 ℃,产率为92.0%,$[α]_D^{20℃} -53.14°(c=0.12, H_2O)$。

R(+)-α-苯乙胺,产率85.9%,$[α]_D^{20℃} +29.28°(c=0.31, C_2H_5OH)$,光学纯度94.45%。

S(−)-α-苯乙胺,$[α]_D^{20℃} -25.45°(c=0.10, C_2H_5OH)$,光学纯度82.1%。

【注意事项】

1. 反应时恒压滴液漏斗中液体的滴加速度不能太慢。
2. 反应完毕后要用少许乙酸乙酯冲洗滤渣,这样会减小R(+)-α-苯乙胺的损失。
3. 实验中用的NaOH一定要除净,否则产品放置后会变成固体。

【思考题】

1. 拆分试剂R(−)TTCA的光学纯度对于拆分出来的对映体R(+)-α-苯乙胺的光学纯度有影响吗?为什么?
2. 饱和食盐水在这里起的主要作用是什么?
3. 通过所测旋光度计算比旋值,并计算两对映体的光学纯度。如果两对映体的光学纯度不高,分析其原因。

【参考文献】

[1] 李叶芝,郭纯孝,刁家寅,等.新拆分试剂R(−)四氢噻唑-2-硫酮-4-羧酸对R,S-α-苯乙胺拆分的研究[J].高等学校化学学报,1998(05):757-759.
[2] 张华.手性物α-苯乙胺的制备和分析研究[D].四川大学,2004.
[3] 秦韶巍.固定化脂肪酶拆分手性化合物[D].北京化工大学,2006.

实验六 虚拟筛选消渴丸中的活性成分

【实验目的】

1. 了解虚拟筛选在中药活性成分开发中的应用。

2. 掌握利用对接计算的方法寻找已知靶标的先导化合物。

3. 利用 Discovery Studio 软件的分子对接模块 LibDock 进行计算，掌握基于 Discovery Studio 软件的分子对接方法。

【实验原理】

采用计算化学工具进行分子模拟和药物分子设计是创新药物研究的重要环节，为下一步的药物分子合成提供理论依据和指导。计算机辅助药物设计实验与传统的药物化学实验相比，主要区别在于药物设计实验需要在计算机上借助软件完成，实验者需要具备一定的计算机操作系统和分子模拟知识作为基础。

分子对接是两个或多个分子之间通过几何匹配和能量匹配而相互识别的过程。它的最初思想起源于"锁和钥匙模型"。分子对接计算就是将配体小分子放置于受体的活性位点，并寻找其合理的取向和构象，使得配体和受体的形状和相互作用的匹配最佳。分子对接已经被实践证明是研究配体-蛋白质作用的一种非常有效的方法。

消渴丸是我国自主研发的首个中西医结合治疗糖尿病药物，消渴丸所含西药成分格列苯脲的降糖机制已经明确，但其中药成分防治糖尿病及其并发症作用机制的研究还不够充分。本实验中提供了目前已知的糖尿病治疗靶标和消渴丸中的 348 种活性成分，将活性成分与可能靶标进行对接计算。基于虚拟筛选，归纳消渴丸治疗糖尿病的可能作用机制，以及针对特定靶标可改造和优化的活性结构。

【实验材料】

1. α-淀粉酶与阿卡波糖类似物的复合物晶体结构（1U33）、二肽基肽酶 4（Dipeptidyl peptidase-4，DPP4）与维格列汀的复合物晶体结构（3W2T）、过氧化物酶体增殖物激活受体（peroxisome proliferator-activated receptors gama，PPARgama）与罗格列酮的复合物晶体结构（2PRG）。

2. Discovery Studio 软件。

3. 消渴丸中的 348 个活性小分子（来源于 TCMAnalyzer），可将其分为五组或更多组，虚拟筛选实验中将每五名同学分成一组，每名同学分配一组消渴丸活性分子，同一组学生选定同一个靶标进行对接计算。

【实验方法】

(一)分子准备

① 蛋白准备：包括删除水分子、杂原子、加氢等。操作：在工具浏览器(Tools)中，展开 Macromolecules｜Prepare Protein｜Automatic Preparation｜Prepare Protein（双击打开），在 Input Protein 里面选择对应的蛋白质大分子：1U33 或 2PRG 或 3W2T，其他参数默认即可，之后单击 Run 运行；在 Jobs 一栏中单击 Prepare Protein 前面的箭头，单击 Prepared Protein Structure 可查看结果。

② 定义活性位点：打开浏览界面 Ctrl＋H，选中小分子 LM2500 或 BRL-1 或 LF7801，在 Prepare Protein 计算结果的视窗，在工具浏览器(Tools)中，展开 Receptor-Ligands Interactions｜Define and Edit Binding Site，单击 From Current Selection，(1U33 的 sphere 半径默认；2PRG 的 sphere 半径默认；3W2T 的 sphere 半径需要单击 Expand 前的加号三次（Define and Edit Binding Site｜Change Site Size｜Expand)），通过已经存在于晶体复合物中的小分子来定义活性位点，然后再选中小分子 LM2500 单击 Delete 将

其删除。1U33中复合物小分子名为LM2500；3W2T中复合物小分子名为LF7801；2PGR中复合物小分子名为BRL-1。

③ 配体准备：打开小分子文件，单击显示配体结构，在工具浏览器（Tools）中，展开Small Molecules | Prepare or Filter Ligands | Prepare Ligands（双击打开），在Input Ligands里面选择相应要对接的分子Group 1 Molecule 1-70：All或其他，在Change Ionization里面选择False，在Generate Tautomers里面选择False，在Generate Isomers里面选择False，其他参数默认即可，之后单击Run运行；在Jobs一栏中单击Prepare Ligands前面的箭头，单击Ligands Prepared可查看结果。

（二）配体和蛋白对接

① 参数设置：在工具浏览器（Tools）中，单击Receptor-Ligand Interaction | Dock Ligands | Dock Ligands(LibDock)，在Input Receptor里面选择相应要对接的已准备好的蛋白质分子1U33_prep：1U33或其他；在Input Ligands里选择要对接的已准备好的配体分子Group_1_Molecule_1－70：All或其他（在此部分可以一次性对接多个分子，也可以每次只输入一个分子）；在Input Site Sphere里面选择该Sphere的坐标及半径；在Docking Preferences里面选择User Specified（根据需要改变对接计算的特定参数），然后单击Docking Preferences前的箭头下拉此项目下的参数，将Max Hits to Save的参数设为10；在Conformation Method里面选择CAESAR或BEST；其他参数默认即可。

② 运行计算：参数设置完毕后，单击Run运行作业。

（三）结果分析

① 打开结果：双击Jobs下完成的计算，单击Reports里面ViewResuls查看计算结果。

② 查看对接打分：用快捷键CTRL+T打开表格视图可以看到每个配体构象的对接分数（LibdockScore），单击表格视图中的按钮，可观察排在第一位的对接构象，继而可通过单击表格视图中的和按钮，观察配体分子的每个pose同受体分子的结合模式。

③ 汇总数据：将所有对接计算结果都拷贝到同一个视窗中，按照LibdockScore打分从高到低排列，双击表格视图中LibdockScore即可。

④ 显示相互作用：在工具浏览器（Tools）中，单击Receptor-Ligand Interactions | View Interactions | Ligand Interactions可显示受体原子与配体对接poses间的非键相互作用。选择LibDockScore打分最高的两个分子显示受体和配体之间的相互作用，并作图。

⑤ 分析结果：针对打分比较高的分子，通过结构式在Scifinder上查阅相关文献，检索所筛选小分子是否有相应靶标的活性测试报告。

⑥ 小组结果汇总分析：在最终结果的分析时，同一组的学生将计算结果汇总，按打分由高到低排序，选出前10％的分子，同学对自己的结果进行分析。

【思考题】

1. 简述虚拟筛选在中药研究中的作用。
2. 分子对接结果对于消渴丸的活性成分研究具有哪些实际的意义？
3. 能否设计一个新的虚拟筛选的案例？

【参考文献】

[1] 郝博济,刘序,赵梓辰,等.抗2型糖尿病药物靶标计量分析及趋势研究[J].中国新药杂志,2013,22(11):1236-1241.

[2] 朱春艳.基于HRMS/MSn数据集挖掘技术的斑马鱼体内ADME分析策略的建立[D].厦门大学,2020.

实验七　RAR-α受体激动剂的药效团模型构建和评价

【实验目的】

1. 利用Discovery Studio软件构建RAR-α受体激动剂的药效团模型。

2. 通过实例的操作,了解Discovery Studio软件中3D-QSAR药效团模型构建模块(Hypogen)的原理。

3. 掌握利用Hypogen构建药效团的基本步骤和方法。

【实验原理】

药效团是指药物活性分子中对活性起着重要作用的"药效特征元素"及其空间排列形式,这些"药效特征元素"是配体与受体发生相互作用时的活性部位,它们可以是某些具体的原子或原子团,比如氧原子、羟基、羰基等,也可以是抽象的化学功能结构,如疏水团、氢键给体、氢键受体、正电中心、负电中心、疏水中心、芳香环等。药效团的构建是通过事先收集一系列活性小分子,进行结构-活性研究,并结合构象分析、分子叠合等手段,得到一个基于这些配体分子的共同特征的过程。药效团模型可为进一步的活性分子设计和筛选提供有价值的参考。

Discovery Studio软件中,3D-QSAR Pharmacophore Generation protocol模块可以基于一系列针对特定生物靶标具有明确活性数值的化合物,构建出具有活性预测能力的药效团模型。该算法分为三步进行,首先,确定训练集中的活性分子及其药效团特征,构建初始药效团模型,包含活性分子共有的药效团;其次,确定训练集中的非活性分子及其药效团特征,删减初始药效团模型中非活性分子也具有的药效团特征;最后,将删减后所得模型经过模拟退火进一步优化。最终通过评价所构建得到的模型,可以预测化合物的活性,以及帮助研究化合物的构效关系。

【实验材料】

1. 训练集分子,如图3-11所示,19个RAR-α受体激动剂分子结构。

2. Discovery Studio软件Pharmacophores模块。

【实验方法】

(一)训练集分子的准备

①准备分子结构:打开小分子文件,单击 ▼ ,显示分子结构;在表格浏览器中,单击 ▲ 键和 ▼ 键,可在3D Window中观察各个分子的结构特征。

②添加属性:右击鼠标添加活性值Edit | Add Attribute,在Name一栏中输入Activ,填入每个分子的活性数值;右击鼠标添加不确定度Edit | Add Attribute,在Name一栏中输入Uncert,数值为2;在表格浏览器中,右击鼠标并选择Color By Activity,双击Activ一栏,使化合物按活性从高到低排列。

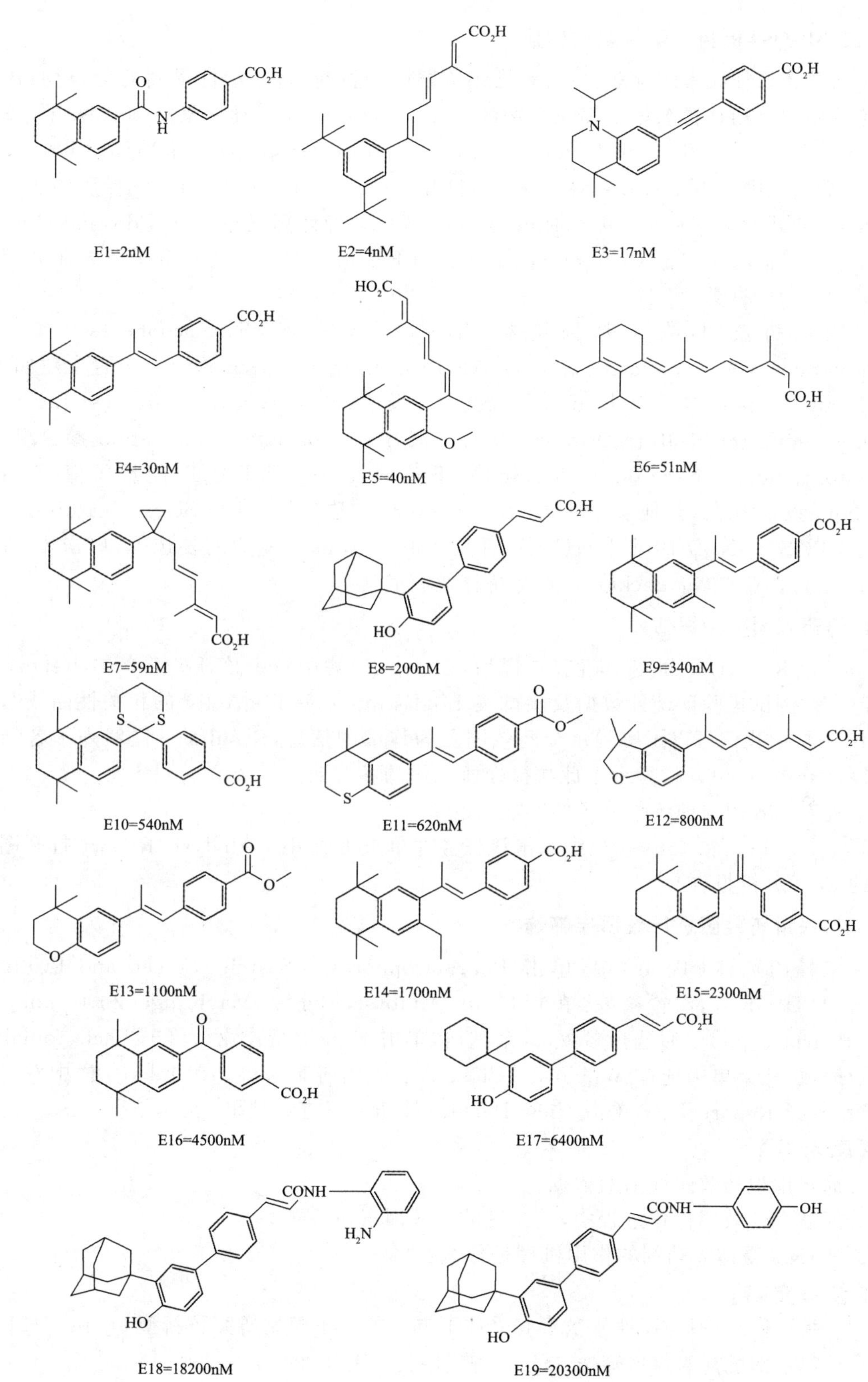

图 3-11　RAR-α 受体激动剂药效团模型的训练集分子

(二)3D-QSAR 药效团模型的构建

①药效团特征元素的选取：单击表格浏览器中的按钮，显示活性最高的化合物，在表格浏览器中勾选活性排名第二高化合物的 visible 复选框，在工具浏览器(Tools)中，单击 Pharmacophores｜Edit and Cluster Features｜Feature Mapping，设置 Input Ligands 参数，在参数面板中单击 Features 右边按钮，打开 Select Features 对话框，选择所要匹配的特征元素，此处设为默认值，单击 Run 运行计算并等待计算完成。在 Edit and Cluster Features 工具面板中单击 Current Features：All Features 查看训练集分子所表征的药效团特征元素的所有类型。

②构建药效团：在工具浏览器（Tools）中，单击 Pharmacophores｜Create Pharmacophores Automatically｜3D QSAR Pharmacophore Generation，设置参数如下：设置 Input Ligands；展开 Validation 参数组，并设置为 True；设置 Input Test Ligands；设置分钟 imum Interfeature Distance 为 1.5；展开 Conformation Generation 参数组，单击 Conformation Generation 右边的栅格，下拉列表中选择 FAST，能量阈值 Energy Threshold 设置为 10，其他参数默认，单击 Feature 右边按钮，打开 Select Features 对话框，勾选 POS_IONIZABLE 和 HYDROPHOBIC _aromati 左边的复选框，单击 OK；单击 Run 运行作业；单击 Background 等待作业完成。

(三)药效团模型评估

①查看 Report 页面：待作业完成以后，在 Jobs 一栏中双击该任务并单击 Report 页面，可查看"测试集验证统计数据及测试集 LogEstimate vs LogActiv 的相关性曲线"，在 Details 一栏中我们可以了解到每个药效团更为详细的信息，Results 一栏罗列了各结果的链接，Parameters 一栏显示了此次操作所采用的各参数。

②查看药效团与训练集分子的匹配情况。

③Cost 分析：在 Jobs 一栏中双击该任务并单击 Detailed Analysis Report 打开图表形式的 Cost 分析报告。

(四)采用药效团进行数据库筛选

在工具浏览器（Tools）中，单击 Pharmacophores｜Search，Screen and Profile｜Search 3D Database，设置参数：单击 Input Database｜分钟 iMaybridge[2000 mol]；在 Input Pharmacophore 后选择参数，其余默认，单击 Run 运行作业。单击 Background 等待作业完成，从菜单中选择 Window｜Close All，关闭所有窗口。在 Jobs 一栏中双击相应的行，打开 Report 页面，单击 View Results 按钮可以查看结果。

【思考题】
1. 简述虚拟药效团评估的依据？
2. 简述在药效团构建过程中，其关键的设计因素包括哪些？
3. RAR-α 受体激动剂的作用机理是什么？

【参考文献】
[1] 张翠华.新型选择性雌激素α受体下调剂的分子模型研究及新型 D_2 和 $5-HT_{(2A)}$ 双重拮抗剂的虚拟筛选[D].上海应用技术大学，2020.
[2] 张蕾.维甲酸受体 α(RARα)泛素化降解的调控机制研究[D].浙江大学，2013.

实验八　阿司匹林原料药的合成

【实验目的】

1. 掌握阿司匹林中试合成中各个工艺环节的原理,并能熟练利用控制系统,完成加热、冷却、离心、结晶、干燥等单元操作。
2. 熟悉循环水浴的操作原理及操作。
3. 熟悉反应温度、物料配比对反应收率的影响。

【实验原理】

阿司匹林(Aspirin)又名乙酰水杨酸、醋柳酸,是一种历史悠久的解热镇痛药,诞生于1899年3月6日。主要用于治疗感冒、发热、头痛、牙痛、关节痛、风湿病,还能抑制血小板聚集,用于预防和治疗缺血性心脏病、心绞痛、心肺梗塞、脑血栓形成。到目前为止,阿司匹林已经应用百年,成为医药史上三大经典药物之一,至今仍是世界上应用最广泛的解热、镇痛和抗炎药之一,也作为比较和评价其他药物的标准制剂。阿司匹林化学名为2-(乙酰氧基)苯甲酸,阿司匹林为白色针状或板状结晶,熔点为135~140 ℃,易溶于乙醇,可溶于氯仿、乙醚,微溶于水。

阿司匹林经典的合成工艺由水杨酸(邻羟基苯甲酸)与乙酸酐经酰化反应制得,合成路线如图3-12所示。

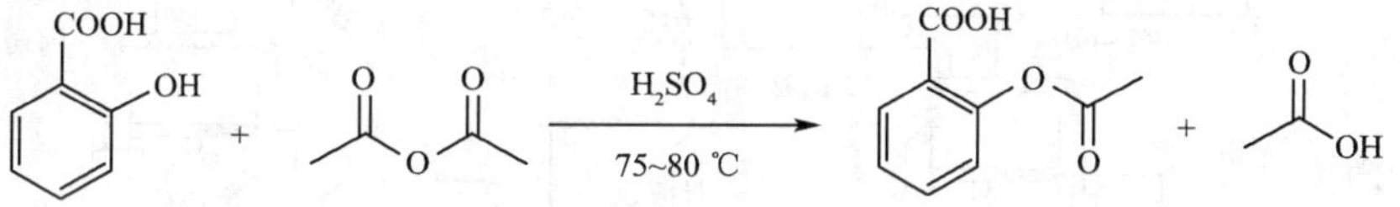

图3-12　阿司匹林的合成路线

上述原料在制备出乙酰水杨酸的同时,水杨酸分子之间也可以发生缩合反应生成少量的聚合物。反应温度应控制在75~80 ℃,温度过高易发生副反应,如图3-13所示。

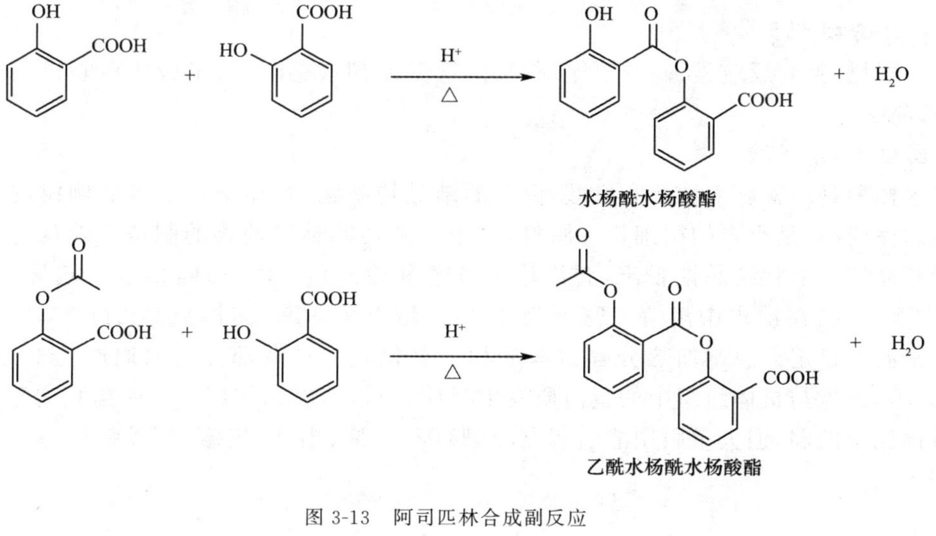

水杨酰水杨酸酯

乙酰水杨酰水杨酸酯

图3-13　阿司匹林合成副反应

阿司匹林中试合成工序主要分为三个工段:第一工段为反应阶段,第二工段为粗制阶段,第三工段为精制阶段。选择间歇式操作,将原料投入酰化釜中,升温使釜温达到75 ℃,打开搅拌式浆釜,反应放热打开冷凝器,使反应物料保持在液态,反应温度控制在75 ℃左右,过低的温度使反应不完全,反应时间过长;升高温度容易产生许多副产物,使产品质量下降,因此控制反应时间和温度很重要,反应时间为1.5 h至2 h,当反应液中水杨酸含量低于0.02%时,停止反应。关闭冷凝器,通入冷水冷却至室温,投入结晶釜内结晶,用离心机过滤,收集乙酰水杨酸粗品,收集母液,供下批使用。将粗品投入结晶釜内,通入溶剂进行重结晶,用离心机过滤,干燥、过筛后得成品,废液进行处理并回收。在制备过程中涉及的单元操作包括:酰化反应、冷冻结晶、离心及洗涤、干燥、分离、过滤等,其工艺流程如图3-14所示。

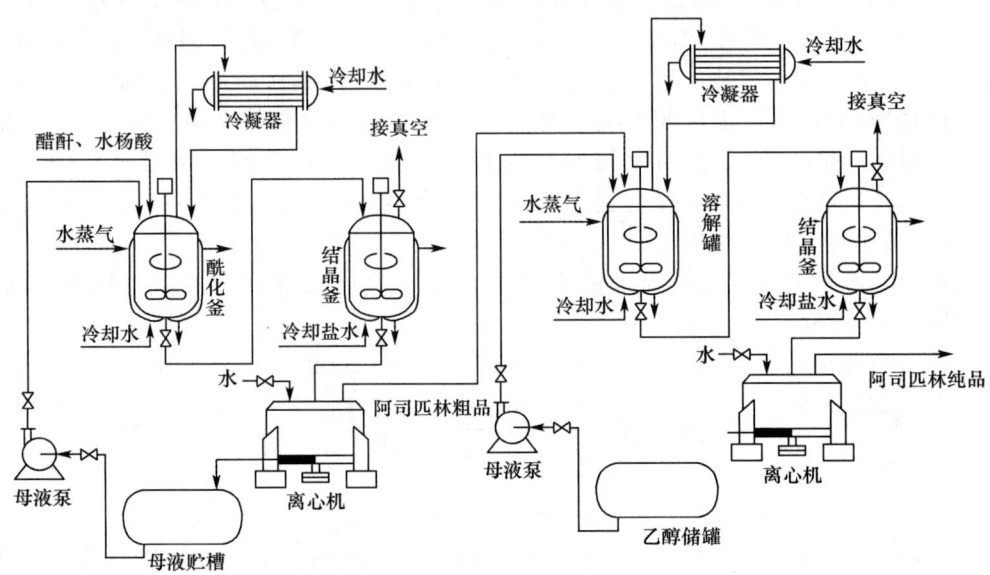

图3-14　阿司匹林中试合成工艺流程

【实验材料】

1. 器材:夹套反应釜、高低温循环装置、低温冷却液循环泵、平板式离心机、真空干燥机、结晶釜。

2. 试剂:水杨酸

水杨酸是一种脂溶性的有机酸,白色的结晶粉状物,存在于自然界的柳树皮、白珠树叶及甜桦树中,是重要的精细化工原料,可用于阿司匹林等药物的制备。外观与性状:白色针状晶体或毛状结晶性粉末,允许略带黄色和粉红色。溶解性:易溶于乙醇、乙醚、氯仿,微溶于水,在沸水中溶解。密度为1.443,熔点为159 ℃,沸点为211 ℃,76 ℃时升华。常温下稳定。急剧加热分解为苯酚和二氧化碳。具有部分酸的通性。本品刺激皮肤、黏膜,因能与机体组织中的蛋白质发生反应,所以有腐蚀作用。能使角膜增殖后剥离。其毒性比苯酚弱,但大量服用能引起呕吐、腹泻、头痛、出汗、皮疹、呼吸频促、酸中毒症和兴奋。

【实验方法】

(一)酯化反应

通过高位计量罐,向配有机械搅拌器的 10 L 夹套反应釜中加入乙酸酐 1 000 mL,浓硫酸 5 mL,开动机械搅拌,从入口分批投入水杨酸 1 000 g。开启高温循环装置使反应釜加热升温,当反应釜内温度升至 75 ℃ 开始计时,反应 30 min 时取样 TLC 监测(展开条件,乙酸乙酯:石油醚:乙酸=1:10:0.1,重复展开 3 次)。维持在 75~80 ℃ 反应约 1.5 h 水杨酸反应完全。停止加热,在负压模式下,将反应液由釜底经管道转入结晶釜,开启结晶釜的低温循环装置降温(设置 −10 ℃),至反应液冷却至 0 ℃ 以下,使反应液中产品缓慢析出,在低温搅拌 0.5~1 h 后,结晶完全,打开釜底放料阀,料液转入平板式离心机,离心 10 min,得阿司匹林粗品,母液回收至储罐。

(二)阿司匹林的精制

将阿司匹林粗品由入口全部移入溶解釜中,加入 1 000 mL 乙醇,机械搅拌,开启高温循环装置加热,至阿司匹林全部溶解,将出料连接袋式过滤器,滤液泵入结晶釜(结晶釜中预先放入冷水 3 000 mL),机械搅拌下自然降温析晶。待晶体全部析出后,料液放入平板式离心机,离心 10 min,得阿司匹林精品。

(三)干燥

将所得最终产品于真空干燥机中干燥至恒重。

(四)回收母液套用

回收母液补加新的乙酸酐做反应,二者比例约为体积比 5:1,反应液与水杨酸的体积质量比约为 2:1,其他的反应监测及产品精制都类似于用纯净乙酸酐反应的条件。

【注意事项】

1.反应釜反应过程中及时观察反应温度,防止反应温度超过 80 ℃,造成副反应过多,降低收率和产品品质。

2.及时调节冷凝器冷却水进水流量,防止蒸气外泄。

3.实验结束时,应用水清洗管路和设备,保持实验室的卫生清洁。

【思考题】

1.精制阿司匹林还有什么方法?请给出相应的详细工艺流程及设备配置。

2.根据本实验流程,给出其他可能的设备配置方案。

3.本实验在合成过程中产生的废液如何处理?

【参考文献】

[1] 谢文娜,裘兰兰.阿司匹林的合成综述[J].化工管理,2018(27):16-17.

[2] 李蕊.阿司匹林合成工艺研究[J].山东化工,2017,46(17):49-50.

[3] 李慧敏,董丽.阿司匹林的合成工艺研究进展[J].中国石油和化工标准与质量,2012,33(15):37.

实验九　磺胺醋酰钠的合成

【实验目的】
1. 了解磺胺类药物的一般理化性质。
2. 加深对 N-酰化反应的认识和理解。
3. 掌握通过控制 pH、温度等反应条件调控产品分离纯化的方法。

【实验原理】
磺胺醋酰钠为短效磺胺类药物,具有广谱抑菌作用,目前主要作为眼科用药治疗包括结膜炎、沙眼及其他眼部感染等。它通过与对氨基苯甲酸竞争细菌的二氢叶酸合成酶,使细菌叶酸代谢受阻,无法获得所需嘌呤和核酸,从而抑制细菌的增长繁殖。

磺胺醋酰钠的化学名为 N-[(4-氨基苯基)-磺酰基]-乙酰胺钠-水合物。为白色结晶性粉末,无臭,微苦,易溶于水,微溶于乙醇,熔点为 255~257 ℃,合成路线如图 3-13 所示。

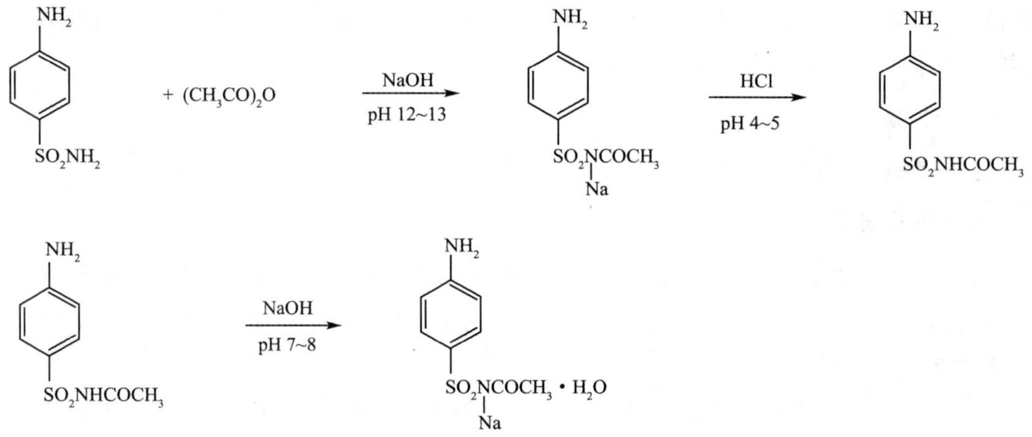

图 3-13 磺胺醋酰钠的合成路线

【实验材料】
1. 器材:100 mL 三颈烧瓶、球形冷凝管、磁力搅拌器、恒压滴加漏斗、布氏漏斗、熔点仪等。
2. 试剂:磺胺。

磺胺的分子式为 $C_6H_8N_2O_2S$,白色颗粒或粉末状结晶,无臭,味微苦。微溶于冷水、乙醇、甲醇、乙醚和丙酮,易溶于沸水、甘油、盐酸、氢氧化钾及氢氧化钠溶液,不溶于氯仿、乙醚、苯、石油醚。可由乙酰苯胺经氯磺化、胺化、水解、中和制得。

【实验方法】

(一)磺胺醋酰的制备

将装有温度计、回流冷凝管和磁子的 100 mL 三颈烧瓶中,依次加入 17.2 g 磺胺和 22 mL 氢氧化钠溶液(浓度为 22.5%)。开动搅拌,于水浴上加热至 50 ℃ 左右,待磺胺全部溶解后,使用恒压滴加漏斗加入乙酸酐 3.6 mL,5 min 后再加入 2.5 mL 氢氧化钠溶液(浓度为 77%),反应体系中 pH 要保持在 12 到 13 之间。随后每隔 5 min 交替加入乙酸酐和氢氧化钠溶液,每次各 2 mL,保持反应温度为 50～55 ℃ 及 pH 为 12～13,重复上述加料过程 5 次。加料完毕后保持该温度继续反应 30 min。反应完毕后,停止搅拌,将反应液倾入 250 mL 烧杯中,加水 20 mL 稀释,于冰水浴中用 36% 盐酸调至 pH 为 7,并不时搅拌使固体析出,静置 1 h。抽滤,除去磺胺,滤液用 35% 盐酸调至 pH 为 4～5,抽滤,得磺胺醋酰粗品。

(二)磺胺醋酰的精制

将磺胺醋酰粗品溶于 3 倍量的稀盐酸(浓度为 10%)中,搅拌使单乙酰产物形成盐酸盐溶解,抽滤除去双乙酰化物,滤液加入少量活性炭 50～55 ℃ 脱色 10 min。抽滤,滤液用氢氧化钠溶液(浓度为 40%)调至 pH 为 5,析出磺胺醋酰,抽滤,压干,干燥测熔点(179～184 ℃)并计算收率。

(三)磺胺醋酰钠的制备

将磺胺醋酰置 50 mL 烧杯中,在 90 ℃ 的水浴中滴加氢氧化钠溶液(浓度为 20%)至溶解,滴加氢氧化钠溶液的量必须严格控制,趁热抽滤,滤液转移至另一个烧杯中,冷却析晶,抽滤(用丙酮转移和洗涤),压干,置于真空干燥箱中干燥至衡量,计算收率。

【注意事项】

1. 在反应过程中交替加料很重要,目的是反应体系中 pH 要保持在 12 到 13 之间。
2. 交替滴加乙酸酐和氢氧化钠溶液,每滴完一种,让其反应 5 min 后,再滴加另一种溶液,滴加速度为每秒 1 滴。
3. 本实验中,pH 的调剂是反应能否成功的关键。
4. 必须根据反应步骤严格控制每步反应的 pH,以尽量除去反应产生的杂质。
5. 将磺胺醋酰制成钠盐时,应严格控制 20% 氢氧化钠溶液的用量,按计算量进行滴加。必要时可加入少量丙酮,以促进磺胺醋酰钠的析出。

【思考题】

1. 处理酰化液时需要调节 pH,当 pH 为 7 时析出的固体是什么?pH 为 5 时析出的固体是什么?在稀盐酸(浓度为 10%)中的不溶物是什么?
2. 采用磺胺乙酰化反应制备磺胺醋酰其结构修饰目的是什么?
3. 为什么乙酰化反应主要发生在磺胺上,而没有发生在苯胺上?

【参考文献】

[1] 乐夏云.磺胺醋酰钠的合成工艺[J].当代化工研究,2018(03):117-118.
[2] 吕祎彤.磺胺醋酰钠的合成优化[J].化工设计通讯,2018,44(07):5-11.
[3] 唐孜洋,唐成,张海连.磺胺醋酰钠的实验室制法改进探索[J].广东化工,2021,48(04):164-165.

实验十 葡萄糖酸锌的合成

【实验目的】

1. 了解金属类药物的一般理化性质。
2. 加深对糖类等生命体系分子的认识和理解。
3. 掌握葡萄糖酸锌的制备方法。

【实验原理】

锌是一种与人体的新陈代谢密切相关的微量元素,它具有多种生物作用,可以参与核酸和蛋白质的合成,与人体内近百种酶的活性相关。近年医学研究结果表明,体内维持正常的锌水平对健康状况极为重要。人体缺锌会造成生长停滞、人体免疫力降低、影响幼儿发育等严重问题。但传统的补锌剂如硫酸锌不易吸收,对消化系统有刺激作用,而葡萄糖酸锌则具有见效快、生物利用度高、副作用小、使用方便等优点,是目前首选的补锌药物和营养强化剂。另外,葡萄糖酸锌作为添加剂,广泛应用于儿童食品、糖果和乳制品中。

葡萄糖酸锌化学式为 $C_{12}H_{22}O_{14}Zn$,相对分子质量为 455.68。白色结晶或颗粒状粉末,无臭,味微涩。极易溶解于沸水,易溶于水,不溶于乙醇、氯仿或乙醚。可以通过使用葡萄糖酸与等摩尔的氧化锌反应来合成葡萄糖酸锌,合成路线如图 3-14 所示。

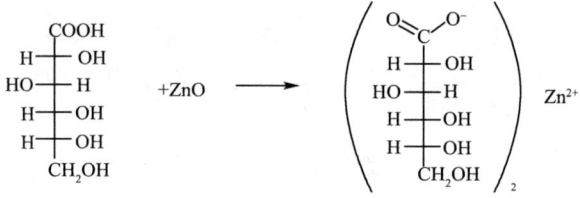

图 3-14 葡萄糖酸锌的合成路线

【实验材料】

1. 器材:100 mL 三颈烧瓶、球形冷凝管、磁力搅拌器、恒压滴加漏斗、布氏漏斗、熔点仪等。
2. 试剂:葡萄糖酸、氧化锌、乙醇等。

【实验方法】

(一) 葡萄糖酸锌的制备

将装有温度计、回流冷凝管和磁子的 100 mL 三颈烧瓶中置于水浴锅内,加入 10.8 g 葡萄糖酸和 40 mL 去离子水。开动搅拌,水浴上加热至 60 ℃,待物料全部溶解后,分批加入 2.7 g 氧化锌。每加入一批时,溶液会先变浑浊后逐渐变澄清,变澄清后方可加入下一批,在 20 min 内加完物料。继续搅拌 30 min 后,测定 pH。如果 pH 小于 6,可补加少量葡萄糖酸调节 pH 为 6 左右。继续反应 10 min 后,趁热过滤除去不溶物。将滤液倒入 250 mL 烧杯中,在搅拌条件下加入 40 mL 乙醇(浓度为 95%),随后在冰水浴中冷却析出晶体,抽滤,得葡萄糖酸锌粗品。

(二)葡萄糖酸锌的精制

将葡萄糖酸锌粗品溶于 10 mL 去离子水中,加热至 90 ℃,使大部分固体溶解。趁热抽滤除去不溶物。滤液冷却至室温,加入 10 mL 乙醇(浓度为 95%),充分搅拌后,析出晶体,抽滤,压干,干燥测熔点(130~132 ℃)并计算收率。

(三)葡萄糖酸锌质量分析

准确称取制备葡萄糖酸锌 0.8 g,溶于 20 mL 水中(可微热),加 10 mL $NH_3\text{-}NH_4Cl$ 缓冲溶液,加铬黑 T 指示剂 4 滴,用 $0.1\ mol \cdot L^{-1}$ EDTA-2Na 标准溶液滴定至溶液呈蓝色。样品中锌的含量计算如下:

$$锌的含量 = \frac{C_{EDTA-2Na} \cdot V_{EDTA-2Na} \times 65}{w_s \times 1\,000} \times 100\%$$

【注意事项】

1. 葡萄糖酸和氧化锌反应时的 pH 必须调节好,调节 pH 为 6 左右。
2. 该反应必须使用去离子水,而不能使用自来水作为反应溶剂。

【思考题】

1. 工业上采用的葡萄糖酸锌的制备方法是什么?
2. 在沉淀与结晶葡萄糖酸锌时,都加入了乙醇(浓度为 95%),其作用是什么?
3. 为什么在实验中需要使用去离子水作为反应溶剂?

【参考文献】

[1] 班莹莹,梅志恒,张辉艳,等.葡萄糖酸锌合成工艺研究进展[J].化学工程与装备,2022(02):189-190.

[2] 崔淼,王春燕,孟长功.化工大类本科教学实验——葡萄糖酸锌的制备[J].实验室科学,2020,23(01):38-40.

[3] 李秋红,王一,李曰强,等.葡萄糖酸锌制备方法研究[J].山东化工,2015,44(19):45-47.

第四章 药理学实验

药理学是一门以实验为基础的医药学桥梁学科,实验教学是其教学工作中的重要组成部分。药理学实验课的目的在于通过实验,使学生掌握进行药理学实验的基本方法,验证药理学中的重要基本理论,更牢固地掌握药理学的基本概念和基本知识,并且在实验中培养学生对科学工作的严谨态度和实事求是的作风,使学生通过系统学习和训练初步具备客观观察、独立思考、科学思维、实验设计、综合分析和解决问题的科研能力。

第一节 实验动物简介

一、常用实验动物的种类

"实验动物"是指供医药学、生命科学研究而科学育种、繁殖和饲养的动物。实验动物常作为人的替身,承受各种各样的科学实验。实验动物的质量和相应的动物实验条件,直接影响到医药学和生命科学研究成果的建立和认可。高质量的实验动物是指通过遗传性与微生物学的控制,培育出来的个体;这些个体具有较好的遗传均一性、对外来刺激的敏感性和实验再现性。常用实验动物的种类及其特点如下:

1. 青蛙与蟾蜍

青蛙与蟾蜍均属于两栖纲、无尾目,是教学实验中常用的小动物。其心脏在离体情况下仍可有节奏的搏动很久,常用于心脏生理、病理和药理实验。其坐骨神经-腓肠肌标本可用于观察各种刺激或药物对周围神经、神经肌接头或横纹肌的作用。蛙舌和肠系膜是观察炎症反应和微循环变化的良好标本。

2. 小鼠

小鼠属于哺乳纲、啮齿目、鼠科,是医药学实验中用途最广泛、最常用的实验动物之一。小鼠繁殖周期短、产仔多、生长快、饲料消耗少、温顺易捉、操作方便、又能复制出多种疾病模型。小鼠适用于需要大量动物的实验,容易满足统计学要求,如某些药物的筛选、药物半数致死量或半数有效量的测定等。

3. 大鼠

大鼠属于哺乳纲、啮齿目、鼠科。在医药学研究中,大鼠的使用量仅次于小鼠的使用量。一些在小鼠身上不便进行的实验可选用大鼠,如药物的抗炎作用、胆道插管及药物的亚急性或慢性毒性实验等。大鼠在营养学和代谢疾病的研究上,是首选的实验动物。

4. 豚鼠

豚鼠又名天竺鼠、荷兰猪。属于哺乳纲、啮齿目、豚鼠科。因其对组胺敏感,并易于致敏,故常被选用于抗过敏药如平喘药和抗组胺药的实验。豚鼠对很多致病菌和病毒十分敏感,是微生物感染实验中常用的动物。

5. 兔

兔属于哺乳纲、啮齿目、兔科。兔性情温顺,便于静脉注射、灌胃和取血,是教学实验中常用的动物。可用于血压、呼吸、尿生成、观察脑电生理作用等实验。由于兔体温变化敏感,也常用于体温实验及热源检查。由于雌兔只能在交配后排卵、能准确判定其排卵时间,常用于胚胎学的妊娠诊断等方面的研究。

6. 猫

猫属于哺乳纲、食肉目、猫科。猫主要用于神经学、生理学和毒理学的研究。猫可以耐受麻醉与脑的部分破坏手术,在手术时能保持正常血压,猫的反射机能与人近似,循环系统、神经系统和肌肉系统发达。实验效果比啮齿类更接近于人,特别适宜用于观察各种反应的实验。

7. 狗

狗属于哺乳纲、食肉目、犬科。嗅觉灵敏,对外界环境适应力强,血液、循环、消化和神经系统均很发达,与人类较接近,易于驯养,经过训练能很好地配合实验,可在清醒状态下进行实验,适用于许多急性、慢性实验,常用于血压、酸碱平衡、休克等大实验。

二、实验动物的品系

1. 按遗传学特征分类

(1) 近交系

近交系一般是指采用20代以上全同胞兄弟姊妹或亲子(子女与年轻的父母)进行交配,而培养出来的遗传基因纯化的品系。

(2) 突变品系

在育种过程中,由于单个基因的突变,或者某个基因导入,或通过多次回交"留种",而建立一个同类突变品系,此类个体具有同样遗传缺陷或病态。现已培养成的自然具有某些疾病的突变品系有贫血鼠、肿瘤鼠、白血病鼠、糖尿病鼠、高血压鼠、裸鼠(无胸腺无毛)等。

(3) 杂交一代

杂交一代又称为系统杂交性动物。是由两个近交系杂交产生的子一代。它既有近交系动物的特点,又获得了杂交优势。杂交一代具有生命力旺盛、繁殖率高、生长快、体质健壮、抗病力强等优点。它与近交系动物有同样的实验效果。

(4)封闭群

封闭群又称远交系,是指在同一血缘品系内,不以杂交方式,而进行随机交配繁衍,经五年以上育成的相对维持同一血缘关系的种群。

2. 按微生物学特征分类

(1)普通动物

普通动物(conventional animals,CV)又称一级动物,是微生物控制要求中最低的一个级别的动物,要求不带有动物烈性传染病和人畜共患病原体。普通动物对实验的反应性较差,但价格低,是教学实验中常用的动物。

(2)清洁动物

清洁动物(clean animals,CL)又称二级动物,除不带有普通动物应排除的病原体外,还不应携带对动物危害大和对科学实验干扰大的病原体。清洁动物外观健康无病,主要器官组织在病理学上不得有病变发生。清洁动物是我国自行设立的一种等级动物,这类动物适宜于用作短期和部分科学研究,其敏感性和重复性较好。

(3)无特殊病原体动物

无特殊病原体动物(specific pathogen free animals,SPF)又称三级动物。除不带有普通动物、清洁动物应排除的病原体外,还应排除有潜在感染或条件性致病的病原体,以及对实验干扰大的病原体。这类动物是目前国际公认的标准级别的实验动物,适合于所有科学实验。这类动物繁殖饲养条件复杂,价格昂贵,故不适合用于教学实验。

(4)无菌动物和悉生动物

无菌动物(germ free animals,GF)和悉生动物(gnotobiotic animals,GN)又称四级动物。无菌动物是采用当前的技术手段无法在动物体表、体内检出一切其他生物体。这种动物系在无菌条件下剖腹取出,又饲养在无菌的、恒温、恒湿条件下,食品饮水等全部无菌。悉生动物又称已知菌动物,是将已知菌植入无菌动物体内,因植入的菌类数量不同可分为单菌动物、双菌动物和多菌动物。

三、实验动物的选择

根据不同的实验目的,选择使用相应的种属、品系和个体实验动物,是实验研究成败的关键之一。

1. 种属的选择

在选用实验动物时,尽可能选择其结构、功能和代谢特点接近于人类的动物。不同种属的动物对于同一致病刺激物和病因的反应也不相同。例如,过敏反应或变态反应的研究宜选用豚鼠。因为豚鼠易于致敏。动物对致敏物质的反应程度的强弱大致为:豚鼠>兔>狗>小鼠>猫>青蛙。因兔体温变化灵敏,故常用于发热、热源检定、解热药等实验研究。狗、大鼠、兔常用于高血压的研究。肿瘤研究则大量采用小鼠和大鼠。研究主动脉神经(又称减压神经)的作用时,常选用兔,因为该神经在兔颈部有很长一段自成一束。

2. 品系的选择

同一种动物的不同品系,对同一致病刺激物的反应也不同。例如,津白Ⅱ号小鼠容易致癌,津白Ⅰ号小鼠就不易致癌。再如,以嗜酸性粒细胞为变化指标,$C_{57}BL$小鼠对肾上腺皮质激素的敏感性比 DBA 小鼠高 12 倍。

3. 个体的选择

同一品系的实验动物,对同一致病刺激物的反应存在着个体差异。造成个体差异的原因与年龄、性别、生理状态和健康情况有关。

(1)年龄

年幼动物一般较成年动物敏感,应根据实验目的选用适龄动物。动物年龄可按体重来估计。急性实验选用成年动物。大体上,成年小鼠为 20~30 g;大鼠为 180~250 g;豚鼠为 450~700 g;兔为 2.0~2.5 kg;猫为 1.5~2.5 kg;狗为 9~15 kg。慢性实验最好选用年轻的动物。减少同一批实验动物的年龄差别,可以增加实验结果的准确性。

(2)性别

实验证明,不同性别对同一致病因素的反应也不相同。例如,心脏再灌注综合征实验与氨基半乳糖实验性肝细胞黄疸实验用雄性大鼠比雌性大鼠容易成功。因此,在实验研究中,即使对性别无特殊需要时,在各组中仍宜选用雌雄各半。如已证明无性别影响时,亦可雌雄不拘。

(3)生理状态

动物的特殊生理状态,如妊娠、哺乳期机体的反应性有很大变化。在个体选择时,应该予以考虑。

(4)健康状况

实验证明,动物处于衰弱、饥饿、寒冷、炎热、疾病等情况下,实验结果很不稳定。健康状况不好的动物,不能用作实验。

判定哺乳动物健康状况的外部特征:

①一般状态:发育良好,眼睛有神,爱活动,反应灵活,食欲良好。

②头部:眼结膜不充血,瞳孔清晰。眼鼻部均无分泌物流出。呼吸均匀,无啰音,无鼻翼煽动。不打喷嚏。

③皮毛:皮毛清洁柔软而有光泽,无脱毛,无蓬乱现象。皮肤无真菌感染表现。

④腹部:不膨大,肛门区清洁无稀便,无分泌物。

⑤外生殖器:无损伤,无脓痂,无分泌物。

⑥爪趾:无溃疡,无结痂。

四、实验动物的编号、捉拿与固定方法

1. 实验动物的编号

实验时,为了分组和辨别的方便,需事先为实验动物进行编号。狗、兔等大动物可用特制的铝号码牌固定于耳上,小动物可用化学药品(如 3%~5% 黄色苦味酸溶液,0.5% 品红溶液等)涂于身体特定部位的皮毛上编号。原则是:先左后右,从上到下,从前到后。例如:1 号—左前肢,2 号—左腹部,3 号—左后肢,4 号—头部,5 号—背部,6 号—尾部,7 号—右前肢,8 号—右腹部,9 号—右后肢,等等。如图 4-1 所示。

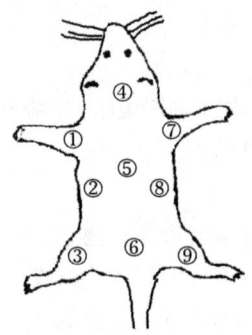

图 4-1 小鼠的编号

2. 实验动物的捉拿与固定方法

(1) 青蛙和蟾蜍

用左手握持动物,用食指和中指夹住双侧前肢。如图 4-2 所示。

(2) 小鼠

小鼠的捉拿方法有两种:一种方法是用右手提起尾部,放在鼠笼盖或其他粗糙面上,向后上方轻拉,此时小鼠前肢轻轻抓住粗糙面,迅速用左手拇指和食指捏住小鼠颈背部皮肤并用小指和手掌尺侧夹持其尾根部固定手中;另一种方法是只用左手,先用拇指和食指抓住小鼠尾部,再用手掌尺侧及小指夹住根部,然后用拇指和食指捏住其颈部皮肤。第一种方法简单易学,第二种方法难,但捉拿快速,给药速度快。如图 4-3 所示。

图 4-2 蟾蜍的捉拿

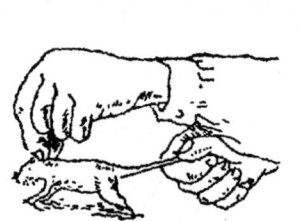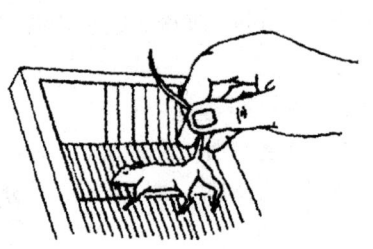

图 4-3 小鼠的捉拿

(3) 大鼠

大鼠的捉拿及固定方法基本同小鼠,捉拿时勿用力过大过猛,勿捏其颈部,以防引起窒息。大鼠在惊恐或激怒时易咬伤实验操作者,应特别注意。

(4) 豚鼠

捉拿豚鼠时用拇指和中指从豚鼠背部绕到腋下抓住豚鼠,另一只手托住其臀部。体重小者可用一只手捉拿,体重大者可用双手捉拿。

(5) 兔

捉拿兔时一只手抓住其颈部皮肤,轻轻将兔提起,另一只手托住其臀部,使其呈坐位姿势。在进行仰卧位手术操作时,可将两后肢左右分开,将棉绳的另一端分别缚在手术台两侧的木钩上,而前肢须平直放在躯干两侧。为此可将绑缚左右两前肢的两根棉绳从兔背后交叉穿过,压住对侧前肢小腿,分别缚在手术台两侧的木钩上,若动物取俯卧位,前肢缚绳不必左右交叉,将四肢缚绳直接固定在实验台两侧前后固定钩上即可。

(6)猫

猫捉拿时先轻声呼唤,慢慢将手伸入猫笼中,轻抚猫的头、颈及背部,抓住其颈背部皮肤,并用另一只手抓其背部。如遇凶暴的猫,无法接触和捉拿时,可用套网捉拿。操作时注意猫的利爪和牙齿,勿被其抓伤或咬伤。固定方法同兔。

五、实验动物的给药方法

1. 经口给药法

(1)灌胃法

①小鼠灌胃法

用左手拇指和食指捏住小鼠背部皮肤,无名指或小指将尾部紧压在手掌上,使小鼠腹部向上。右手持灌胃管,经口角将灌胃管插入口腔。用灌胃管轻压小鼠头部,使口腔和食道成一直线,再将灌胃管前端插入约到达膈肌水平(体重 20 g 左右的小鼠),此时可稍感有抵抗。若此时动物无呼吸异常,即可将药注入,若遇阻力或动物憋气时应拔出重插。若误插入气管可引起动物立即死亡。药液注完后轻轻退出胃管。操作时宜轻柔、细致,切忌粗暴,以防损伤食道及膈肌。如图 4-4 所示。

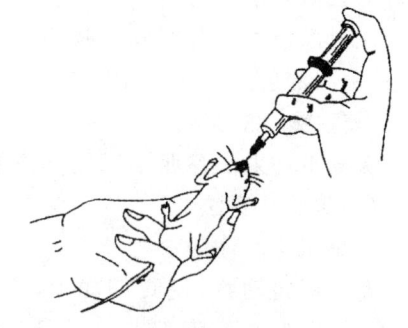

图 4-4　小鼠灌胃法

②大鼠灌胃法

大鼠灌胃法与小鼠灌胃法相似。

③兔灌胃法

用兔固定箱,可一人操作。右手将开口器固定于兔口中,左手将导尿管经开口器中央小孔插入。若无固定箱,则需两人协作进行,一人坐好,腿上垫好围裙,将兔的后肢夹于两腿间,左手抓住双耳,固定其头部,右手抓住其两前肢。另一人将开口器放于兔口中,将兔舌压在开口器下面。此时助手的双手应将兔耳、开口器和两前肢同时固定好,另一人将导尿管自开口器中央的小孔插入,慢慢沿兔口腔上颚壁插入食道15～18 cm。插管完毕将胃管的外口端放入水杯中,切忌伸入水过深。若有气泡从胃管逸出,说明不在食道内而是在气管内,应拔出重插。若无气泡逸出,则可将药推入,并用少量清水冲洗胃管,当拔出插管时,应捏住导尿管的开口端,慢慢抽出,当抽到近咽喉部时应快速抽出,以免残留的液体进入咽喉部,使动物吸入呛坏动物。如图 4-5 所示。

(2)口服法

如药物为固体剂型时,可直接将药物放入某些动物口中,令其吞服咽下。

2. 注射给药法

(1)皮下注射法

①小鼠皮下注射

通常在背部皮下注射,注射时用左手拇指和中指将小鼠颈背部皮肤轻轻提起,食指轻按其皮肤,使其形成一个三角形小窝,右手持注射器从三角窝下部刺入皮下,轻轻摆动针

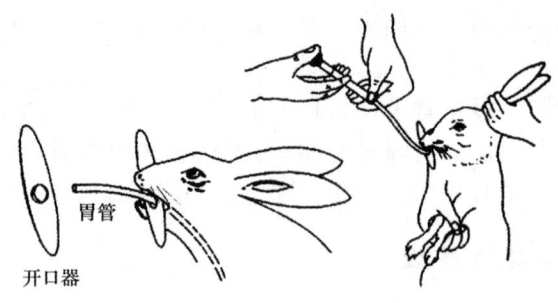

图 4-5 兔灌胃法

头,如易摆动时表明针尖在皮下,此刻可将药液注入,针尖拔出后,用左手在针刺部位轻轻捏住皮肤片刻,以防药液流出。

② 大鼠皮下注射

注射部位可在背部或后肢外侧皮下,操作时轻轻提起注射部位皮肤,将注射针头刺入皮下,一次注射量小于 1 mL/100 g。

③ 兔皮下注射法

兔皮下注射法参照小鼠皮下注射法。

(2) 腹腔注射法

① 小鼠腹腔注射法

左手固定动物,使腹部向上,头呈低位。右手持注射器,在小鼠右侧下腹部刺入皮下,沿皮下向前推进 3～5 mm,然后刺入腹腔。此时有抵抗力消失的感觉,这时在针头保持不动的状态下注入药液。一次可注射量为 0.1～0.2 mL/10 g 体重。应注意切勿使针头向上注射,以免针头刺伤动物内脏。如图 4-6 所示。

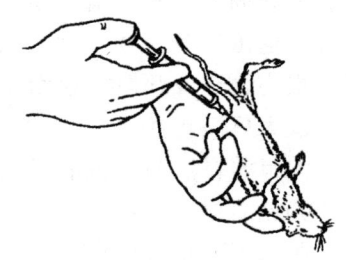

图 4-6 小鼠腹腔注射法

② 大鼠、豚鼠、兔、猫等的腹腔注射

大鼠、豚鼠、兔、猫等的腹腔注射皆可参照小鼠腹腔注射法。但应注意兔与猫在腹白线两侧注射,离腹白线约 1 cm 处进针。

(3) 肌肉注射法

① 小鼠、大鼠、豚鼠肌肉注射法

一般因肌肉少,不做肌肉注射,如需要时,可将动物固定后,一手拉直动物左侧或右侧后肢,将针头刺入后肢大腿外侧肌肉内,用 5～7 号针头,小鼠一次注射量不超过 0.1 mL/只。

② 兔肌肉注射法

固定动物,右手持注射器,令其与肌肉呈 60°一次刺入肌肉中,先抽回针栓,视无回血时将药液注入,注射后轻按摩注射部位,帮助药液吸收。

(4) 静脉注射法

① 小鼠、大鼠静脉注射法

多采用尾静脉注射,先将动物固定于固定器内(可采用筒底有小口的玻璃筒、金属或铁丝网笼)。将尾巴露在外面,用右手食指轻轻弹尾尖部,必要时可用 45~50 ℃ 的温水浸泡尾部或用 75% 乙醇擦尾部,使血管扩张充血、表皮角质软化,用拇指与食指捏住尾部两侧,尾静脉充盈更明显,用无名指与小指夹持尾尖部,中指从下托起尾巴固定之。用 4 号针头,令针头与尾部呈 30° 角刺入静脉,推动药液无阻力,且可见沿静脉血管出现一条白线说明在血管内,可注药。如遇到阻力较大,皮下发白且有隆起时,说明不在静脉内,需拔出针头重新穿刺。注射完毕后,拔出针头,轻按注射部位止血。一般选择尾两侧静脉,并宜从尾尖端开始,逐渐向尾根部移动,以备反复应用。一次注射量为 0.05~0.10 mL/10 g 体重。大鼠亦可舌下静脉注射或把大鼠麻醉后,切开其大腿内侧皮肤进行股静脉注射,亦可颈外静脉注射。

②家兔静脉注射法

家兔静脉注射一般采用耳缘静脉。耳缘静脉沿耳背后缘走行,较粗,剪除其表面皮肤上的毛并用水湿润局部,血管即可显现出来。注射前可先轻弹或揉擦耳尖部并用手指轻压耳根部,刺入静脉后(第一次进针要尽可能靠远心端,以便为以后的进针留有余地)顺着血管平行方向伸入约 1 cm,放松对耳根处血管的压迫,左手拇指和食指移至针头刺入部位,将针头与兔耳固定。进行药物注射。若注射阻力较大或出现局部肿胀,说明针头没有刺入静脉,应立即拔出针头,在原注射点的近心端重新刺入。注射完毕,拔出针头,用棉球压住针刺孔,以免出血。若实验过程中需补充麻药或静脉给药,也可不拔出针头,而用动脉夹将针头与兔耳固定,只拔下注射器筒,用一根与针头内径吻合且长短适宜的针芯(也可用针灸针代替)插入针头小管内(防止血液流失),以备下次注射时使用。

六、实验动物的麻醉

进行在体动物实验时,宜选用清醒的动物,这样更接近生理状态,有的实验必须用清醒动物。但是在进行手术时或实验过程中为了消除疼痛或减少动物挣扎而影响实验结果,必须使用麻醉药,使动物安静,用麻醉动物进行实验。麻醉药的种类繁多,作用原理不尽相同,麻醉动物时,应根据不同的实验要求和不同的动物选择麻醉药。

1. 麻醉方式

(1)吸入麻醉

小鼠、大鼠及兔常用乙醚吸入麻醉。麻醉前准备好一透明、密封的容器,把浸过乙醚的棉花或纱布铺在麻醉用的容器底部,再将动物放入,并注意动物的行为。开始时动物出现兴奋现象,进而出现抑制现象,自行倒下,当动物角膜反射迟钝、肌紧张降低时即可取出动物。若动物逐渐开始恢复肌紧张(重新挣扎),则需要重新麻醉一次。在实验过程中,需要注意动物的反应,适时追加乙醚吸入量,以维持麻醉深度和麻醉时间。有些非吸入性麻醉的实验,在动物出现苏醒行为时,可以用乙醚吸入麻醉来维持实验的顺利进行。

(2)注射麻醉

注射麻醉可用于狗、猫、兔、大鼠、小鼠、鸟等动物。方法有静脉、肌肉、腹腔和皮下淋巴囊注射等。小鼠、兔、大鼠、狗对巴比妥类药物的肝代谢能力依次递减,对注射麻醉药的反应不一致,注射麻醉药的选择,可根据实验的要求和动物的品种来决定。

2.常用的麻醉药及其用法

(1)乙醚:适用于时间短的手术过程或实验,吸入后 15～20 min 开始发挥作用。采用乙醚麻醉的优点是麻醉的深度易于掌握,比较安全,麻醉后苏醒快。缺点是需要专人管理。使用时应避火、通风、注意安全。

(2)巴比妥类:用于动物实验的主要有三种:戊巴比妥钠、苯巴比妥钠、硫喷妥钠。其中最常用的是戊巴比妥钠,常配成 3%～5% 的注射液。此药作用发生快,持续时间为 3～5 h。巴比妥类对呼吸中枢有较强的抑制作用,对心血管系统也有复杂的影响,故这类药物不适合用于研究心血管机能的实验动物麻醉。

(3)氯醛糖:本药溶解度较小,常配成 1% 水溶液。此药的安全度高,能导致持久的浅麻醉,对植物性神经中枢的机能无明显抑制作用,故特别适用于研究要求保留生理反射(如心血管反射)或研究神经系统反应的实验。

(4)氨基甲酸乙酯(乌拉坦):与氯醛糖类似,能导致持久的浅麻醉,对呼吸无明显影响。乌拉坦对兔的麻醉作用较强,是兔急性实验常用的麻醉药。对猫和狗则奏效较慢,对大鼠和兔能诱发肿瘤,需长期存活的慢性实验动物最好不用乌拉坦麻醉。此药易溶于水,常配成 20%～25% 的水溶液。一次给药可维持 4～5 h,麻醉过程较平稳,动物无明显挣扎现象,但动物苏醒缓慢,麻醉深度和使用剂量较难掌握。

常用麻醉药剂量和给药途径见表 4-1。

表 4-1　　　　　　　　　常用麻醉药剂量和给药途径

药物名称	给药途径	剂量/(mg·kg^{-1})					
		狗	猫	兔	大鼠	小鼠
戊巴比妥钠	iv	25～35	25～35	25～40	—	40～70
	ip	25～35	25～35	—	40～50	
	im	30～40	—			
氯醛糖	ip	100	50～70	60～80	50	50
	iv	100	60	80～100	60	60
乌拉坦	iv	1 000～2 000	2 000	1 000		
	ip	1 000～2 000	2 000	1 000	1 250	1 250
	sc	—	2 000	1 000～2 000	1 000～2 000	1 000～2 000

注:iv 为静脉注射;ip 为腹腔注射;im 为肌肉注射;sc 为皮下注射。

3.麻醉效果的观察

动物的麻醉效果直接影响实验的进行和实验结果。如果麻醉过浅,动物会因疼痛而挣扎,甚至出现兴奋状态,呼吸心跳不规则,影响观察。如果麻醉过深,可使机体的反应性降低,甚至消失,更为严重的是抑制延髓的心血管活动中枢和呼吸中枢,使呼吸、心跳停止,导致动物死亡。因此,在麻醉过程中必须善于判断麻醉程度,观察麻醉效果。判断麻醉程度的指标有:

(1)呼吸

动物呼吸加快或不规则,说明麻醉程度过浅,可再追加一些麻醉药,若动物呼吸由不规则转变为规则且平稳,说明已达到麻醉深度。若动物呼吸变慢,且以腹式呼吸为主,则说明麻醉程度过深,动物有生命危险。

(2)反射活动

主要观察角膜反射或睫毛反射,若动物的角膜反射灵敏,则说明麻醉程度过浅;若动物的角膜反射迟钝,则说明麻醉程度适宜;若动物的角膜反射消失,伴瞳孔散大,则说明麻醉程度过深。

(3)肌张力

动物肌张力亢进,一般说明麻醉程度过浅,全身肌肉松弛,麻醉程度合适。

(4)皮肤夹捏反应

麻醉过程中可随时用止血钳或有齿镊夹捏动物皮肤,若反应灵敏,则说明麻醉程度过浅;若反应消失,则麻醉程度合适。

总之,观察麻醉效果要仔细,上述四项指标要综合考虑,在静脉注射麻醉时还要坚持先快后慢的原则(尤其后 1/3 药液要缓慢注入),边注入边观察动物的行为,若已经达到所需要的麻醉深度,则不一定全部给完所有药量。只有这样,才能获得理想的麻醉效果。

4.麻醉时的注意事项

(1)不同动物个体对麻醉药的耐受性是不同的。因此,在麻醉过程中,除参照上述一般药物用量标准外,还必须密切注意动物的状态,以决定麻醉药的用量。麻醉的深浅,可根据呼吸的深度和快慢、角膜反射的灵敏度、四肢和腹壁肌肉的紧张性以及皮肤夹捏反应等进行判断。当呼吸忽然变慢变深、角膜反射的灵敏度明显下降或消失、四肢和腹壁肌肉松弛、皮肤夹捏无明显疼痛反应时,应立即停止给药。静脉注射麻醉时应坚持先快后慢的原则,避免动物因麻醉过深而死亡。

(2)麻醉过深时,最易观察到的是呼吸极慢甚至停止,但仍有心跳。此时首要的处理措施是立即进行人工呼吸。可用手有节奏的压迫和放松胸廓,或推压腹腔脏器使膈上下移动,以保证肺通气,同时迅速做气管切开并插入气管套管,连接人工呼吸机以代替徒手人工呼吸,直至主动呼吸恢复。还可给予苏醒剂以促恢复。常用的苏醒剂有咖啡因(1 mg/kg 体重)、尼克刹米(2~5 mg/kg 体重)等。心跳停止时应进行心脏按压,注射温热生理盐水和肾上腺素。

(3)实验过程中如麻醉程度过浅,可临时补充麻醉药,但一次注射剂量不宜超过总量的 1/5。

第二节 实验设计的基本原则

药理学实验是在整体动物、离体器官或细胞水平进行的科学研究,其目的是阐明药物的作用或机制。在实验过程中,各种非处理因素,如动物个体差异、实验条件、仪器设备或实验误差等均会不同程度的影响实验结果,使处理因素(如药物)的效应不容易充分显现出来。因此,要获得真实、可靠的实验结果,必须严格遵循实验设计的三大原则:重复、随机、对照,精心设计实验,避免各种误差和偏性干扰,以最经济、简便和可靠的方法,在最短时间内揭示出处理因素的效应,从而达到事半功倍的效果。

一、重复

重复是实验设计的首要原则,即指可靠的实验结果,应该能在相同的实验条件下重复出来。它包括两重含义:重复数和重现性。重复数即指动物或器官的个数,统计学中称为"样本数";重现性即指在相同条件、相同材料及相同模型上进行的实验,结果可以稳定地重复出来。实验的重复数(样本数)是保证重现性的基本条件。为了达到某一重现性,必须有相应的适当的重复数,样本数过少不行,样本数过多则会耗时费工,不符合节约的原则。因此,应该在保证获得可靠结论的前提下,确定最少的样本数。

样本数多少与以下因素有关:
(1)处理效果:效果越明显,所需重复数越少。
(2)实验误差:误差越小,所需样本数越少。
(3)抽样误差:样本的个体差异越小,反应越一致,所需样本数越少。
(4)资料性质:计数资料样本数要多些,计量资料样本数则相应减少。

二、随机

随机是指被研究的样本是从总体中任意抽取的。无论是抽样还是分组,都必须遵守随机化原则。在抽样时,必须使总体中每一个体都有被抽到的机会,这样所抽的样本对总体就会有较好的代表性。同样,在决定实验对象接受何种处理(分组、用药等)时,必须使每个实验对象都有相同的机会接受某种分配和处理,这样可以消除研究者主观因素或其他因素对结果的影响。随机的前提是实验对象应该具有一定的均衡性(如性别、体重、遗传背景等)。因此,在实验中,我们要求各组除处理因素(如受试药物、疗法)外,其他条件都应该完全一致。目的在于尽量减少由于动物的年龄、性别、体重、仪器的性能、实验操作、环境及其他因素而影响实验结果的正确性。随机化是一种简单、方便、经济的均衡非处理因素的方法,使各组非处理因素基本一致,各组间具有可比性,从而提高显著性检验的灵敏度。

原始而简单的随机方法有抽签法、投掷硬币法等。标准的随机方法是依据随机数字表进行分组和抽样。随机数字表是由计算机生成的随机数组成,其中每个位置上出现哪一个数字的概率是等概率的。利用随机数字表抽取样本的方法可以保证各个个体被抽取到的概率相等。在此基础上,随机分组的方法有以下几种:

1. 完全随机分组

把动物全部编号,从随机数字表中任意抽取一段数字,依次与编号动物相匹配,然后按照奇偶数(分2组时)或除以组数后的余数(分3组或3组以上时)进行分组。若每组动物数不整齐时,继续随机调整,使每组动物数均等。此法简单快速,主要适用于单因素大样本实验,但是,如果实验条件、环境,以及实验动物的差异较大时,不宜采用此种分组方法。

2. 配对随机分组

按照性别、体重及其他条件将动物每两只匹配,分成若干对,然后将每对动物随机分配到两组中,这样两组动物数相等且差异性最小。

3. 随机区组

随机区组是配对设计的扩大,将动物分成3组以上时适用。先将动物按容易区分且对实验影响较大的非处理因素(如性别、体重等)分成若干个区组后,再给每个区组中的动物编号,把每个区组内的动物分配到各个实验组中去。该方法可使各组间的非处理因素基本均衡,是药理学实验中常用的方法。

三、对照

对照是科研对比的基础,没有对照就没有比较、没有鉴别。比如,某种药物治疗某一疾病的患者100例,痊愈率是100%,但并不能因此就得出该药全部治愈的结论,因为患者可能自行痊愈。因此,要判断某种药物的效果,必须与相应的非治疗组进行比较。

对照应该符合齐同可比的原则,即指除了要考察的一种实验处理因素(如药物的种类、剂量、给药途径等)外,对照组的一切条件(如动物的年龄、性别、体重、实验的时间、环境、仪器、方法、操作人员、对照组的溶剂、容量等)均应与受试药物组完全一致。在实验中,进行比较的组别间应该做到"四同":同时、同地、同批动物和同条件,这样才具有齐同可比性,才能突出处理因素的效果,得出准确的结论。对照组一方面起对照作用,另一方面又起到监控实验条件的作用,这样保证了实验的可靠性。如果实验中典型药物不出现阳性结果,而阴性对照反而出现阳性结果,说明该实验不可靠。

1. 阴性对照

(1) 空白对照

不给任何处理,常用于了解实验对象在实验过程中自然发生的变化,如衰老、疾病的自愈等。

(2) 假处理对照

如动物需要注射化学药物或手术等处理造模时(如切除卵巢致更年期模型),与模型组的其他一切因素(如麻醉、取材等)均相同,也进行注射或手术处理,但不施以造模的条件(如仅注射不含化学药物的溶剂;或仅开腹,但不切除卵巢)。用于与模型组进行对比,排除注射和手术处理对结果的干扰。

(3) 模型组(溶剂对照组)

与处理因素组(受试药物组)相比,除了处理因素(药物)外,其他的一切处理因素均相同。

2. 阳性对照

采用疗效确切的药物作为对照,应该产生阳性治疗结果。如果没有出现阳性结果,则说明实验或者检测方法有误,同时,也为药效的评价提供了参比标准。

3. 对比的类型

(1) 自身对照

同一个体在给药前后进行某些指标的比较,可减少个体差异,节约动物(尤其是大动物)。

(2) 组间对照

在实验中设立若干平行组,如空白对照组和模型组进行比较,受试药物和阳性药物组进行比较,以及不同剂量组、不同给药途径组间进行对比。该法在药理学实验中应用最广,但实验时应该注意对照的组别之间例数相等,并选择恰当的统计学方法。

第三节　实验数据的整理与统计方法

一、实验数据的整理

实验数据的整理既是对所做实验的工作总结,又是书写实验报告的准备工作和必备资料,也是药理学实验的基本功之一。对实验数据的整理是否合理、恰当,直接影响到实验报告的质量和水平。

实验过程中得到的实验数据称为原始资料或原始数据。实验结束以后需要对原始资料进行整理。原始资料按其性质可分为计量资料和计数资料两大类。计量资料是以数值大小来表示事物的变化程度,如血压、心率、瞳孔直径、体温、血糖、尿量和作用时间等。计数资料是通过清点数目所得到的实验结果,如给药后实验动物的阳性反应或者阴性反应、死亡或者存活数等。凡属计数资料,均应以恰当的单位和准确的数值作定量的表示。必要时应该作统计处理,以保证结论有较大的可靠性,尽可能将有关数据列成表格或绘制统计图,使主要结果有重点地表达出来,以便阅读、比较和分析。列表格时,要设计出最能反映动物变化的记录表,记录多个或多组动物实验结果时,一般将动物分组的组别列于表的左侧,而将观察记录逐项列于表的右侧。绘图时,应在纵轴和横轴上画出数值刻度,标明单位。一般以纵轴表示反应强度,横轴表示时间或药物剂量,并在图的下方注明实验条件。如果不是连续性变化,也可用柱形图表示。凡有曲线记录的实验,应及时在曲线图上标注说明,包括实验题目,实验动物的种类、性别、体重,给药量和其他实验条件等。对较长的曲线记录,可选取有典型变化的段落,剪下后粘贴保存。这里需要注意的是必须以绝对客观的态度来进行剪裁工作,不论预期内的结果或者预期外的结果,均应一律留样。

二、统计方法

1. 计量资料的常用统计描述指标

(1) 平均数($\overline{X}$)

平均数($\overline{X}$)即一组观察值(变量值)的平均水平或集中趋势。

(2) 标准差(S)

标准差(S)即一组个体变量间变异(离散)程度的大小。S越小,表示观察值的变异程度越小;反之亦然。

(3) 标准误($S_{\overline{X}}$)

标准误($S_{\overline{X}}$)样本均数的标准差,用来说明样本均数的分布情况,表示和估量群体之间的差异,即各次重复抽样结果之间的差异。$S_{\overline{X}}$越小,表示抽样误差越小,样本均数与总体均数愈接近,样本均数的可靠性也愈大;反之亦然。

2. 计数资料的常用统计描述指标

(1) 率和比

"率"表示在一定条件下某种现象实际发生例数与可能发生该现象的总数比,用来说明某种现象发生的频率。"比"表示事物或现象内部各构成部分的比重。

(2)率和比的标准误

率和比的标准误是抽样误差造成的误差,表示样本百分率和比与总体百分率和比之间的差异,标准误小,说明抽样误差小,可靠性大,反之亦然。

3.显著性检验

抽样实验会产生抽样误差,对实验资料进行比较分析时,不能仅凭两个结果(平均数或率)的不同就做出结论,而是要进行统计学分析,鉴别出两者差异是由抽样误差引起的,还是由特定的实验处理引起的。

(1)显著性检验的含义和原理

显著性检验即用于实验处理组与对照组或两种不同处理的效应之间是否有差异,以及这种差异是否显著的方法。

(2)无效假设

显著性检验的基本原理是提出"无效假设"和检验"无效假设"成立的概率(P)水平的选择。所谓"无效假设",就是当比较实验处理组与对照组的结果时,假设两组结果间差异不显著,即实验处理对结果没有影响或无效。经统计学分析后,若两组间差异是由抽样引起的,则"无效假设"成立,可认为这种差异为不显著(实验处理无效)。若两组间差异不是由抽样引起的,则"无效假设"不成立,可认为这种差异为显著(实验处理有效)。

(3)"无效假设"成立的概率水平

检验"无效假设"成立的概率水平一般定为 5%,其含义是将同一实验重复 100 次,两者结果间的差异有 5 次以上是由抽样误差造成的,则"无效假设"成立,可认为两组间的差异为不显著,常记为 $P>0.05$。若两者结果间的差异有 5 次以下是由抽样误差造成的,则"无效假设"不成立,可认为两组间的差异为显著,常记为 $P \leqslant 0.05$。如果 $P \leqslant 0.01$,则认为两组间的差异为非常显著。

第四节 药理学实验案例

实验一 神经干动作电位及其传导速度的测定

【实验目的】

1.了解兴奋性、兴奋的概念,静息电位和动作电位的形成机制,动作电位传导原理。

2.测定蛙类坐骨神经干的单相、双相动作电位和其中 A 类纤维冲动的传导速度,并观察机械损伤、药物对神经兴奋和传导的影响。

【实验原理】

用电刺激神经,在负刺激电极下的神经纤维膜内外产生去极化,当去极化达到阈电位时,膜产生一次在神经纤维上可传导的快速电位反转,即动作电位。

如果两个引导电极置于兴奋性正常的神经干表面,兴奋波先后通过两个电极处,便引导出两个方向相反的电位波形,称为双相动作电位。若两个引导电极之间的神经纤维完全损伤,兴奋波只通过第一个引导电极,不能传至第二个引导电极,则只能引导出一个方向的偏转波形,称为单相动作电位。

神经干由许多神经纤维组成,故神经干动作电位与单根神经纤维的动作电位不同,神经干动作电位是由许多不同直径和类型的神经纤维动作电位叠加而成的综合性动作电位,称复合动作电位。神经干动作电位幅度在一定范围内可随刺激强度的变化而变化。

动作电位在神经干上传导有一定的速度。不同类型的神经纤维传导速度不同,神经纤维越粗则传导速度越快。蛙类坐骨神经干以Aα类纤维为主,传导速度为30～40 m/s。测定神经冲动在神经干传导的距离(S)与通过这段距离所需时间(t),可根据$V=S/t$求出神经冲动的传导速度。

【实验材料】
1. 动物:蟾蜍。
2. 试剂:任氏液、3 mol/L氯化钾溶液、2%利多卡因。
3. 器材:蛙类手术器械、蛙板、神经标本屏蔽盒、RM 6240多道生理信号采集处理系统。

【实验方法】
1. 系统连接及仪器设置
(1) 系统连接,正确连接生理信号采集处理系统及神经标本屏蔽盒(图4-7)。

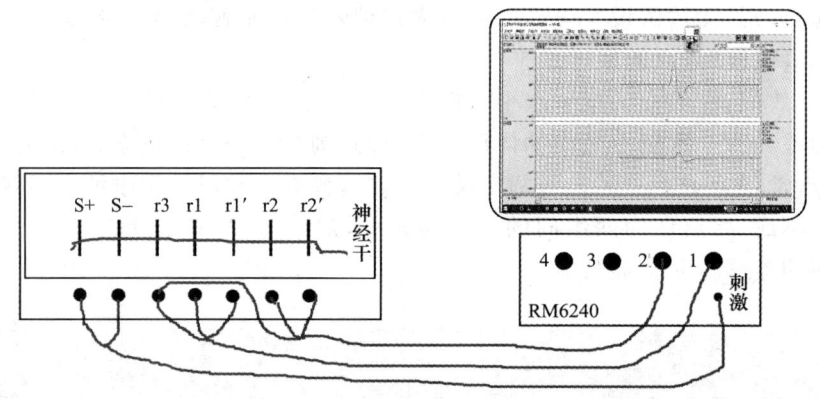

S+(红)、S−(黑)为刺激电极;r3(黑)为接地电极;r1(绿)、r1′(红)为第一对引导电极;
r2(绿)、r2′(红)为第二对引导电极

图4-7 观察神经干动作电位和测定神经冲动传导速度装置

(2) 仪器设置,双击桌面RM 6240系统图标 ,进入系统软件窗口,选择"实验"菜单,选择"本科学生实验"菜单中的"神经干动作电位与传导速度测定"项目,系统进入该实验信号记录状态。仪器参数:第1、2通道时间常数为0.001 s、滤波频率为1 kHz、灵敏度为2 mV、采样频率为40 kHz、扫描速度为1 ms/div。单刺激模式,刺激幅度为0.5～3 V,刺激波宽为0.2 ms,延迟5 ms,同步触发。

2. 制备蟾蜍坐骨神经干标本
(1) 毁损脊髓

取蟾蜍一只,用左手握住,抬起蟾蜍头部,在头与躯干连接部位正中,可见一陷窝,这是蟾蜍枕骨大孔位置的体表标志。记住此位置,用食指压其头部前端使其尽量前俯,右手持探针自枕骨大孔处垂直刺入,到达椎管,使探针改变方向刺入颅腔,探针进入颅腔的标志是探针有较大的摆动范围,并可听到探针尖与颅骨内侧面摩擦的声音,将探针向各侧不断搅动,彻底捣毁脑组织;再将探针从颅腔抽回,但不拔出,再由枕骨大孔刺向尾侧,捻动探针使其逐渐刺入整个椎管内,捣毁脊髓,此时左手拇指应压在脊柱表面,使脊柱平直,利于探针进入整个椎管(图4-8)。脑和脊髓被完全破坏的标志是:蟾蜍形体对称,四肢松软,呼吸消失。

(2)横断脊柱

左手握住蟾蜍脊柱,右手将粗剪刀沿两侧(避开坐骨神经)剪开腹壁。此时躯干上部及内脏全部下垂。用粗剪刀在颅骨后方剪断脊柱(图4-9)。剪除全部躯干上部及内脏组织,弃于废液缸内。

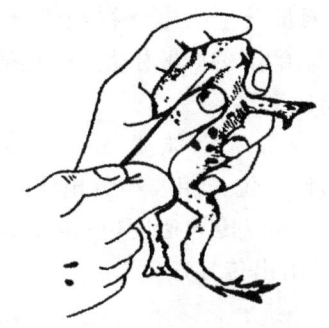 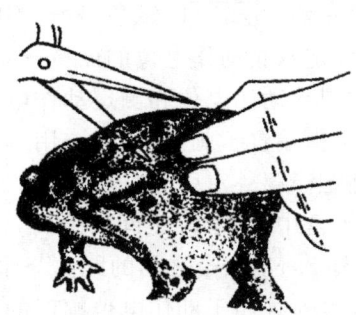

图4-8 破坏蟾蜍脑、脊髓　　　　图4-9 横断脊柱

(3)剥皮

避开神经,用右手拇指和食指夹住脊柱,左手捏住皮肤边缘,逐步向下牵拉剥离皮肤。将全部皮肤剥离后,将标本置于盛有任氏液的培养皿中。

(4)分离两腿

避开坐骨神经,用粗剪刀从背侧剪去骶骨,然后沿中线将脊柱剪成左右两半,再从耻骨联合中央剪开(为保证两侧坐骨神经完整,应避免剪时偏向一侧)。将已分离的标本浸入盛有任氏液的培养皿中。

(5)游离坐骨干神经

取一条腿,先用玻璃分针沿脊柱侧游离坐骨神经腹腔部。然后用大头针将标本背位固定于干净蛙板上(图4-10)。紧靠脊柱根部穿线结扎坐骨神经干,剪断。用玻璃分针循股二头肌和半膜肌之间的坐骨神经沟,纵向分离暴露坐骨神经

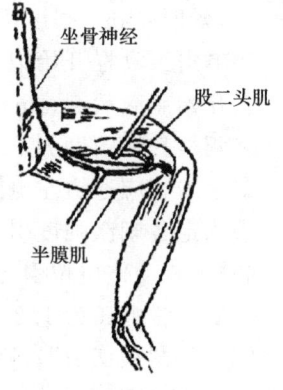

图4-10 坐骨神经标本背面

的大腿部分,分离至腘窝胫腓神经分叉处,用玻璃分针将腓浅神经、胫神经与腓肠肌和胫骨前肌分离,将腓肠肌剪除。用手轻提一侧结扎神经的线头,辨清坐骨神经走向,置剪刀于神经和组织之间,剪刀与下肢呈30°角,紧贴股骨、腘窝,顺神经走向剪切直至跟腱,结扎,剪断跟腱和神经。

(6)用手捏住结扎神经的线头,用镊子剥离附着在神经干上的组织,将剥离出来的坐骨神经干标本浸入盛有任氏液的培养皿中待用。

3. 观察项目

(1) 神经干标本兴奋性

用镊子夹持神经干结扎线,将神经干移入神经标本屏蔽盒内,中枢端置于刺激电极处。使神经干与各电极接触良好。将一块脱脂棉用任氏液浸湿,放入屏蔽盒中的小槽内,盖上屏蔽盒盖。启动刺激器,用波宽为 0.2 ms、刺激电压为 1 V 的方波刺激神经干,观察屏幕上是否有动作电位,如果无动作电位,而且神经干与各电极接触良好,可能是神经干标本无兴奋性,应更换神经干。如果标本兴奋性良好,继续进行下一项目。

(2) 中枢端引导动作电位

神经干末梢端置于刺激电极处,用刺激电压为 1.2 V(正电压)、波宽为 0.2 ms 的方波刺激神经干,测定并记录第一对引导电极引导的双相动作电位正相波和负相波的振幅(单击相应通道左侧的 选择 的三角号→专用静态测量→生物电→神经干→Amax,Amin→用鼠标左键确定双相动作电位的区域→系统自动给出该区域内动作电位的振幅)。

(3) 末梢端引导动作电位和测定动作电位传导速度

① 神经干中枢端置于刺激电极处,用刺激电压为 1.2 V、波宽为 0.2 ms 的方波刺激神经干,测定并记录第一对引导电极引导的双相动作电位正相波和负相波的振幅。

② 测量标本盒中 r_1 与 r_2 之间的距离,计算动作电位传导速度(单击工具条传导速度测量按钮 →输入 r_1 与 r_2 之间的距离→系统自动给出传导速度)。

(4) 刺激强度对神经干动作电位幅度的影响

按一定步长(0.02~0.05 V),刺激强度从 0 V 开始逐步增加到动作电位不再增大为止。测量并记录动作电位振幅与刺激电压对应数据。

① 设置刺激器:方式为正电压刺激,模式为强度递增刺激,初始强度为 0 V,波宽为 0.2 ms,延时 5 ms,强度增量为 0.02 V,组间延时 2 s。

② 单击工具栏开始记录按钮 →单击刺激器"打标"前方块→"开始刺激"。

③ 开始刺激后 2 min,单击"停止刺激"→单击工具条停止记录按钮。

④ 调整扫描速度为 500 ms/div。

⑤ 单击相应通道左侧 选择→显示刺激标注→强度。

⑥ 测定各刺激强度引起的动作电位的幅度。

(5) 单相动作电位引导

先用刺激电压为 1.2 V、波宽为 0.2 ms 的方波刺激神经干,若屏幕上出现双相动作电位(标记为"损伤前"),则用镊子将第一对引导电极之间的神经夹伤,再一次用刺激电压为 1.2 V、波宽为 0.2 ms 的方波刺激神经干,使屏幕上的动作电位呈现一个正相波(标记为"损伤后",另外此操作注意不要移动神经干的位置,贴近后一电极处夹伤神经),测量损伤前双相动作电位以及损伤后单相动作电位的振幅。

(6) 氯化钾对神经干动作电位及传导速度的影响

换一根神经干,用刺激电压为 1.2 V、波宽为 0.2 ms 的方波刺激神经干,若第二对引导电极引出一双相动作电位,则用一小块(3 mm^2)浸有 3 mol/L 氯化钾溶液的滤纸贴附在第一对电极的后一根(r_1)和第二对引导电极的前一根电极之间(r_2)处的神经干上(不要接触到电极)。记录氯化钾处理前(0 min)及处理后第 1 min、第 2 min 和第 5 min 时动作电位的传导速度以及第二对引导电极(r_2、$r_{2'}$)引导的动作电位振幅。

(7)利多卡因对神经干动作电位及传导速度的影响

换一根神经干,用刺激电压为 1.2 V、波宽为 0.2 ms 的方波刺激神经干,若第二对引导电极引出一双相动作电位,则用一小块浸有利多卡因溶液的滤纸贴附在第一对电极的后一根($r_{1'}$)和第二对引导电极的前一根电极之间(r_2)处的神经干上(不要接触到电极)。记录利多卡因处理前(0 min)及处理后第 1 min、第 2 min 和第 5 min 时动作电位的传导速度以及第二对引导电极(r_2、$r_{2'}$)引导的动作电位振幅。

【结果处理】

1. 对各观察项目进行描述、分析,有测量要求的给出测量值。
2. 做出氯化钾和利多卡因处理后第二对引导电极引导的神经干动作电位变化的时效曲线图,并且按下列公式计算出用药后各个时间点对动作电位传导速度的抑制率。

$$抑制率(\%) = (V_{用药前} - V_{用药后})/V_{用药前} \times 100\%$$

【注意事项】

1. 神经干应尽可能分离的长一些,要求上自脊椎附近的主干,下沿腓总神经与胫神经一直分离至踝关节附近。
2. 神经干分离过程中不要过度牵拉神经,损伤神经以免影响神经的兴奋性。
3. 神经干标本制备完成后,要置于盛有任氏液的培养皿中稳定 20~30 min,再用于实验,实验过程中要防止标本干燥。
4. 实验中注意做好标记。

【思考题】

1. 神经干动作电位的幅度在一定范围内随着刺激强度的变化而变化,这是否与神经纤维动作电位的"全或无"性质相矛盾?
2. 如果在实验中发现采样窗口中两个动作电位相距太近以至于兴奋传导速度的测定有困难,应如何解决?

【参考文献】

[1] 陆源,夏强.生理科学实验教程[M].杭州:浙江大学出版社,2004:211-215.
[2] 金燕,朱道立.蟾蜍坐骨神经动作电位的波形分析[J].动物医学进展,2004,25(2):72-75.
[3] 张业,王嘉逊,孟庆芳.复方盐酸普鲁卡因对蟾蜍坐骨神经复合动作电位的影响[J],齐齐哈尔医学院学报,1996,17(4):241-244.
[4] 张业,张滨,王嘉逊.复方盐酸普鲁卡因对蟾蜍坐骨神经动作电位传导速度的影响[J],齐齐哈尔医学院学报,1997,18(3):161-163.

实验二　离子因素及药物对离体心脏的影响

【实验目的】

1. 学习蛙离体心脏 Straub 灌流法。
2. 观察离子因素及药物对心脏活动的影响。

【实验原理】

作为蛙心起搏点的静脉窦能按一定节律自动产生兴奋,因此,只要将离体的蛙心保持在适宜的环境中,在一定时间内仍能产生节律性兴奋和收缩活动。心脏正常的节律性活动需要一个适宜的理化环境,离体心脏也是如此,离体心脏脱离了机体的神经支配和全身体液因素的直接影响,可以通过改变灌流液的某些成分,观察其对心脏活动的作用。

心肌细胞的自律性、兴奋性、传导性和收缩性,都与钠、钾、钙等离子有关。血钾浓度过高时(高于 7.9 mmol/L),心肌细胞的兴奋性、自律性、传导性、收缩性都下降,表现为收缩力减弱、心动过缓和传导阻滞,严重时心脏可停搏于舒张期。血钙浓度升高时,心肌细胞的收缩力增强,过高时心脏可停搏于收缩期。血钙浓度降低时,心肌细胞的收缩力减弱。血中钠离子浓度的轻微变化,对心肌细胞的影响不明显,只有发生明显变化时,才会影响心肌细胞的收缩特性。肾上腺素可使心率加快、传导加快和心肌细胞的收缩力增强,乙酰胆碱则与肾上腺素的作用相反。

【实验材料】

1. 动物:蛙。

2. 试剂:任氏液、无钙任氏液、30 g/L 氯化钙溶液、10 g/L 氯化钾溶液、0.1 g/L 肾上腺素溶液、10^{-2} g/L 乙酰胆碱溶液、0.3 g/L 阿托品溶液。

3. 器材:蛙心插管、蛙心夹、尖头滴管、蛙类手术器械、万向滑轮、张力换能器、RM6240 多道生理信号采集处理系统。

【实验方法】

1. 仪器连接和参数设置

(1)仪器连接

张力换能器输出线接第一通道。

(2)参数设置

选"实验"菜单中的"本科学生实验",选择其中的"离子因素及药物对离体心脏的影响"项目,系统进入该实验信号记录状态。仪器参数:通道时间常数为直流,滤波频率为 10 Hz,灵敏度为 3 g,采样频率为 400 Hz,扫描速度为 1.0 s/div。

2. 离体蛙心制备

(1)取蛙,首先用探针破坏脑和脊髓,使之仰卧固定在蛙板上,从剑突下将胸部皮肤向上剪开,然后剪掉胸骨,打开心包,暴露心脏,分离左、右主动脉。

(2)在左主动脉下方穿 1 根线,靠头端结扎作插管时牵引用,在主动脉干下方穿 1 根线,在动脉圆锥上方系一松结用于结扎固定蛙心插管。

(3)左手持主动脉上方结扎线,用眼科剪在松结上方左主动脉根部剪一小斜口,右手将盛有少许任氏液的蛙心插管由此切口处插入动脉圆锥。当插管头到达动脉圆锥时,用镊子夹住动脉圆锥少许,将插管稍稍后退,并转向心室中央方向,镊子向插管的平行方向提拉,心室收缩期时将插管插入心室。蛙心插管进入心室后管内任氏液的液面会随心室的舒缩而上下波动。蛙心插管进入心室后,用预先准备好的松结扎紧,结扎线套在蛙心插管的侧钩上打结并固定。结扎主动脉左右分支并剪断,如图 4-11 所示。

(4)轻轻提起蛙心插管以抬高心脏,用 1 根线在静脉窦与腔静脉结扎处作一结扎,结

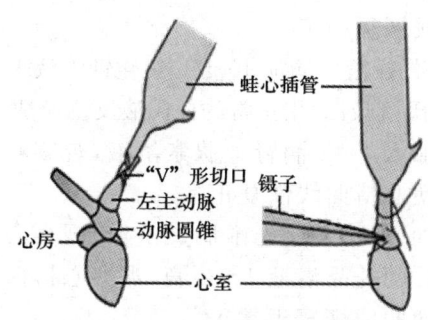

图 4-11 蛙心插管

扎线应尽量下压,以免伤及静脉窦,在结扎线外侧剪断所有组织,将蛙心游离出来。

(5)用新鲜任氏液反复换洗蛙心插管内含血的任氏液,直至蛙心插管内无血液残留为止。此时离体蛙心已制备成功,可用于离体蛙心实验。

3. 实验操作

将蛙心插管固定在铁架台上,用蛙心夹在心室舒张期夹住心尖,并将蛙心夹的线头通过滑轮连接至张力换能器的应变梁上,调节此线张力至 1 g,插管内加灌流液 1~1.5 mL,在插管上标记灌流液的高度,在此后的实验过程中,灌流液应恒定于该高度,如图 4-12 所示。

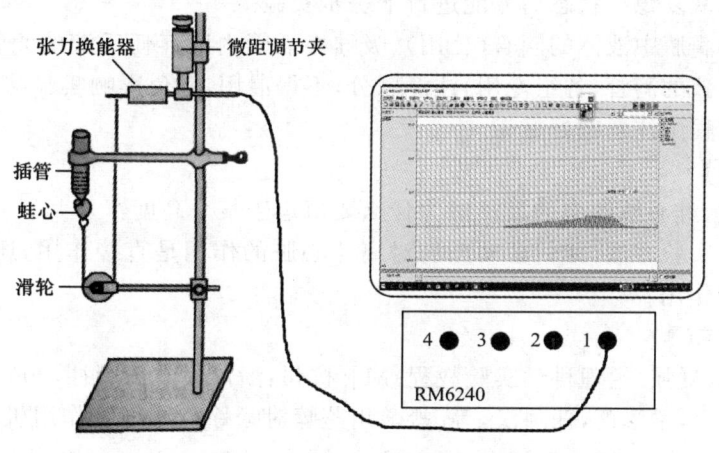

图 4-12 蛙心插管装置

4. 观察项目

(1)正常的蛙心搏动曲线　启动 RM6240 多道生理信号采集处理系统的记录按钮,记录一段正常的蛙心搏动曲线。

(2)无钙任氏液灌流　把插管内的任氏液全部更换成无钙任氏液,观察并记录心搏曲线。

(3)灌流液中加钙灌流　在上一个项目的基础上滴加 30 g/L 氯化钙溶液 1 滴,观察并记录心搏曲线。

(4)高钙任氏液灌流　用正常的任氏液换洗 2 次,待心搏曲线稳定后,滴加 30 g/L 氯化钙溶液 1~2 滴,观察心搏曲线。当心搏变化明显时,立即将高钙任氏液吸出,用正常的任氏液反复换洗,使心搏曲线恢复稳定。

(5) 高钾任氏液灌流　在任氏液中滴加 10 g/L 氯化钾溶液 1~2 滴,观察心搏曲线。当心搏变化明显时,立即将高钾任氏液吸出,用正常的任氏液反复换洗,使心搏曲线恢复稳定。

(6) 肾上腺素的作用　加入 1~2 滴肾上腺素溶液,观察心搏曲线。心搏曲线稳定后用正常的任氏液反复换洗,使心搏曲线恢复正常。

(7) 乙酰胆碱的作用　加入 1~2 滴乙酰胆碱溶液,观察心搏曲线。待心搏变化明显时,向灌流液中加入 0.3 g/L 阿托品溶液 1~2 滴,观察心搏曲线。心搏曲线稳定后用正常的任氏液反复换洗,使心搏曲线恢复正常。

【结果处理】

1. 剪辑并打印实验记录。
2. 分析各因素对离体心脏活动的影响。

【注意事项】

1. 严禁用手拉扯拉力换能器的应变梁。
2. 制备蛙心标本时,尽量避免损伤静脉窦。
3. 若作用不明显可适当增加药物量。
4. 蛙心插管内液面应保持恒定,以免影响实验结果。
5. 各个实验观察项目,一旦出现作用应立即用正常任氏液换洗,以免心肌受损,而且必须等待心搏恢复稳定状态后方能进行下一步实验。
6. 吸公用滴瓶中液体的滴管(公用)、吸蛙心插管内废弃任氏液的滴管(各组专用)以及吸新鲜任氏液的滴管(各组专用)注意区分,不得混用,以免影响实验结果。
7. 实验过程中注意做好标记。

【思考题】

1. 实验中,蛙心插管中的灌流液为什么要恒定于某个高度?
2. 利用该实验方法,如何证明药物对离体心脏的作用是直接作用,还是通过激动/阻断受体发挥的作用?

【参考文献】

[1] 陆源,夏强.生理科学实验教程[M].杭州:浙江大学出版社,2004:267-270.
[2] 王世全,梁翠茵,任珂汉,等.盐酸川芎嗪对蟾蜍离体心脏作用机制的研究[J].北京中医药,2012,31(12):930-932.

实验三　药物对兔离体肠的影响

【实验目的】

1. 掌握平滑肌的生理特性,传出神经系统药物的作用及作用机制。
2. 学习离体肠肌实验方法,观察哺乳动物胃肠平滑肌的一般特性及药物对离体肠肌的影响。

【实验原理】

消化道平滑肌和骨骼肌、心肌一样,具有肌肉组织共有的特性,如兴奋性、传导性和收缩性等。但胃肠道平滑肌的特性与骨骼肌不同。胃肠道平滑肌兴奋性较低,收缩缓慢,有自动节律性和较大的伸展性,对化学物质、温度变化和牵张刺激比较敏感。给予离体肠肌以接近于大体情况的适宜环境,消化道平滑肌仍可保持良好的生理特性。

胃肠道平滑肌由交感和副交感神经支配,副交感神经占优势。兔小肠平滑肌上有 α、β、M 受体。α、β 受体兴奋可使小肠平滑肌抑制;M 受体兴奋可使小肠平滑肌兴奋。肾上腺素可激活 α、β 受体,使小肠蠕动减弱,α、β 受体阻断药可分别阻断其 α、β 受体,可部分对抗肾上腺素的作用。乙酰胆碱可兴奋 M 受体,使小肠蠕动增强,M 受体阻断药能阻断 M 受体,对抗乙酰胆碱的 M 样作用。

【实验材料】

1.动物:兔。

2.试剂:台氏液、10^{-2} g/L 乙酰胆碱溶液、0.3 g/L 阿托品溶液、$2×10^{-2}$ g/L 肾上腺素溶液、$2.5×10^{-2}$ g/L 普萘洛尔溶液、0.7 g/L 甲磺酸酚妥拉明、5% 氯化钡溶液、1 mol/L 盐酸溶液、1 mol/L 氢氧化钠溶液。

3.器材:保温麦氏浴槽、恒温水浴锅、张力换能器、RM6240 多道生理信号采集处理系统。

【实验方法】

1.实验装置准备和仪器参数设置

(1)离体肠管描记装置(图 4-13)的准备:麦氏浴槽中加固定量的台氏液,调节恒温水浴锅的温度为(38±0.5)℃。通气口接氧气袋。

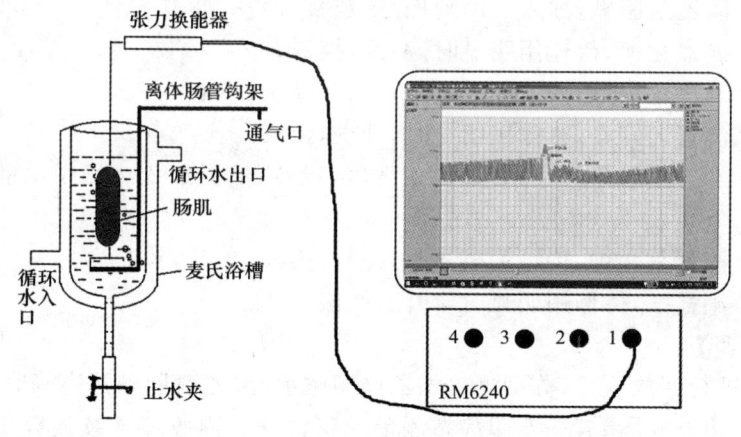

图 4-13 离体肠管描记装置

(2)麦氏浴槽和张力换能器固定于铁架台上,张力换能器接 RM6240 多道生理信号采集处理系统。选"实验"菜单中的"本科学生实验",选择其中的"药物对离体肠肌的影响"项目,系统进入该实验信号记录状态。仪器参数:通道时间常数为直流,滤波频率为 10 Hz,灵敏度为 7.5 g,采样频率为 800 Hz,扫描速度为 25.0 s/div。

2.标本制备

取禁食 24 h 的兔一只,用皮锤猛击动物头枕部使其昏迷,立即剥开腹腔,找出胃幽门与十二指肠交界处,以此为起点取长 20~30 cm 的一段肠管,将与该肠管相连的肠系膜剪去,剪取所需肠管,迅速将标本放在 4 ℃ 左右的台氏液中,去除附着的脂肪组织和肠系膜,用 5 mL 注射器抽取台氏液冲洗肠腔内容物。在基本冲洗干净后,再用台氏液浸泡,并将肠管剪成 2 cm 左右长的数段。

3. 操作

(1)取一小段肠管置于盛有台氏液的培养皿中,在其两端对角线肠壁处分别用缝针十字穿线(单线)并打结。注意保持肠管通畅,勿使其封闭。

(2)量取 25 mL 左右台氏液装到麦氏浴槽中(记下液面高度,以后每次换液都应在此高度),调节气体管道的气体流量,使浴槽中气泡一个个逸出(1~2 个气泡/s)。

(3)肠管一端的结挂在浴槽固定钩上,另一端与换能器相连(注意与换能器相连时,不能用手拉扯拉力换能器的应变梁),此连线(单线)必须垂直,不得与浴槽及固定钩接触,以免摩擦,调节肌张力至 2~3 g。

4. 观察项目

(1)待离体肠肌稳定 10~30 min 后,记录一段正常曲线。在不给任何刺激的情况下,观察收缩曲线的节律、波形、幅度及频率。曲线的基线升高,表示肠肌的紧张性升高,反之,基线下降,表示肠肌的紧张性降低。

(2)用滴管向浴槽内加入 2 滴乙酰胆碱,观察小肠平滑肌的变化。待作用明显后,立即从浴槽的下口放出含有乙酰胆碱的台氏液,并加入新鲜的台氏液,如此反复 3 次,以洗涤或稀释残留的乙酰胆碱,使达到无效浓度。再加入等量的台氏液,待肠肌节律性收缩恢复稳定后,进行下一项观察。

(3)加入 2 滴乙酰胆碱,加入 2 滴阿托品,观察,冲洗,换液。

(4)加入 2 滴氯化钡,待作用明显时,冲洗,换液。

(5)加入 2 滴氯化钡,加入 2 滴阿托品,观察,冲洗,换液。

(6)加入 2 滴肾上腺素,待作用明显时,冲洗,换液。

(7)加入 2 滴肾上腺素,加入 2 滴普萘洛尔,观察,然后加入 2 滴甲磺酸酚妥拉明,观察,冲洗,换液。

(8)加入 2 滴氢氧化钠,待作用明显时,冲洗,换液。

(9)加入 2 滴盐酸,待作用明显时,冲洗,换液。

【结果处理】

1. 对记录进行回放重显,分别测出加乙酰胆碱前,加乙酰胆碱达高峰时的肠管收缩张力(单击相应通道左侧 选择 →专用静态测量→张力→肌肉收缩连续波分析→Tmax→鼠标左键确定测量范围→系统自动给出该测量范围内肌肉收缩的最大张力),以全班数据进行统计检验,并判断其作用是否显著。

2. 剪辑并打印实验记录(注意先保存实验记录,再把记录另存一份进行编辑),分析各种因素对离体肠管活动的影响。

【注意事项】

1. 严禁用手拉扯拉力换能器的应变梁。

2. 注意做好标记。

3. 若作用不明显可适当增加药物量。

4.不要把药液直接加到肠肌上。

【思考题】

1.利用该实验方法,如何证明药物对肠肌的作用是直接作用,还是通过激动/阻断受体发挥的作用?

2.可否用此实验方法探讨阿托品的作用机制,应如何进行?

【参考文献】

[1] 韩坚,陈孝健.离体肠管实验的研究概况[J].中医药导报,2008,14(3):94-96,109.

[2] 王慧,张海娟,李志东.忍冬藤提取物对兔离体肠平滑肌的舒张作用及其机制[J].中国农业科学,2017,50(2):372-379.

实验四 血小板聚集功能的测定

【实验目的】

1.了解血液凝固过程。

2.了解血小板聚集功能测定实验方法。

3.观察不同剂量激动剂对血小板聚集功能的影响。

【实验原理】

血小板在止血和血栓形成过程中起关键作用,血小板的黏附、聚集和释放是其在生理条件下止血功能的基本条件,也是其在病理情况下形成血栓的主要因素。

【实验材料】

1.动物:兔。

2.试剂:109 mmol/L 枸橼酸钠、0.2 mmol/L 二磷酸腺苷(ADP)。

3.器材:血细胞计数仪、血小板聚集测定仪、离心机、移液器等。

【实验方法】

(一)取血

1.静脉麻醉,按 1.5 mL/kg 体重剂量耳缘静脉注射 5% 水合氯醛麻醉兔。待兔麻醉后,将其仰卧固定于兔手术台上。

2.取血,剪去颈前部兔毛,正中切开皮肤 5~6 cm,用止血钳纵向钝性分离软组织及颈部肌肉,暴露气管,分离颈总动脉,在颈总动脉下置两根细线,结扎颈总动脉远心端(尽量靠头端),并在近心端夹上动脉夹以阻断血流。在结扎下方的动脉上用眼科剪剪一"V"形切口,插入插管取血,用预装有枸橼酸钠的塑料试管接血 9 mL(血与抗凝剂体积比为9:1),立即轻轻混匀。

(二)贫血小板血浆(PPP)与富血小板血浆(PRP)的制备

血样 800 r/min 离心 12 min,小心吸取上层 PRP(应为乳白色);余下的血再 3 000 r/min 离心 15 min,小心吸取上层 PPP(应为清亮透明的淡黄色)。

(三)血小板聚集率的测定

1. PRP 的调整

用血细胞计数仪测定 PRP 血小板数目,并用 PPP 调整使 PRP 中血小板数目为 $(400\sim450)\times10^9/L$。

2. 聚集率的测定

在测试方杯中加入一个小磁棒,加入 300 μL PRP,在恒温孔中预热 5 min,另取一杯加入 300 μL PPP(不加磁棒)预热;根据仪器提示,在测试通道中放入 PPP;确认后,放入 PRP;确认后,在仪器提示下加入适量 ADP 诱导血小板聚集。

【结果处理】

1. 记录血小板最大聚集率及发生最大聚集率的时间。
2. 分析 ADP 的摄入量对血小板聚集的影响。

【注意事项】

1. 所有试管均为塑料试管。
2. 混合血样时动作要轻柔。
3. 测试方杯中不能有气泡。

【思考题】

1. 本实验中加入 ADP 为什么会引起血小板聚集?
2. 还有哪些物质可以引起血小板聚集?

【参考文献】

[1] BORN G V. Aggregation of blood platelets by adenosine diphosphate and its reveasal[J]. Nature, 1962, 194(4832):927-929.

[2] 王炎炎,朱慧超,李来来,等. 注射用血栓通体外对家兔血小板聚集的影响[J]. 中草药,2014,45(18):2669-2672.

实验五 药物对血压的影响

【实验目的】

1. 了解血管生理、血管活动的调节及传出神经系统的药物作用及作用机制。
2. 观察药物对血压的作用。

【实验原理】

血压形成与心室射血、血管阻力和循环血量三个基本因素相关,通过神经-体液调节机制维持血压正常。传出神经药是一大类药物,分为拟似神经递质和拮抗神经递质,通过激动或阻断分布于心血管上的肾上腺素受体或胆碱受体,影响心肌收缩性和血管舒张程度,从而升高或降低血压。

【实验材料】

1. 动物:兔。
2. 试剂:20%氨基甲酸乙酯、125 U/mL 肝素钠、2×10^{-2} g/L 盐酸肾上腺素、2×10^{-2} g/L 重酒石酸去甲肾上腺素、10^{-2} g/L 乙酰胆碱、1 g/L 硫酸阿托品。

3. 器材：婴儿秤、压力换能器、RM6240多道生理信号采集处理系统。

【实验方法】

(一)实验系统连接及系统参数设置

1. 仪器连接　颈动脉血压测量记录装置(图 4-14)。将压力换能器固定于铁架台上，其位置应与心脏在同一平面。压力换能器输出线接 RM6240 多道生理信号采集处理系统第一通道。

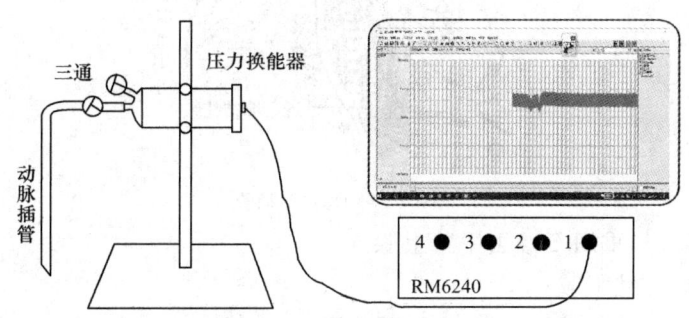

图 4-14　颈动脉血压测量记录装置

2. RM6240多道生理信号采集处理系统参数设置：压力换能器输入通道模式为血压，时间常数为直流，滤波频率为 100 Hz，灵敏度为 12 kPa，采样频率为 800 Hz，扫描速度为 5.0 s/div。

(二)动物麻醉和手术

1. 静脉麻醉

按 5 mL/kg 体重剂量耳缘静脉注射 20% 氨基甲酸乙酯麻醉兔。待兔麻醉后，将其仰卧，先后固定四肢及兔头。

2. 颈部手术

剪去颈前部兔毛，正中切开皮肤 5~6 cm，用止血钳纵向钝性分离软组织及颈部肌肉，暴露气管，可见与气管平行的血管神经鞘(内有颈总动脉及三根粗细不同的颈部神经，其中最粗者呈白色为迷走神经，较细者呈灰白色为颈部交感神经干，最细者为主动脉神经，位于迷走神经和交感神经之间)，分离两侧颈总动脉，在右侧颈总动脉下置一根细线(不结扎)以备后续观察项目中准确寻找及牵拉血管用；在左侧颈总动脉下置两根细线，结扎颈总动脉远心端(尽量靠头端)，并在近心端夹上动脉夹以阻断血流。在结扎下方的动脉上用眼科剪剪一"V"形切口，将连于压力换能器的已充满肝素生理盐水的动脉插管向心脏方向插入颈动脉内(1.5 cm 左右)，用线扎紧固定，放开动脉夹，记录血压(图 4-15)。

3. 兔耳缘静脉给药装置

将针头刺入兔耳缘静脉并固定，为防针头内凝血，可将其连一充满肝素生理盐水的注射器。

4. 观察项目

(1) 用动脉夹夹闭右侧颈总动脉 5~10 s，观察血压变化。

(2) 依次给下列药物并观察其对血压的影响，剂量均为 0.1 mL/kg 体重：

① 2×10^{-2} g/L 盐酸肾上腺素。

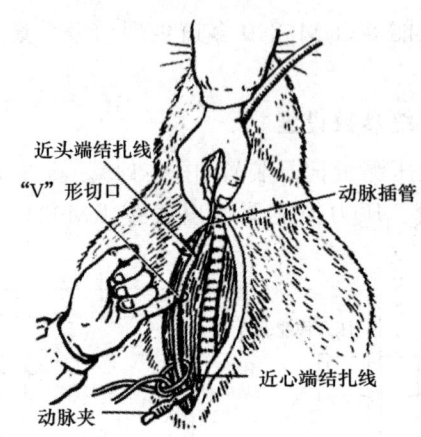

图 4-15 颈总动脉插管

② 2×10^{-2} g/L 重酒石酸去甲肾上腺素。
③ 10^{-2} g/L 乙酰胆碱。
④ 10^{-2} g/L 乙酰胆碱,1 g/L 硫酸阿托品。

【结果处理】

剪辑打印记录图,分析各因素对血压的影响。

【注意事项】

1. 每次给药后,再推生理盐水 1 mL,使药物全部进入体内,避免其停留在局部。
2. 肾上腺素、去甲肾上腺素在体内迅速失活,给药时推注速度可适当加快,否则效果不明显。
3. 待血压恢复到基本稳定后,再注射下一个药物。

【思考题】

1. 肾上腺素能激动哪些受体?
2. 静脉注射肾上腺素,血压常出现先升高,而后降低,最后逐渐恢复至正常的现象,为什么?

【参考文献】

[1] 戴敏.医药学基础实验[M].北京:化学工业出版社,2015,14-16.
[2] 陆源,夏强.生理科学实验教程[M].杭州:浙江大学出版社,2004,109-110.
[3] 张志国,王芹.新西兰兔麻醉状态下血压、呼吸、心率的测定[J].吉林畜牧兽医,2017,10:62-63.

实验六 序贯法测定氨基甲酸乙酯半数致死量(LD_{50})

【实验目的】

1. 掌握药物效应与剂量的关系,LD_{50} 与 ED_{50} 的概念、意义。
2. 通过实验了解测定药物 LD_{50} 的方法、步骤和计算过程。
3. 了解动物注射氨基甲酸乙酯后的状态变化。

【实验原理】

由于实验动物的抽样误差及实验动物对药物的敏感性存在个体差异,药物能使动物致死的剂量一般都在50%质反应的上下,呈常态分布。在急性毒物实验中药物剂量与质反应之间呈S形曲线,S形曲线的两端较平,而在50%质反应处的曲线斜率最大,因此,这里的剂量稍有变化,则动物死或活的反应出现明显差异,所以LD_{50}是一个比较灵敏的指标。

【实验材料】

1. 动物:小鼠。
2. 试剂:氨基甲酸乙酯。
3. 器材:天平、注射器、计算器、鼠笼等。

【实验方法】

(一)给药方式和浓度计算

1. 氨基甲酸乙酯的参考D_m和D_n值分别为6.0 g/kg和3.9 g/kg。
2. 给药方式为腹腔注射,等容注射量为0.20 mL/10g。

$$药液浓度 = \frac{给药剂量(mg/kg)}{等容注射量(mL/10\ g)}$$

例如:

$$氨基甲酸乙酯 D_m 组药液浓度 = \frac{6.0\ g/kg}{0.2\ mL/10g} = \frac{6.0\ g/kg}{20\ mL/kg} = 30.0\%$$

(二)预实验

1. 探索剂量范围

先找出100%与0%的致死剂量为实验的上、下限剂量(D_m和D_n)。取动物每组4只,按估计剂量腹腔给药(0.2 mL/10 g),如果出现4/4死亡时,下一组剂量降低(相邻剂量组剂量比例为1∶0.8),当出现3/4死亡时,则上一组剂量为D_m,如果降低一级剂量出现的死亡率为2/4或1/4时,应考虑4/4死亡组剂量在正式实验时可能出现死亡率低于70%的情况,为慎重起见,可将4/4死亡剂量乘以1.4倍,作为D_m。同法找出D_n。

2. 确定组数(G),计算各组给药剂量

组数以5~8组为宜(一般选择5组),组间剂量之比值为r。在确定组数后按下列公式计算r值。

$$r = \sqrt[G-1]{D_m/D_n}$$

再按公式计算各组剂量$D_1, D_2, D_3, \cdots, D_m$,其中$D_1 = D_n$为最小剂量,$D_2 = D_1 \times r$,$D_3 = D_2 \times r, \cdots, D_m = D_{m-1} \times r$。

(三)正式实验

1. 准确配制各剂量组药液。
2. 先确定所用的动物数,一般用10只即可获满意结果。一只一只动物进行实验,先从大剂量开始,如果第一只给大剂量后动物死亡,则在记录表中记(+),下一只用低一个剂量,如果给药后动物未死,在记录表中记(一),下一只再提高一个剂量给药。依此类推,直到 10 只动物皆做完后,最后虚设一只动物不再做实验,按上述实验的最后一只动物结果,同样用(+)或(一)记录在表中相应位置上。此时,实验动物总数为 10 只,而表中记录总数为 11 只。

【结果处理】

将实验数据及结果填在记录表中,计算 $\sum C$ 和 $\sum t$,按如下公式求 LD_{50}。

$$LD_{50} = \log^{-1}(\sum C / \sum t)$$

例如:按序贯法测得小鼠腹腔注射某化合物,30 min 内的死亡结果见表 4-2。

表 4-2　　　　　　　　　序贯法结果记录表

剂量 D/($mg \cdot kg^{-1}$)	对数剂量 x	实验结果	存活数 S	死亡数 F	组内动物数 t	C ($x \cdot t$)
125	2.097	(+)	0	1	1	2.097
87.5	1.942	(+)(+)(+)(+)	0	4	4	7.768
61.3	1.787	(一)(+)(一)(+)	3	2	5	8.935
42.9	1.632	(一)	1	0	1	1.632
					11	20.432
					$\sum t$	$\sum C$

* 剂量公式比 $r = 1.43$

$$LD_{50} = \log^{-1}(\sum C / \sum t) = LD_{50} = \log^{-1}(20.432/11) = 72.0 \text{ mg/kg}$$

【注意事项】

1. 实验为定量药物效价确定,精确性要求高,在实验过程中各个环节均需准确无误。
2. 动物的种类、品系、体重范围、给药途径及观察时间等因素均可影响 LD_{50} 的结果,故在报告中应加以注明。

【思考题】

1. 测定 LD_{50} 有何意义?
2. 为了减少实验误差,得到准确数据,实验中应该注意哪些因素?
3. 用此种方法测定 LD_{50},有何优缺点?

【参考文献】

[1] 孙瑞元.定量药理学[M].北京:人民卫生出版社,1987:184-208.
[2] 李振洲,陈学新,孟尽海,等.序贯法测定大鼠腹腔注射苯巴比妥钠和丙泊酚的麻醉半数有效量[J].宁夏医学杂志,2010,32(10):867-869.

实验七　传出神经药物对兔眼瞳孔的作用

【实验目的】

1. 熟悉兔眼部给药方法。
2. 观察抗胆碱药、拟胆碱药对兔瞳孔的作用,并分析两类药物的作用机制。

【实验原理】
　　虹膜内两种平滑肌控制瞳孔大小,一种是瞳孔括约肌,其上分布有 M 受体,当 M 受体激动时,引起瞳孔括约肌向眼中心方向收缩,瞳孔缩小;另一种是瞳孔开大肌,其上主要分布的是 α 受体,当 α 受体激动时,瞳孔开大肌向眼外周方向收缩,瞳孔扩大。阿托品是 M 受体阻断药,可产生扩瞳作用;毛果芸香碱是 M 受体激动药,可直接产生缩瞳作用。

【实验材料】
　　1. 动物:兔。
　　2. 试剂:1%硝酸毛果芸香碱溶液、1%硫酸阿托品溶液。
　　3. 器材:测瞳尺、手电筒、兔固定箱。

【实验方法】
　　1. 取兔一只,在适当的光照强度下,用测瞳尺测量兔两眼瞳孔大小(mm)。用手电筒光测试兔瞳孔对光照的反射。即突然从侧面照射兔眼睛,如果瞳孔随光照而缩小,即为对光照反射阳性,相反则为对光照反射阴性。
　　2. 在兔的结膜囊内滴药(1~2 滴),滴药时要用拇指和食指将家兔的眼睑拉成杯状,中指压住鼻泪管,然后再进行滴药。滴药顺序见表 4-3。

表 4-3　　　　　　　　　　滴药顺序

顺序	左眼	右眼
先	1%硫酸阿托品溶液	1%硝酸毛果芸香碱溶液
后	1%硝酸毛果芸香碱溶液	1%硫酸阿托品溶液

　　3. 滴药后 10 min,在之前同样的光照下,再测量家兔左眼及右眼瞳孔的大小和对光的反射。

【结果处理】
　　滴药后,比较兔眼瞳孔变化,并按照表 4-4 记录实验结果。

表 4-4　　　　　　　　　　兔眼瞳孔变化记录

兔眼	药物	瞳孔大小/mm		对光反射	
		用药前	用药后	用药前	用药后
左眼	硫酸阿托品				
	再滴毛果芸香碱				
右眼	毛果芸香碱				
	再滴硫酸阿托品				

【注意事项】
　　1. 测量瞳孔时不能刺激家兔角膜,光照强度以及角度必须前后一致,否则将影响家兔瞳孔测量结果。
　　2. 观察对光反射只能用闪射灯光。

【思考题】
　　试从实验结果分析阿托品和毛果芸香碱对瞳孔作用的不同。

【参考文献】
　　沈瑞.传出神经药物对兔瞳孔的作用[J],山西农业大学学报,1984,(01),21-29.

实验八　药物的镇痛作用(热板法)

【实验目的】
1. 了解用热板法筛选镇痛药的方法。
2. 了解比较药物镇痛效价的方法。

【实验原理】
各种伤害引起的疼痛性刺激通过感觉纤维传入脊髓,最后到达大脑皮层感觉区而引起疼痛。中枢性镇痛药物(吗啡等)和外周性镇痛药(水杨酸类等)通过痛觉中枢整合作用以及抑制或减少痛觉的传入而达到镇痛作用。中枢性镇痛药的镇痛作用较易用热板法实验加以证实,但某些外周性镇痛药如水杨酸类的镇痛作用不容易测定。

【实验材料】
1. 动物:小鼠。
2. 试剂:0.1%盐酸吗啡溶液、4%水杨酸钠溶液、生理盐水。
3. 器材:电热恒温水槽、热板盒、烧杯、针头、注射器、天平、鼠笼。

【实验方法】
(一)动物选择

将热板温度调节至(55±0.5)℃,将小鼠放于热板上,测定小鼠的正常疼痛反应(一般表现为舔后足或者抬后足并回头)的时间,共测量 2 次,每次测量间隔 10 min,以平均值不超过 30 s 为合格。共选出 3 只小鼠用于后续实验,并标号为 1、2、3。

(二)给药

1. 给小鼠 1 腹腔注射盐酸吗啡 0.15 mg/10 g(0.1%溶液 0.15 mL/10 g),小鼠 2 腹腔注射水杨酸钠 6 mg/10 g(4%溶液 0.15 mL/10 g),小鼠 3 腹腔注射生理盐水 0.15 mL/10 g。
2. 测定　给药后 15 min、30 min、45 min、60 min 用前法分别测定疼痛反应时间 1 次。如小鼠在热板上 60 s 无疼痛反应,按照 60 s 计算。
3. 按下列公式计算疼痛阈提高百分率:

$$疼痛阈提高百分率(\%) = \frac{用药后痛反应时间 - 用药前痛反应时间}{用药前痛反应时间} \times 100\%$$

若用药后痛反应时间减去用药前痛反应时间得到负数,则以零计算。

【结果处理】
给药后,注意观察小鼠痛反应时间,并按照表 4-5 记录实验结果。

表 4-5　　　　　　　　　　小鼠痛反应时间记录

小鼠 (编号)	体重/g	药物 与剂量	痛反应潜伏期/s						
			给药前			给药后			
			1	2	平均	15 min	30 min	45 min	60 min
1									
2									
3									

【注意事项】
1. 测定痛反应时,一旦小鼠表现为典型疼痛反应则应将其移开热板,60 s无疼痛反应也应该将小鼠移开热板,以免造成烫伤。
2. 本实验不能使用雄性小鼠,因为雄性小鼠受热后阴囊下坠,阴囊皮肤对热刺激敏感。
3. 室温对此实验有一定的影响,以15～20 ℃为宜。室温过低时小鼠反应迟钝,室温过高则小鼠过于敏感,且易引起跳跃,均会对结果产生影响。
4. 正常小鼠一般放在热板上10～15 s内出现举前肢、踢后肢、舔前足、跳跃或不安等现象,但是这些动作增多不作为疼痛的指标,只有舔后足才能作为疼痛的指标。

【思考题】
联系以上吗啡和水杨酸的镇痛实验结果,讨论两类镇痛药物的作用机制和应用。

【参考文献】
代蓉,李国花,段小花,等.药物的毒性反应与镇痛作用假阳性关系的探讨[J].中国疼痛医学杂志,2013,19(03):168-172.

实验九　药物对动物自发活动的影响

【实验目的】
1. 了解镇静催眠药的筛选方法。
2. 观察安定对小鼠自发活动的影响。

【实验原理】
自发活动是正常动物的生理特征。自发活动的多少往往能反映中枢神经兴奋或抑制的程度。镇静催眠药、安定等中枢神经抑制药均可明显减少小鼠的自发活动。自发活动减少的程度与中枢神经抑制药的作用强度成正比。

【实验材料】
1. 动物:小鼠。
2. 试剂:0.05%安定溶液、生理盐水。
3. 器材:小鼠自主活动记录仪、天平、注射器、针头、鼠笼。

【实验方法】
1. 筛选动物
将小鼠置于小鼠自主活动记录仪的计数室内,筛选出活动度相似的小鼠2只,称重并记录体重,编号。
2. 测定给药前对照值
将2只小鼠放于计数室内,使其适应环境约5 min。然后开始计算时间,观察并记录5 min后数码管上显示的数字,作为给药前的对照值。
3. 给药观察
将小鼠取出,1号小鼠腹腔注射安定0.1 mg/10 g(0.05%溶液0.2 mL/10 g),2号小鼠给予相同剂量的生理盐水,放于计数室内以5 min为间隔记录观察25 min内的活动情况。

【结果处理】

给药后,注意观察小鼠活动情况,并按照表 4-6 记录实验结果。

表 4-6　　　　　　　　　小鼠活动情况记录表

小鼠 (编号)	体重/g	药物 与剂量	25 min 内活动计数					
			给药前	给药后				
				5 min	10 min	15 min	20 min	25 min
1								
2								

【注意事项】

1. 实验环境要求安静,若条件允许可在隔音室内进行。
2. 动物活动与饮食条件、昼夜及生活环境等密切相关,观察自发活动最好各方面条件相近。
3. 动物宜事先禁食 12 h,以增加觅食活动。

【思考题】

1. 用本方法测定小鼠自发活动有哪些问题?
2. 本测定方法还适用于哪几类动物?

【参考文献】

孙庆弟,王京昆,陆瑛,等.扶正固本膏对小鼠自发活动的影响[J].时珍国医国药,2012,23(09):2340-2342.

实验十　药物对中枢神经兴奋药所致惊厥的作用

【实验目的】

1. 了解动物惊厥模型的制备方法。
2. 观察丙戊酸钠对回苏灵所致惊厥的保护作用。

【实验原理】

回苏灵是直接兴奋呼吸中枢的中枢神经兴奋药,剂量过大时可引起惊厥反应。药物对回苏灵所致惊厥反应的保护作用可用来初筛抗惊厥药和抗癫痫药。

【实验材料】

1. 动物:小鼠。
2. 试剂:0.04% 回苏灵溶液、4% 丙戊酸钠溶液、生理盐水。
3. 器材:注射器、针头、天平、钟罩。

【实验方法】

1. 取小鼠 2 只,编号,称重并记录体重。
2. 分别腹腔注射丙戊酸钠 6 mg/10 g(3%溶液 0.2 mL/10 g)和生理盐水 0.2 mL/10 g。
3. 经过 30 min 后,再分别皮下注射回苏灵 0.2 mL/10 g。观察各鼠反应出现的时间和强度(痉挛、跌倒、强直或死亡)。

【结果处理】

给药后,注意观察小鼠反应时间和强度,并按照表 4-7 记录实验结果。

表 4-7　　　　　　　小鼠反应情况记录表

小鼠(编号)	体重/g	预先给药及剂量	注射回苏灵后反应

【注意事项】

若条件允许,最好用戊四唑代替回苏灵进行实验。所用戊四唑剂量为 1.2 mg/10 g,皮下注射。

【思考题】

1. 试根据实验结果讨论各药的作用及临床应用。
2. 还有什么方法可以用于制备动物惊厥模型?

【参考文献】

何勤,尹红梅,等.新编药理学实验教程[M].成都:四川大学出版社,2019,128-130.

实验十一　设计性实验:硝苯地平和咖啡因对离体心脏的影响

【实验目的】

同实验二。

【实验原理】

同实验二。

【实验材料】

1. 咖啡因和硝苯地平为学生在天然药物化学实验中的产品。
2. 其余试剂和器材同实验二,如需要其他试剂或器材,需提前向指导教师申请。

【实验方法】

参考实验二,自行设计。

【结果处理】

1. 剪辑并打印实验记录图并分析咖啡因和硝苯地平对离体心脏的影响。
2. 做出咖啡因和硝苯地平对离体心脏影响量效曲线图。

实验十二　设计性实验:芦丁和槲皮素对离体肠的影响

【实验目的】

同实验三。

【实验原理】

同实验三。

【实验材料】

1. 芦丁和槲皮素为学生在天然药物化学实验中的产品。
2. 其余试剂和器材同实验三,如需要其他试剂和器材,需提前向指导教师申请。

【实验方法】

参考实验三,自行设计。

【结果处理】
1. 剪辑并打印实验记录图并分析芦丁、槲皮素对离体肠的影响。
2. 做出芦丁和槲皮素对离体肠影响量效曲线图。

实验十三 设计性实验：药物对血小板聚集的影响

【实验目的】
同实验四。

【实验原理】
同实验四。

【实验材料】
1. 阿司匹林、硝苯地平、芦丁和槲皮素为学生在天然药物化学实验中的产品。
2. 其余试剂和器材同实验四，如需要其他试剂和器材，需提前向指导教师申请。

【实验方法】
参考实验四，自行设计。

【结果处理】
分析药物对血小板聚集的影响。

第五章 药物分析实验

药物分析是制药工程专业规定设置的一门主要的专业课程,是研究与发展药品质量控制的方法科学。药物分析实验主要是运用化学、物理学、物理化学或生物化学等方法和技术研究化学结构已经明确的化学药品或天然药物及其制剂的质量控制方法,也研究有代表性的中药制剂和生化药物及其制剂的质量控制方法,通过对药品进行严格的分析检验,从而对药品各个环节全面的保证,控制与研究提高药品的质量,实现药品的全面质量控制。本实验课程教学目标如下:

1. 全面了解药物分析工作的程序及各环节的要求,能采用正确的实验方法对药品的合成、分离、分析、活性和制剂进行研究。

2. 掌握药物分析常用方法的原理,如杂质检查的原理和方法;杂质限量的计算方法和意义;气相色谱法-内标法定量与计算;高效液相色谱法-外标法定量与计算,面积归一化法。

3. 能够熟练操作 GC、HPLC、紫外-可见分光光度计、电位滴定仪和薄层色谱扫描仪等药物分析仪器设备。

4. 培养实事求是的科学态度和严谨认真的工作作风。

第一节 药物分析常规操作

一、称量

在药物分析过程中,精确称量是关键的一步。《中国药典(2020 版)》对于称量操作提出了明确的要求。首先,选用适当的天平,并确保其经过定期校准,以保证称量的精确性。在称量之前,应确保药物样品干燥、清洁,并避免任何可能影响称量准确性的外部因素,如静电或风。此外,为了避免交叉污染,每次称量前都应清洁天平表面。称量后,应详细记录数据,并保留原始记录以备复查。

试验中供试品与试药等"称重"或"量取"的量,均以阿拉伯数码表示,其精确度可根据数值的有效数位来确定,如称取"0.1 g"系指称取重量可为 0.06~0.14 g;称取"2 g"系指称取重量可为1.5~2.5 g;称取"2.0 g"系指称取重量可为1.95~2.05 g;称取"2.00 g"系指称取重量可为1.995~2.005 g。

"精密称定"系指称取重量应准确至所取重量的千分之一;"称定"系指称取重量应准确至所取重量的百分之一;"精密量取"系指量取体积的准确度应符合国家标准中对该体积移液管的精密度要求;"量取"系指可用量筒或按照量取体积的有效数位选用量具。取用量为"约"若干时,系指取用量不得超过规定量的±10%。

电子天平使用时的注意事项:①读数时,一定要关闭天平两侧的门后再读数;②称取药物时,防止药物洒在天平盘上,影响天平的测定精度。

二、清洗

在药物分析过程中,清洗操作同样重要,它可以确保分析设备和器具的洁净,避免污染和交叉污染,从而提高分析的准确性和可靠性。

(1)清洗剂的选择

清洗剂的选择应根据药物性质、残留物种类以及设备和器具的材质来决定。常用的清洗剂包括水、有机溶剂、酸、碱等。对于大多数药物分析设备和器具,可以使用去离子水或蒸馏水进行清洗。对于某些特定设备或器具,如滴定管、移液管等,可能需要使用有机溶剂进行清洗。在选择清洗剂时,应避免使用对设备和器具材质有腐蚀作用的清洗剂。

(2)清洗步骤

①初步清洗:使用适当的清洗剂和设备,对药物分析设备和器具进行初步清洗,去除表面的残留物和污渍。在清洗过程中,应注意避免使用过大的力量或过高的温度,以免损坏设备或器具。

②冲洗:初步清洗后,应使用去离子水或蒸馏水对设备和器具进行冲洗,以去除清洗剂残留。冲洗过程中,应注意冲洗时间和冲洗流量的控制,以确保冲洗干净。

③干燥:清洗和冲洗完成后,应将设备和器具进行干燥。对于某些设备和器具,如滴定管、移液管等,可以使用氮气或干燥空气进行干燥。干燥过程中,应避免使用过高的温度,以免对设备和器具造成损害。

总之,在药物分析过程中,清洗操作是确保分析结果准确性和可靠性的重要环节。通过选择适当的清洗剂、遵循正确的清洗步骤和注意事项,可以有效避免污染和交叉污染,提高药物分析的准确性和可靠性。此外,带刻度的玻璃器皿如容量瓶、移液管、滴定管,清洗时不可用毛刷,必须用洗液清洗。

三、定容

在药物分析中,定容操作是确保溶液体积准确的关键步骤。正确的定容操作对于保证实验结果的准确性和可靠性至关重要。通过选择适当的容器、正确转移溶液、精确定容以及摇匀和存放等步骤,可以确保定容操作的准确性和可靠性,为药物分析提供准确的数据支持。

(1)选择合适的容器

进行定容操作时,首先应选择适合的容器。通常,容量瓶是用于定容的标准容器,具有准确的刻度线和良好的密封性。在使用容量瓶前,应确保其已经过清洁并干燥,以确保不会引入任何杂质或水分。容量瓶在使用之前先要检查其是否漏水。检查方法是：放入自来水至标线附近，盖好瓶塞，瓶口外水珠用布或滤纸擦拭干净，用左手按住瓶塞，右手手指顶住瓶底边缘，把瓶倒立2分钟，观察瓶周围是否有水渗出，如果不漏，将瓶直立，把瓶塞旋转约180°，再倒立过来试一次。检查两次非常必要，因为有时瓶塞与瓶口不是任何位置都密合的

(2) 转移溶液

将待定容的溶液转移至容量瓶中。在转移过程中，应使用适当的工具（如漏斗）以避免溶液溅出或残留。同时，应注意转移的速度和力度，以避免产生过多的气泡。易溶的微量药物（mg级或以下），可直接装入容量瓶中，并用溶剂冲洗称量纸和容量瓶的磨口塞。难溶的或者称样量大的药物，用溶剂先将药物在烧杯中溶解，再将溶液转移至容量瓶中。转移时要使玻璃棒的下端靠紧容量瓶内壁，使溶液沿玻璃棒流入瓶中，溶液全部流完后，将烧杯轻轻沿玻璃棒上移1～2 cm，同时直立，使附着在玻璃棒与杯嘴之间的溶液流回到杯中，然后用蒸馏水洗涤烧杯3次，将洗涤液一并转入容量瓶中

(3) 定容操作

当溶液转移至容量瓶后，开始定容操作。首先，应使用适当的溶剂（如蒸馏水）沿着容量瓶的壁缓慢加入，同时轻轻摇晃容量瓶以使溶液混合均匀。当液面接近刻度线时，应改用滴管逐滴加入溶剂，直至液面与刻度线相切。

(4) 摇匀和存放

定容完成后，应盖上容量瓶的盖子并轻轻摇晃，并将容量瓶倒转，使瓶内气泡上升，再倒转过来，使气泡再直升到顶，如此反复数次直至溶液混匀为止。然后，将容量瓶存放在适当的地方，避免阳光直射和温度变化较大的环境。

四、过滤

在药物分析中，过滤操作是常用的实验技术之一，用于分离溶液中的固体颗粒和液体。正确的过滤操作对于确保实验结果的准确性和可靠性至关重要。下面将详细介绍药物分析过滤操作的关键步骤。

(1) 选择合适的滤纸

在进行过滤操作时，首先需要选择合适的滤纸。滤纸的选择应根据实验要求和溶液性质来决定。常用的滤纸有定性滤纸和定量滤纸两种。定性滤纸用于一般过滤实验，而定量滤纸则用于需要精确称量的实验。此外，还应根据溶液的酸碱性和温度选择合适的滤纸，以避免滤纸破损或影响实验结果。

(2) 折叠滤纸

将滤纸折叠成合适的形状和大小，以适应漏斗和过滤器的使用。折叠滤纸时，应注意避免滤纸破损或折叠不整齐，以确保过滤效果。

(3) 安装过滤器

将折好的滤纸放在洁净的漏斗上（滤纸上缘要求低于漏斗的边缘），用手按紧使之密合，然后用蒸馏水或即将滤过的溶液润湿，再用手或玻璃棒压滤纸，将留在滤纸与漏斗壁之间的气泡赶出，使滤纸紧贴漏斗壁，以加快过滤速度。

(4)过滤操作

将漏斗放在漏斗架上,漏斗下面放一烧杯,漏斗颈下端应在烧杯沿下 3~4 cm,并与烧杯壁紧靠。操作时一手拿玻璃棒,使与滤纸近于垂直,玻璃棒位于三层滤纸上方。另一只手拿住盛溶液的烧杯,烧杯嘴靠住玻璃棒,慢慢将烧杯倾斜,使溶液沿玻璃棒流入滤纸中,至滤液达到滤纸高度的 2/3 处,停止倾注,切勿注满滤纸。停止倾注时,可沿玻璃棒将烧杯嘴往上提一小段,扶正烧杯,在扶正烧杯前不可将烧杯嘴离开玻璃棒,并注意不让沾在玻璃棒上的液滴损失,把玻璃棒放回烧杯内,但不要使玻璃棒靠在烧杯嘴部。过滤的过程可以简记为"一贴两低三靠"。

(5)处理过滤后的溶液

过滤后的溶液可以进行后续的实验操作,如蒸发、滴定等。在处理过滤后的溶液时,应注意避免引入新的杂质或污染,确保实验结果的准确性和可靠性。

五、移液

移液操作是将液体从一个容器转移到另一个容器,同时确保液体的体积和浓度不发生变化。正确的移液操作对于保证实验结果的准确性和可靠性至关重要。下面将详细介绍药物分析中移液操作的关键步骤。

(1)选择合适的移液器

在进行移液操作前,需要选择合适的移液器。移液器的选择应根据液体的体积和性质来决定。常用的移液器有固定体积移液器和可调体积移液器两种。固定体积移液器适用于需要转移固定体积的液体,而可调体积移液器则适用于需要转移不同体积的液体。在选择移液器时,还应注意移液器的精度和量程,以确保能够满足实验要求。

(2)调整移液器

在使用可调体积移液器前,需要调整移液器的体积。调整时,应先将移液器的刻度调至所需的体积,然后用手指轻轻按下移液器的按钮,使液体进入吸头,并观察液体的体积是否与刻度线相符。如果液体的体积与刻度线不相符,应重新调整移液器的体积,直到液体的体积与刻度线相符为止。

(3)移液操作

移液前,移液管要用被吸取的溶液润洗 3 次,以除去管内残留的水分。为此,可倒少许溶液于一洁净而干燥的小烧杯中,用移液管吸取少量溶液,将管横下转动,使溶液流过管内标线下所有的内壁,然后将管直立将溶液由尖口处放入到废液中。

吸取溶液时,一般左手拿洗耳球,右手把移液管插入溶液中吸取。当溶液吸至标线以上时,马上用右手食指按住管口,取出移液管,用滤纸擦干下端,然后稍松食指,使液面平稳下降,直至溶液的弯月面与标线相切,立即按紧食指,将移液管垂直放入接受溶液的容器中,管尖与容器壁接触,放松食指,使溶液自由流出,流完后再等 15 秒钟。残留于管尖的液体不必吹出,因为在校正移液管时,也没有把这部分液体体积计算在内。移液管使用后,应立即洗净放在移液管架上。

六、滴定

滴定是通过滴定剂的加入与被测物质发生化学反应，从而确定被测物质的含量。滴定操作需要精确控制滴定剂的用量，以获得准确的分析结果。下面将详细介绍药物分析中滴定操作的关键步骤。

(1) 选择合适的滴定管和滴定剂

在进行滴定操作前，需要选择合适的滴定管和滴定剂。滴定管的选择应根据实验要求和滴定剂的性质来决定。常用滴定管一般分为两种，一种是酸式滴定管，另一种是碱式滴定管。酸式滴定管的下端有玻璃活塞，可以盛放酸液及氧化剂（不能放碱液，碱液使活塞与活塞套粘合，难于转动）。碱式滴定管的下端连接一橡皮管，内放一玻璃珠，以控制溶液的流出，下端连接一尖嘴玻璃管，可以盛碱液（不能盛放酸或氧化剂等腐蚀胶皮的溶液）。

(2) 准备滴定溶液

在滴定操作前，需要准备足够量的滴定溶液。滴定溶液的制备应根据实验要求和滴定剂的性质来进行。制备好的滴定溶液应存放在洁净的试剂瓶中，并避免阳光直射和温度变化较大的环境，以保证滴定溶液的稳定性和准确性。

(3) 滴定操作

将滴定管洗净并充满滴定溶液，调整滴定管的零点。将被测溶液置于锥形瓶中，加入适量的指示剂。然后，将滴定管尖端插入锥形瓶口，缓慢滴加滴定溶液，同时不断摇动锥形瓶，使溶液充分混合。当指示剂发生颜色变化时，表示滴定反应已经完成。此时，应记录下滴定剂的用量，并进行计算，以得出被测物质的含量。

第二节 高效液相色谱法

一、高效液相色谱法介绍

高效液相色谱法系采用高压输液泵将规定的流动相泵入装有填充剂的色谱柱，对供试品进行分离测定的色谱方法。由高压输液泵、进样器、色谱柱、检测器、积分仪或数据处理系统组成。色谱柱内径一般为 3.9~4.6 mm，填充剂粒径为 3~10 μm。超高效液相色谱仪是适应小粒径（约 2 μm）填充剂的耐超高压、小进样量、低死体积、高灵敏度检测的高效液相色谱仪。常规高效液相色谱仪主要包括色谱柱、检测器和流动相三部分。

1. 色谱柱

(1) 反相色谱柱

以键合非极性基团的载体为填充剂填充而成的色谱柱。常用的载体有硅胶、聚合物复合硅胶和聚合物等。常用的填充剂有十八烷基硅烷键合硅胶、辛基硅烷键合硅胶和苯基键合硅胶等。

(2) 正相色谱柱

用硅胶填充剂，或键合极性基团的硅胶填充而成的色谱柱。常用的填充剂有硅胶、氨基键合硅胶和氰基键合硅胶等。氨基键合硅胶和氰基键合硅胶也可作反相色谱。

(3)离子交换色谱柱

用离子交换填充剂填充而成的色谱柱。有阳离子交换色谱柱和阴离子交换色谱柱。

(4)手性分离色谱柱

用手性填充剂填充而成的色谱柱。

(5)系统使用离子交换填充剂

分子排阻色谱系统使用凝胶或高分子多孔微球等填充剂；对应异构体的分离通常使用手性填充剂。

色谱柱的内径与长度、填充剂的形状、粒径与粒径分布、孔径、表面积、键合基团的表面覆盖度、载体表面基团残留量、填充的致密与均匀程度等均影响色谱柱的性能，应根据被分离物质的性质来选择合适的色谱柱。

2. 检测器

最常用的检测器之一为紫外-可见分光光度计检测器，包括二极管阵列检测器（DAD）、其他常见的检测器有荧光检测器、蒸发光散射检测器、示差折光检测器、电化学检测器、质谱检测器等。

紫外-可见分光光度计检测器、荧光检测器、电化学检测器为选择性检测器，其响应值不仅与被测物质的量有关，还与其结构有关；蒸发光散射检测器和示差折光检测器为通用型检测器，对所有的物质均有响应；结构相似的物质在蒸发光散射检测器的响应值仅与被测物质的量有关。

紫外-可见分光光度计检测器、荧光检测器、电化学检测器和示差折光检测器的响应值与被测物质的量在一定范围内呈线性关系，但蒸发光散射检测器的响应值与被测物质的量通常呈指数关系，一般需经对数转换。不同的检测器，对流动相的要求不同，并选用色谱级有机溶剂。蒸发光散射检测器和质谱检测器不得使用含不挥发性盐的流动相。

3. 流动相

反相色谱系统的流动相常用甲醇-水系统和乙腈-水系统，用紫外末端波长检测时，宜选用乙腈-水系统。流动相中应尽可能不用缓冲盐，如需用时，应尽可能使用低浓度缓冲盐。用十八烷基硅烷键合硅胶色谱柱时，流动相中有机溶剂一般应不低于5%，否则将导致柱效下降、色谱系统不稳定。

正相色谱系统的流动相常用两种或两种以上的有机溶剂，如二氯甲烷和正己烷等。

品种正文项下规定的条件除填充剂种类、流动相组分、检测器类型不得改变外，其余如色谱柱与长度、填充剂粒径、流动相流速、流动相组分比例、柱温、进样量、检测器灵敏度等，均可适当改变，以达到系统适用性试验的要求。调整流动相组分比例时，当小比例组分的百分比例$X \leqslant 33\%$时，允许改变范围为$0.7 \sim 1.3X$；当$X > 33\%$时，允许改变范围为$X-10\% \sim X+10\%$。

若需使用小粒径(约$2\ \mu m$)填充剂，输液泵的性能、进样体积、检测池体积和系统的死体积等必须与之匹配；如有必要，色谱条件也应做适当的调整。当对其测定结果产生争议时，应以品种项下规定的色谱条件的测定结果为准。

当必须使用特定牌号的色谱柱方能满足分离要求时，可在该品种正文项下注明。

二、液相色谱系统适用性试验

液相色谱系统的适用性试验通常包括理论板数、分离度、灵敏度、拖尾因子和重复性五个参数。按各品种正文项下要求对色谱系统进行适用性试验,即用规定的对照品溶液或系统适用性试验溶液在规定的色谱系统进行试验,必要时,可对色谱系统进行适当调整,以符合要求。

1. 色谱柱的理论板数(n)

用于评价色谱柱的分离效能。由于不同物质在同一色谱柱上的色谱行为不同,采用理论板数作为衡量色谱柱效能的指标时,应指明测定物质,一般为待测物质或内标物质的理论板数。

在规定的色谱条件下,注入供试品溶液或各品种项下规定的内标物质溶液,记录色谱图,量出供试品主成分色谱峰或内标物质色谱峰的保留时间 t_R 和峰宽(W)或半高峰宽($W_{h/2}$),按 $n=16(t_R/W)^2$ 或 $n=5.54(t_R/W_{h/2})^2$ 计算色谱柱的理论板数。t_R、W、$W_{h/2}$ 可用时间或长度计(下同),但应取相同单位。

2. 分离度(R)

用于评价待测物质与被分离物质之间的分离程度,是衡量色谱系统分离效能的关键指标。可以通过测定待测物质与已知杂质的分离度,也可以通过测定待测物质与某一指标性成分(内标物质或其他难分离物质)的分离度,或将供试品或对照品用适当的方法降解,通过测定待测物质与某一降解产物的分离度,对色谱系统分离效能进行评价与调整。

无论是定性测定还是定量测定,均要求待测物质色谱峰与内标物质色谱峰或特定的杂质对照色谱峰及其他色谱峰之间有较好的分离度。除另有规定外,待测物质色谱峰与相邻色谱峰之间的分离度应大于 1.5,分离度的计算公式为

$$R=\frac{2\times(t_{R2}-t_{R1})}{W_1+W_2} \text{ 或 } R=\frac{2\times(t_{R2}-t_{R1})}{1.70\times(W_{1,h/2}+W_{2,h/2})}$$

式中,W_1、W_2 及 $W_{1,h/2}$、$W_{2,h/2}$ 分别为此相邻两色谱峰的峰宽及半高峰宽。

当对测定结果有异议时,色谱柱的理论板数(n)和分离度(R)均以峰宽(W)的计算结果为准。

3. 灵敏度

用于评价色谱系统检测微量物质的能力,通常以信噪比(S/N)来表示。通过测定一系列不同浓度的供试品或对照品溶液来测定信噪比。定量测定时,信噪比应不小于 10;定性测定时,信噪比应不小于 3。系统适用性试验中可以设置灵敏度测试溶液来评价色谱系统的检测能力。

4. 拖尾因子(T)

拖尾因子用于评价色谱峰的对称性。拖尾因子的计算公式为

$$T=\frac{W_{0.05h}}{2d_1}$$

式中,$W_{0.05h}$ 为 5%峰高处的峰宽;d_1 为峰顶在 5%峰高处横坐标平行线的投影点至峰前沿与此平行线交点的距离。

以峰高作定量参数时,除另有规定外,T 值应为 $0.95\sim1.05$。以峰面积作定量参数时,一般的峰拖尾或前伸不会影响峰面积积分,但严重峰拖尾会影响基线和色谱峰起止的判断和峰面积积分的准确性,此时应在品种正文项下对拖尾因子作出规定。

5. 重复性

用于评价色谱系统连续进样时响应值的重复性能。采用外标法时,通常取各品种项下的对照品溶液,连续进样 5 次,除另有规定外,其峰面积测量值的相对标准偏差应不大于 2.0%;采用内标法时,通常配制相当于 80%、100% 和 120% 的对照品溶液,加入规定量的内标溶液,配成 3 种不同浓度的溶液,分别进样至少 2 次,计算平均校正因子,其相对标准偏差应不大于 2.0%。

三、液相色谱测定方法

1. 内标法

按品种项下的规定,精密称(量)取对照品和内标物质,分别配成溶液,各精密量取适量,混合配成校正因子测定用的对照溶液。取一定量,进样,记录色谱图。测量对照品和内标物质的峰面积(或峰高),按下式计算校正因子:

$$校正因子(f)=\frac{A_S/C_S}{A_R/C_R}$$

式中,C_R 为对照品的浓度。

再取各品种项下含有内标物质的供试品溶液,进样,记录色谱图,测量供试品中待测成分和内标物质的峰面积(或峰高),按下式计算含量:

$$含量(C_X)=f\times\frac{A_X}{A'_S/C'_S}$$

式中,f 为内标法校正因子。

采用内标法,可避免因供试品前处理及进样体积误差对测定结果的影响。

2. 外标法

按各品种项下的规定,精密称(量)取对照品和供试品,配制成溶液,分别精密取一定量,进样,记录色谱图,测量对照品溶液和供试品溶液中待测物质的峰面积(或峰高),按下式计算含量:

$$含量(C_X)=C_R\times\frac{A_X}{A_R}$$

式中各符号意义同上。

由于微量注射器不易精确控制进样量,当采用外标法测定时,以手动进样器定量环或自动进样器进样为宜。

3. 加校正因子的主成分自身对照法

测定杂质含量时,可采用加校正因子的主成分自身对照法。在建立方法时,按各品种项下的规定,精密称取待测物对照品和参比物质对照品各适量,配制待测物校正因子的溶液,进样,记录色谱图,按下式计算待测杂质的校正因子。

$$校正因子(f)=\frac{C_A/A_A}{C_B/A_B}$$

式中，A_B 为参比物质的峰面积（或峰高）。

也可精密称取主成分对照品和杂质对照品各适量，分别配制成不同浓度的溶液，进样，记录色谱图，绘制主成分浓度和杂质浓度对其峰面积的回归曲线，以主成分回归直线斜率与杂质回归直线率的比值计算相对响应因子。

校正因子可直接载入各品种项下，用于校正杂质的实测峰面积。需作校正计算的杂质，通常以主成分为参比，采用相对保留时间定位，其数值一并载入各品种项下。

测定杂质含量时，按各品种项下规定的杂质限度，将供试品溶液稀释成与杂质限度相当的溶液，作为对照溶液；进样，记录色谱图，调节纵坐标范围（以噪声水平可接受为限）使对照溶液的主成分色谱峰的峰高为满量程的 10%～25%。除另有规定外，通常含量低于 0.5% 的杂质，峰面积的相对标准偏差（RSD）应小于 10%；含量为 0.5%～2% 的杂质，峰面积的 RSD 应小于 5%；含量大于 2% 的杂质，峰面积的 RSD 应小于 2%。然后，取供试品溶液和对照溶液适量，分别进样，除另有规定外，供试品溶液的记录时间，应为主成分色谱峰保留时间的 2 倍，测量供试品溶液色谱图上各杂质的峰面积，分别乘以相应的校正因子后与对照溶液主成分的峰面积比较，计算各杂质含量。

4. 不加校正因子的主成分自身对照法

测定杂质含量时，若没有杂质对照品，或相对响应校正因子可以忽略，可采用不加校正因子的主成分自身对照法。同上述加校正因子的主成分自身对照法配制对照溶液并调节检测灵敏度后，取供试品溶液和对照溶液适量，分别进样。除另有规定外，供试品溶液的记录时间应为主成分色谱峰保留时间的 2 倍，测量供试品溶液色谱图上各杂质的峰面积并与对照溶液主成分的峰面积比较，依法计算杂质含量。

5. 面积归一化法

按各品种项下的规定，配制供试品溶液，取一定量，进样，记录色谱图。测量各峰的面积和色谱图上除溶剂峰以外的总色谱峰面积，计算各峰面积占总峰面积的百分率。用于杂质检查时，由于峰面积归一化法测定误差大，因此，通常只用于粗略考察供试品中的杂质含量。除另有规定外，仪器响应的线性限制，峰面积归一化法一般不宜用于微量杂质的检查。

第三节 气相色谱法

气相色谱法系采用气体为流动相（载气）流经装有填充剂的色谱柱进行分离测定的色谱方法。物质或其衍生物气化后，被载气带入色谱柱进行分离，各组分先后进入检测器，用数据处理系统记录色谱信号。

一、气相色谱仪介绍

气相色谱仪由载气源、进样部分、色谱柱、柱温箱、检测器和数据处理系统等组成。进样部分、色谱柱和检测器的温度均应根据分析要求适当设定。

1. 载气源

气相色谱法的流动相为气体,称为载气,氦、氮和氢可用作载气,可由高压钢瓶或高纯度气体发生器提供,经过适当的减压装置,以一定的流速经过进样器和色谱柱;根据供试品的性质和检测器种类选择载气,除另有规定外,常用的载气为氮气。

2. 进样部分

进样方式一般可采用溶液直接进样、自动进样或顶空进样。溶液直接进样采用微量注射器、微量进样阀或有分流装置的气化室进样;采用溶液直接进样或自动进样时,进样口温度应高于柱温 30～50 ℃;进样量一般不超过数微升;柱径越细,进样量应越少,采用毛细管柱时,一般应分流以免过载。

顶空进样适用于固体和液体供试品中挥发性组分的分离和测定。将固态或液态的供试品制成供试液后,置于密闭小瓶中,在恒温控制的加热室中加热至供试品中挥发性组分在液态和气态达到平衡后,由进样器自动吸取一定体积的顶空气注入色谱柱中。

3. 色谱柱

色谱柱为填充柱或毛细管柱。填充柱的材质为不锈钢或玻璃,内径为 2～4 mm,柱长为 2～4 m,内装吸附剂、高分子多孔小球或涂渍固定液的载体,粒径为 0.18～0.25 mm、0.15～0.18 mm 或 0.125～0.15 mm。常用载体为经酸洗并硅烷化处理的硅藻土或高分子多孔小球,常用固定液有甲基聚硅氧烷、聚乙二醇等。毛细管柱的材质为玻璃或石英,内壁或载体经涂渍或交联固定液,内径一般为 0.25 mm、0.32 mm 或 0.53 mm,柱长为 5～60 m,固定液膜厚为 0.1～5.0 μm,常用的固定液有甲基聚硅氧烷、不同比例组成的苯基甲基聚硅氧烷、聚乙二醇等。

新填充柱和毛细管柱在使用前需老化处理,以除去残留溶剂及易流失的物质,色谱柱如长期未用,使用前应老化处理,使基线稳定。

4. 柱温箱

由于柱温箱温度的波动会影响色谱分析结果的重现性,因此柱温箱控温精度应为 ±1 ℃,且温度波动每小时小于 0.1 ℃。温度控制系统分为恒温和程序升温两种。

5. 检测器

适合气相色谱法的检测器有火焰离子化检测器(FID)、氮磷检测器(NPD)、火焰光度检测器(FPD)、电子捕获检测器(ECD)、质谱检测器(MS)等。火焰离子化检测器对碳氢化合物响应良好,适合检测大多数的药物;氮磷检测器对含氮、磷元素的化合物灵敏度高;火焰光度检测器对含磷、硫元素的化合物灵敏度高;电子捕获检测器适于含卤素的化合物;质谱检测器还能给出供试品某个成分相应的结构信息,可用于结构确证。除另有规定外,一般用火焰离子化检测器,用氢气作为燃气,空气作为助燃气。在使用火焰离子化检测器时,检测器温度一般应高于柱温,并不得低于 150 ℃,以免水汽凝结,通常为 250～350 ℃。

6. 数据处理系统

数据处理系统可分为记录仪、积分仪、计算机工作站等。各品种项下规定的色谱条件,除检测器种类、固定液品种及特殊指定的色谱柱材料不得改变外,其余如色谱柱内径、长度、载体牌号、粒度、固定液涂布浓度、载气流速、柱温、进样量、检测器的灵敏度等,均可适当改变,以适应具体品种并符合系统适用性试验的要求。一般色谱图约于 30 min 内记录完毕。

二、气相色谱检测法

由于气相色谱法的进样量一般仅数微升,为减小进样误差,尤其当采用手工进样时,由于留针时间和室温等对进样量也有影响,故以采用内标法定量为宜;当采用自动进样器时,由于进样重复性的提高,在保证分析误差的前提下,也可采用外标法定量。当采用顶空进样时,由于供试品和对照品处于不完全相同的基质中,故可采用标准溶液加入法,以消除基质效应的影响;当标准溶液加入法与其他定量方法结果不一致时,应以标准加入法结果为准。

第四节 紫外-可见分光光度法

紫外-可见分光光度法是在 190～760 nm 波长范围内测定物质的吸光度,用于鉴别、杂质检查和定量测定的方法。当光穿过被测物质溶液时,物质对光的吸收程度随光的波长不同而变化。因此,通过测定物质在不同波长处的吸光度,并绘制其吸光度与波长的关系图即得被测物质的吸收光谱。从吸收光谱中,可以确定最大吸收波长 λ_{max} 和最小吸收波长 λ_{min}。物质的吸收光谱具有与其结构相关的特征性。因此,可以通过特定波长范围内样品的光谱与对照光谱或对照品光谱的比较,或通过确定最大吸收波长,或通过测量两个特定波长处的吸收比值而鉴别物质。用于定量时,在最大吸收波长处测量一定浓度样品溶液的吸光度,并与一定浓度的对照溶液的吸光度进行比较或采用吸收系数法求算出样品溶液的浓度。

一、紫外-可见分光光度仪的校正与检定

1. 波长

由于环境因素对机械部分的影响,仪器的波长经常会略有变动,因此除应定期对所用的仪器进行全面校正和检定外,还应于测定前校正测定波长。常用汞灯中的较强谱线 237.83 nm、253.65 nm、275.28 nm、296.73 nm、313.16 nm、334.15 nm、365.02 nm、404.66 nm、435.83 nm、546.07 nm 与 576.96 nm,或用仪器中氘灯的 486.02 nm 与 656.10 nm 谱线进行校正;钬玻璃在 279.4 nm、287.5 nm、333.7 nm、360.9 nm、418.5 nm、460.0 nm、484.5 nm、536.2 nm 与 637.5 nm 波长处有尖锐吸收峰,也可作波长校正用,但因来源不同或随着时间的推移会有微小的变化,使用时应注意;近年来,常使用高氯酸钬溶液校正双光束仪器,以 10% 高氯酸溶液为溶剂,配制含氧化钬(Ho_2O_3)4%的溶液,该溶液的吸收峰波长为 241.13 nm、278.10 nm、287.18 nm、333.44 nm、345.47 nm、361.31nm、416.28 nm、451.30 nm、485.29 nm、536.64 nm 和 640.52 nm。仪器波长的允许误差为:紫外光区±1 nm,500 nm 附近±2 nm。

2. 吸光度的准确度

可用重铬酸钾的硫酸溶液检定。取在 120 ℃ 干燥至恒重的基准重铬酸钾约 60 mg，精密称定，用 0.005 mol/L 硫酸溶液溶解并稀释至 1 000 mL，在规定的波长处测定并计算其吸收系数，并与规定的吸收系数比较，应符合表 5-1 的规定。

表 5-1　　　　　不同波长下吸收系数的规定值和许可范围

波长/nm	235(最小)	257(最大)	313(最小)	350(最大)
吸收系数的规定值	124.5	144.0	48.6	106.6
吸收系数的许可范围	123.0~126.0	142.8~146.2	47.0~50.3	105.5~108.5

3. 杂散光的检查

可按表 5-2 的试剂和浓度，配制成水溶液，置 1 cm 石英吸收池中，在规定的波长处测定透光率，应符合表 5-2 中的规定。

表 5-2　　　　　不同试剂测定透光率条件

试剂	浓度/%(g/mL)	测定用波长/nm	透光率/%
碘化钠	1.00	220	<0.8
亚硝酸钠	5.00	340	<0.8

二、对溶剂的要求

含有杂原子的有机溶剂，通常均具有很强的末端吸收。因此，当作溶剂使用时，它们的适用范围均不能小于使用波长。例如甲醇、乙醇的截止使用波长为 205 nm。另外，当溶剂不纯时，也可能增加干扰吸收。因此，在测定供试品前，应先检查所用的溶剂在供试品所用的波长附近是否符合要求，即将溶剂置 1 cm 石英吸收池中，以空气为空白（空白光路中不置任何物质）测定其吸光度。溶剂和吸收池的吸光度，在 220~240 nm 范围内不得超过 0.40，在 241~250 nm 范围内不得超过 0.20，在 251~300 nm 范围内不得超过 0.10，在 300 nm 以上时不得超过 0.05。

三、光谱扫描

测定时，除另有规定外，应以配制供试品溶液的同批溶剂为空白对照，采用 1 cm 的石英吸收池，在规定的吸收峰波长±2 nm 以内测试几个点的吸光度，或由仪器在规定波长附近自动扫描测定，以核对供试品的吸收峰波长位置是否正确，除另有规定外，吸收峰波长应在该品种项下规定的波长±2 nm 以内，并以吸光度最大的波长作为测定波长。一般供试品溶液的吸光度读数以 0.3~0.7 为宜。仪器的狭缝波带宽度宜小于供试品吸收带的半高宽度的十分之一，否则测得的吸光度会偏低；狭缝宽度的选择，应以减小狭缝宽度时供试品的吸光度不再增大为准。由于吸收池和溶剂本身可能有空白吸收，因此测定供试品的吸光度后应减去空白读数，或由仪器自动扣除空白读数后再计算含量。当溶液的 pH 对测定结果有影响时，应将供试品溶液的 pH 和对照品溶液的 pH 调成一致。

四、含量测定

1. 对照品比较法

按各品种项下的方法,分别配制供试品溶液和对照品溶液,对照品溶液中所含被测成分的量应为供试品溶液中被测成分规定量的100%±10%,所用溶剂应相同,在规定的波长测定供试品溶液和对照品溶液的吸光度后,按下式计算供试品中被测溶液的浓度:

$$C_X = \frac{A_X}{A_R} \times C_R$$

式中,C_X为供试品溶液的浓度;A_X为供试品溶液的吸光度;C_R为对照品溶液的浓度;A_R为对照品溶液的吸光度。

2. 吸收系数法

按各品种项下的方法配制供试品溶液,在规定的波长处测定其吸光度,再以该品种在规定条件下的吸收系数计算含量。使用吸收系数法测定时,吸收系数通常应大于100,并对仪器需进行严格的校正和检定。

3. 计算分光光度法

计算分光光度法有多种,使用时应按各种项下规定的方法进行。当吸光度处在吸收曲线的陡然上升或下降的部位测定时,波长的微小变化可能对测定结果造成显著影响,故对照品和供试品的测试条件应尽可能一致。计算分光光度法一般不宜用作含量的测定。

4. 比色法

供试品本身在紫外-可见光区没有强吸收,或在紫外光区虽有吸收但为了避免干扰或提高灵敏度,可加入适当的显色剂,使反应产物的最大吸收移至可见光区,这种测定方法称为比色法。

用比色法测定时,由于显色时影响显色深浅的因素较多,应取供试品与对照品或标准品同时操作。除另有规定外,比色法所用的空白系值用同体积的溶剂代替对照品或供试品溶液,然后依次加入等量的相应试剂,并用同样方法处理。当吸光度和浓度的关系不呈良好线性时,应取数份梯度量的对照品溶液,用溶剂补充至同一体积,显色后测定各份溶液的吸光度,然后以吸光度与相应的浓度绘制标准曲线,再根据供试品的吸光度在标准曲线上查得其相应的浓度,并求出其含量。

第五节　药物分析实验案例

实验一　葡萄糖中无机杂质检查

【实验目的】

1. 掌握氯化物、硫酸盐、铁盐、重金属和砷盐限量检查的基本原理和方法。
2. 掌握杂质的限量计算方法。
3. 了解无机杂质检查的意义。

【实验原理】

无机杂质可能来源于生产过程中,如使用的仪器、原料、干燥试剂、过滤辅助器、反应试剂、催化剂、助滤剂、活性炭等,它们一般是已知的和确定的。由于许多无机杂质直接影响药品的安全性和稳定性,并可反映生产工艺本身的情况,了解药品中无机杂质的存在状况对评价药品的生产工艺、保证药品安全、稳定具有重要意义。

1. 氯化物检查

药物中微量的氯化物在硝酸酸性溶液中与硝酸银反应,生成的氯化银胶体微粒显白色浑浊,与一定量标准氯化钠溶液(10 μg Cl^-/mL)在相同条件下生成的氯化银浑浊程度相比较,判定供试品中氯化物是否符合限量规定。

$$Cl^- + AgNO_3 \longrightarrow AgCl \downarrow$$

2. 硫酸盐检查

药物中微量的硫酸盐在稀盐酸酸性溶液中与氯化钡反应,生成的硫酸钡微粒显白色浑浊,与一定量标准硫酸钾溶液(100 μg SO_4^{2-}/mL)在相同条件下生成的硫酸钡浑浊程度比较,判定供试品硫酸盐是否符合限量规定。

$$SO_4^{2-} + BaCl_2 \longrightarrow BaSO_4 \downarrow$$

3. 铁盐检查

《中华人民共和国药典》和《美国药典》均采用硫氰酸盐法。铁盐在盐酸酸性溶液中与硫氰酸盐反应生成红色可溶性的硫氰酸铁配离子,与一定量标准铁溶液[硫酸铁铵,$NH_4Fe(SO_4)_2 \cdot 12H_2O$]用同法处理后进行比色。

$$Fe^{3+} + nSCN^- \longrightarrow [Fe(SCN)_n]^{n-3} \quad (n 为 1 \sim 6)$$

在酸性条件下反应,可防止 Fe^{3+} 的水解,同时加入氧化剂过硫酸铵既可氧化供试品中 Fe^{2+} 成 Fe^{3+},又可防止由于光线使硫氰酸铁还原或分解褪色。

某些药物(如葡萄糖、糊精、硫酸镁等)在检查过程中需加硝酸处理,硝酸也可将 Fe^{2+} 氧化成 Fe^{3+},因此这些药物的铁盐检查可在硝酸酸性溶液中进行。因硝酸中可能含有亚硝酸,它能与硫氰酸根离子作用,生成红色亚硝酰硫氰化物,影响比色,所以剩余的硝酸必须加热煮沸除去。

$$HNO_2 + SCN^- + H^+ \longrightarrow NO \cdot SCN + H_2O$$

4. 重金属检查

重金属系指在实验条件下能与硫代乙酰胺或硫代钠作用而显色的金属杂质,如银、铅、汞、铜、镉、铋、锑、锡、砷、锌、钴、镍等。因为在药品生产中遇到铅的机会较多,且铅易积蓄中毒,故作为重金属的代表,以铅的限量表示重金属限度。《中华人民共和国药典》(2005年版)收载了四种重金属检查方法。其中,硫代乙酰胺法的原理如下:

硫代乙酰胺在弱酸性条件下(pH为3.0~3.5)水解,产生硫化氢,与重金属离子生成黄色到棕黑色的硫化物混悬液,与一定量标准硝酸铅溶液经同法处理后所呈颜色比较,判定供试品中重金属是否符合限量规定。

$$CH_3CSNH_2 + H_2O \longrightarrow CH_3CONH_2 + H_2S$$
$$Pb^{2+} + H_2S \longrightarrow PbS \downarrow$$

5. 砷盐检查

《中华人民共和国药典》(2005 年版)收载的古蔡氏法检查砷盐的原理是：金属锌与酸作用产生新生态的氢，与药物中微量砷盐反应生成具挥发性的砷化氢，遇溴化汞试纸，产生黄色至棕色的砷斑，与一定量标准砷溶液所生成的砷斑比较，判定供试品中重金属是否符合限量规定。

$$As^{3+} + 3Zn + 3H^+ \longrightarrow 3Zn^{2+} + AsH_3 \uparrow$$
$$AsO_3^{3-} + 3Zn + 9H^+ \longrightarrow 3Zn^{2+} + 3H_2O + AsH_3 \uparrow$$
$$AsH_3 + 3HgBr_2 \longrightarrow 3HBr + As(HgBr)_3 (黄色)$$
$$2As(HgBr)_3 + AsH_3 \longrightarrow 3AsH(HgBr)_2 (棕色)$$
$$As(HgBr)_3 + AsH_3 \longrightarrow 3HBr + As_2Hg_3 (黑色)$$

五价砷在酸性溶液中也能被金属锌还原为砷化氢，但生成砷化氢的速度较三价砷慢，故在反应液中加入碘化钾及氯化亚锡将五价砷还原为三价砷，碘化钾被氧化生成的碘又可被氯化亚锡还原为碘离子，后者与反应中产生的锌离子能形成稳定的配位离子，有利于生成砷化氢的反应不断进行。

$$AsO_4^{3-} + 2I^- + 2H^+ \longrightarrow AsO_3^{3-} + I_2 + H_2O$$
$$AsO_4^{3-} + Sn^{2+} + 2H^+ \longrightarrow AsO_3^{3-} + Sn^{4+} + H_2O$$
$$I_2 + Sn^{2+} \longrightarrow 2I^- + Sn^{4+}$$
$$4I^- + Zn^{2+} \longrightarrow [ZnI_4]^{2-}$$

氯化亚锡与碘化钾还可抑制锑化氢的生成，因为锑化氢也能与溴化汞试纸作用生成锑斑。在试验条件下，100 μg 锑存在也不致干扰测定。氯化亚锡又可与锌作用，在锌粒表面形成锌锡齐，起去极化作用，从而使氢气均匀而连续地发生。

锌粒及供试品中可能含有少量硫化物，在酸性液中能产生硫化氢气体，与溴化汞作用生成硫化汞的色斑，干扰试验结果，故用醋酸铅棉花吸收硫化氢。用醋酸铅棉花 60 mg，装管高度为 60～80 mm，以控制醋酸铅棉花填充的松紧度，使既能免除硫化氢的干扰（100 μg S^{2-} 存在也不干扰测定），又可使砷化氢以适宜的速度通过。

【实验方法】

葡萄糖中五种无机杂质的检查。

(一) 氯化物

取本品 0.30 g，加水溶解使成 12.5 mL（溶液如显碱性，可滴加硝酸使成中性），再加稀硝酸 5 mL；溶液如不澄清，应滤过；置 25 mL 纳氏比色管中，加蒸馏水使成约 20 mL，摇匀，即得供试溶液。另取标准氯化钠溶液（10 μg Cl^-/mL）3.0 mL，置 25 mL 纳氏比色管中，加稀硝酸 5 mL，加蒸馏水使成约 20 mL，摇匀，即得对照溶液。于供试溶液与对照溶液中，分别加入硝酸银试液 0.5 mL，用蒸馏水稀释使成 25 mL，摇匀，在暗处放置 5 min，同置黑色背景上，从比色管上方向下观察、比较、供试溶液不得比对照溶液更浓（0.010%）。

(二) 硫酸盐

取本品 1.0 g，加水溶解使成约 20 mL（溶液如显碱性，可滴加盐酸使成中性）；溶液如不澄清，应滤过；置 25 mL 纳氏比色管中，加稀盐酸 1 mL，摇匀，即得供试溶液。另取标准硫酸钾溶液(100 $\mu g\ SO_4^{2-}$/mL)1.0 mL,置 25 mL 纳氏比色管中,加蒸馏水稀释使成约 20 mL,加稀盐酸 1 mL,摇匀,即得对照溶液,于供试溶液与对照溶液中,分别加入 25% 氯化钡溶液 2.5 mL,用蒸馏水稀释使成 25 mL,充分摇匀,放置 10 min,同置黑色背景上,从比色管上方向下观察、比较、供试溶液不得比对照溶液更浓(0.010%)。

(三)铁盐

取本品 1.0 g,加水 10 mL 溶解后,加稀硝酸 2 滴,缓缓煮沸 5 min,放冷,加蒸馏水稀释使成 23 mL,加硫氰酸铵溶液(30→100)2 mL,摇匀,如显色,与标准铁溶液(10 $\mu g\ Fe^{3+}$/mL) 1.0 mL 经相同方法制成的对照溶液比较,不得更深(0.001%)。

(四)重金属

取 25 mL 纳氏比色管 2 支,甲管中加一定量的标准铅溶液(10 $\mu g\ Pb^{2+}$/mL)与醋酸盐缓冲液(pH 为 3.5)1 mL 后,加蒸馏水稀释使成 12.5 mL。取本品 2.0 g,置于乙管中,加水 11.5 mL 溶解后,加醋酸盐缓冲液(pH 为 3.5)1 mL;若供试液带颜色,可在甲管中滴加少量的稀焦糖溶液或其他无干扰的有色溶液,使之与乙管一致;再在甲、乙两管中分别加新鲜配制的硫代乙酰胺试液各 1 mL,摇匀,放置 2 min,同置白纸上,自上而下透视,乙管中显出的颜色与甲管比较,颜色不得更深(含重金属不得过百万分之五)。

(五)砷盐

取本品 2.0 g 置试砷瓶中,加水 5 mL 溶解后,加稀硫酸 5 mL 与溴化钾溴试液 0.5 mL,置水浴锅上加热约 20 min,使保持稍过量的溴存在,必要时,再补加溴化钾溴试液适量,并随时补充蒸散的水分,放冷,加浓盐酸 5 mL[可改为加稀盐酸(1:1)10 mL]与水适量使成 28 mL,加碘化钾试液 5 mL 与酸性氯化亚锡试液 5 滴。在室温放置 10 min 后,加锌粒 2 g(锌粒和锌粉各 1 g),迅速用试砷管塞紧瓶塞(试砷管上已置装有醋酸铅棉花和溴化汞试纸),并在 25~40 ℃ 的水浴中反应 45 min,取出溴化汞试纸,将生成的砷斑与一定量标准砷溶液制成的标准砷斑进行比较,颜色不得更深,应符合规定(0.000 1%)。

标准砷斑的制备:精密量取标准砷溶液(1 μg/mL)2 mL,置试砷瓶中,加浓盐酸 5 mL 与蒸馏水 21 mL[可改为加稀盐酸(1:1)10 mL 和蒸馏水 16 mL],再加碘化钾试液 5 mL 与酸性氯化亚锡试液 5 滴,在室温放置 10 min 后,加锌粒 2 g(锌粒和锌粉各 1 g),迅速用试砷管塞紧瓶塞(试砷管上已置装有醋酸铅棉花和溴化汞试纸),并在 25~40 ℃ 的水浴中反应 45 min,取出溴化汞试纸,观察标准砷斑。

【注意事项】

(1)纳氏比色管的选择与洗涤:比色或比浊操作,一般均在纳氏比色管中进行,因此在选用比色管时,必须注意使样品管与标准管的体积相等,玻璃色质一致,最好不带任何颜色,管上的刻度均匀,如有差别,不得相差 2 mm。比色管洗涤时避免用毛刷或去污粉等洗刷,以免管壁划出条痕影响比色或比浊。

(2)平行原则:比色、比浊、砷盐检查时,样品液与标准液的实验条件应尽可能一致,平行操作。

(3)严格按操作步骤进行实验,注意各种试剂的加入次序。如氯化物检查时,加适量蒸馏水使成约 20 mL 后,再加入硝酸银试液。

(4)比色、比浊前应使比色管内试剂充分混匀,主要利用手腕转动360°的旋摇操作来完成;比色方法是将两管同置于白色背景上,从侧面观察;比浊方法是将两管同置于黑色或白色背景上,自上而下观察。

【思考题】
1. 比色、比浊操作应遵循的原则是什么?
2. 试计算葡萄糖重金属检查中标准铅溶液的取用量。
3. 砷盐检测方法中所加各试剂的作用是什么?
4. 根据样品取用量、杂质限量及标准砷溶液的浓度,计算标准砷溶液的取用量。

【参考文献】
[1] 步艳艳,任红敏,王智超,等.国内外药典中重金属检查方法及限量比较分析[J].广东化工,2018,45(10):136-138.
[2] 王丽琴.药品中砷盐检查方法的探讨[J].天津药学,1998(02):92-94.
[3] 欧阳卉.葡萄糖中杂质检查的项目教学设计[J].职业,2013(30):126-127.

实验二 复方丹参滴丸中冰片(合成龙脑)的含量分析

【实验目的】
1. 掌握气相色谱法——内标法定量与计算。
2. 了解中药现代复方制剂质量控制特点。

【实验原理】
复方丹参滴丸由丹参、三七、冰片组成,具有活血化瘀、理气止痛作用,主要治疗冠心病、心绞痛、胸闷、憋气等。大量的实验及临床研究证明,复方丹参滴丸具有明显的抗心肌缺血作用。冰片有合成冰片和天然冰片之分,该方中的冰片为合成冰片,合成冰片是常用的中药之一,并收载于历版《中华人民共和国药典》,合成冰片主要是以樟脑、松节油等为主要原料经化学方法加工合成。天然冰片主要产于印度尼西亚,我国天然冰片药源短缺,因此大多用合成冰片代替天然冰片。

目前市售的复方丹参滴丸为棕色圆珠形,气香、味稍苦,主要作用是活血化瘀、理气止痛,用于治疗胸中憋闷、心绞痛。《中华人民共和国药典》(2010年版)规定其制法为丹参、三七加水煎煮,煎液滤过,滤液浓缩,加入乙醇,静置使沉淀,取上清液,浓缩成稠膏,备用。取聚乙二醇适量,加热使熔融,加入上述稠膏和冰片细粉,混匀,滴入冷却的液体石蜡中,制成滴丸。

气相色谱法是基于不同物质物化性质的差异,在固定相(色谱柱)和流动相(载气)构成的两相体系中具有不同的分配系数(或吸附性能),当两相做相对运动时,这些物质随流动相一起迁移,并在两相间进行反复多次的分配(吸附-脱附或溶解-析出),使得那些分配系数只有微小差别的物质,在迁移速度上产生了很大的差别,经过一段时间后,各组分之间达到了彼此的分离。通过出峰的时间和峰面积,可以对被分离物质进行定性和定量分析。

本实验采用内标法是将一定质量的纯物质作为内标物加到一定量的被分析样品混合

物中,然后对含有内标物的样品进行色谱分析,分别测定内标物和待测组分的峰面积(或峰高)及相对校正因子,按下列公式和方法即可求出被测组分在样品中的百分含量:

$$校正因子(f) = \frac{A_S/C_S}{A_R/C_R}$$

式中,A_S 为内标物质的峰面积(或峰高);A_R 为对照品的峰面积(或峰高);C_S 为内标物质的浓度;C_R 为对照品的浓度。

$$含量(C_X) = f \times \frac{A_X}{A'_S/C'_S}$$

式中,A_X 为供试品(或其杂质)峰面积(或峰高);C_X 为供试品(或其杂质)的浓度;A'_S 为内标物质的峰面积(或峰高);C'_S 为内标物质的浓度;f 为校正因子。

【实验材料】

1. 仪器:气相色谱仪、分析电子天平、超声波仪、三角瓶、分液漏斗、容量瓶、1 mL 刻度吸管。
2. 试剂:复方丹参滴丸、冰片对照品、苯乙酮、正己烷。

【实验方法】

(一)冰片的鉴别

①冰片 TLC 法:取冰片标准品 0.1 g,加入正己烷 5 mL 溶解,以三氯甲烷-甲醇(19∶1)为展开剂,展开晾干,喷以 5%香草醛-浓硫酸溶液,至 105 ℃烘板数分钟。

②取本品 10 mg,加乙醇数滴使溶解,加新制的 1%香草醛硫酸溶液 1~2 滴,即显紫色。

③取本品 3 g,加硝酸 10 mL,即产生红棕色的气体,待气体产生停止后,加水 20 mL,振摇,滤过,滤渣用水洗净后,有樟脑臭。

(二)冰片的检查

①pH:取本品 2.5 g,研细,加水 25 mL,振摇,滤过,分取滤液 2 份,每份 10 mL,一份加甲基红指示液 2 滴,另一份加酚酞指示液 2 滴,均不得显红色。

②不挥发物:取本品 10 g,置称定质量的蒸发皿中,置水浴锅上加热挥发后,在 105 ℃干燥至恒重,遗留残渣不得超过 3.5 mg(0.035%)。

③水分:取本品 1 g,加石油醚 10 mL,振摇使溶解,溶液应澄清。

(三)冰片的含量测定

①色谱条件:石英毛细管柱,以交联苯基甲基聚硅氧烷为固定相(推荐使用 HP-5 毛细管柱),气化室温度为 200 ℃,柱温为 110 ℃,载气为氮气,分流比 10∶1,检测器为氢火焰离子化检测器,温度为 200 ℃,理论板数按龙脑峰计算应不低于 2 000。

②校正因子测定:取苯乙酮适量,加正己烷溶解并稀释成每 1 mL 含 10 mg 的溶液,摇匀,作为内标溶液。另取冰片对照品 10 mg,精密称定,置 25 mL 量瓶中,精密加入内标溶液 1 mL,加正己烷溶解至刻度,摇匀,取 1 μL 注入气相色谱仪中,计算校正因子。

③供试品溶液的制备:取本品 25 丸,置具塞棕色瓶中,加水 10 mL,密塞,超声处理(功率为 250 W,频率为 50 kHz)5 min,放冷,用正己烷提取 3 次(10 mL,5 mL,5 mL),置

25 mL量瓶中，精密加入内标溶液1 mL，补加正己烷溶解至刻度，摇匀，静置，取上清液，即得。

④测定法：吸取供试品溶液1 μL，注入气相色谱仪中，测定，按龙脑和异龙脑峰面积之和计算，即得。

【注意事项】

1. 正己烷萃取过程，不要剧烈摇晃分液漏斗，以免出现乳化现象。
2. 正己烷定容后的供试品溶液一定不能有水，否则会对气相色谱毛细管柱有损害。
3. 目前丹参滴丸中常采用合成龙脑，其主要成分为龙脑和异龙脑峰，故在计算供试品峰面积时应计算二者面积之和。

【思考题】

1. 正己烷萃取时，如出现乳化现象，该怎样解决？
2. 容量瓶为什么要干燥？
3. 简单说明内标法和外标法的优缺点？

【参考文献】

[1] 刘彦莉,王萍,张磊,等.气相色谱法测定复方丹参滴丸给药制剂中异龙脑和龙脑含量[J].天津药学,2016,28(02):13-15.

[2] 韩润淑.采用气相色谱法测定人参再造丸中龙脑的含量分析研究[J].世界最新医学信息文摘,2016,16(04):139-140.

[3] 刘利,王玉芹,张卫东,等.气相色谱法检测醒脑净冻干粉中龙脑和麝香酮的含量[J].中山大学学报(自然科学版),2006(04):127-129.

实验三　维生素 B_1 片质量分析实验

【实验目的】

1. 掌握维生素 B_1 硫色素反应的原理及方法。
2. 掌握吸收系数法测定维生素 B_1 片含量的原理和计算方法。
3. 正确使用 UV-550 型紫外-可见分光光度计测定吸光度值。

【实验原理】

维生素 B_1 又称硫胺素，是维持人体生命活动和保持人体健康的重要活性物质，最初作为营养补品或药物用于保护神经系统，治疗脚气病和多种神经炎，因此又被称为抗神经炎维生素或抗脚气病维生素。随着对维生素 B_1 研究的深入，发现其在临床治疗、农药、有机仿生合成等方面有着新的广泛的用途。

维生素 B_1 分子量为337.27，其为白色结晶性粉末，有微弱的特臭、味理化性质，本品有2个碱性基团，具碱性有紫外吸收，为噻唑{翁}盐酸盐，在水中易溶。其专属鉴别反应为硫色素反应，可利用吸收系数法测定维生素 B_1 片含量。根据处方量分析，维生素 B_1 中含 B_1 为16.39%，辅料含83.61%。平均片重约61 mg，取相当于25 mg维生素B1片的质量约为0.15 g左右。硫色素反应过程中，噻唑环在碱性介质中开环，在与嘧啶环环合，经铁氰化钾等氧化剂氧化成具有荧光的硫色素,溶于正丁醇中显蓝色荧光。

紫外-可见分光光度法是基于物质分子对紫外光区(200～400 nm)和可见光区(400～760 nm)的单色光辐射的吸收特征建立的光谱分析方法,其常用测定方法包括对照品比较法和吸收系数法。

对照品比较法:分别配制供试品溶液和对照品溶液,对照品溶液中所含被测成分的量应为供试品溶液中被测成分规定量的 $100\% \pm 10\%$,所用溶剂应相同,在规定的波长测定供试品溶液和对照品溶液的吸光度后,按下式计算供试品中被测溶液的浓度:

$$C_X = \frac{A_X}{A_R} \times C_R$$

吸收系数法:按各品种项下的方法配制供试品溶液,在规定的波长处测定其吸光度,再以该品种在规定条件下的吸收系数计算含量。使用吸收系数法测定时,对仪器需进行严格的校正和检定,保证吸光度测定的准确性。

$$C_X = \frac{A_X}{E_{1\ cm}^{1\%} \times 100}$$

固体制剂含量相当于标示量的百分数可按照下式计算,其中标示量为 10 mg(0.01 g),(246 nm) = 421。

$$标示量(\%) = C_X \times \frac{稀释倍数}{W} \times \frac{平均片重}{标示量} \times 100\%$$

注:规定本品含维生素 B_1($C_{12}H_{17}ClN_4OS \cdot HCl$)应为标示量的 $90.0\% \sim 110.0\%$。

【实验材料】

1. 仪器:紫外-可见分光光度计、分析电子天平、100 mL 容量瓶、5 mL 刻度吸管、研钵、小试管、三角漏斗、三角瓶、溶出仪、崩解仪等。

2. 试剂:维生素 B_1 片、氢氧化钠试液、铁氰化钾试液、盐酸溶液(9→1 000)、硝酸银溶液、稀硝酸、正丁醇、二氧化锰。

【实验方法】

(一)维生素 B_1 片的鉴别

取本品的细粉适量,加水搅拌,滤过,滤液蒸干后进行如下鉴别:

(1)取本品约 5 mg,加氢氧化钠试液 2.5 mL 溶解后,加铁氰化钾试液 0.5 mL 与正丁醇 5 mL,强力振摇 2 min,放置使分层,上面的醇层显强烈的蓝色荧光;加酸使呈酸性,荧光即消失;再加碱,荧光又显出。

(2)取本品适量,加水溶解,水浴蒸干,在 105 ℃干燥 2 h 测定红外吸收光谱,图谱应与对照的图谱一致。

(3)本品的水溶液显氯化物的鉴别反应。

(二)维生素 B_1 片的含量测定

取本品 20 片,精密称定,研细,精密称取适量(维生素 B_1 约 25 mg),置 100 mL 容量瓶中,加盐酸溶液(9→1 000)约 70 mL,振摇 15 min 使维生素 B_1 溶解,加盐酸溶液(9→1 000)稀释至刻度,摇匀,用干燥滤纸滤过,精密量取续滤液 5 mL,置另一 100 mL 容量瓶中,再加盐酸溶液(9→1 000)稀释至刻度,摇匀,按照分光光度法,在 246 nm 的波长处测定吸光度,按 $C_{12}H_{17}ClN_4OS \cdot HCl$ 的吸收系数($E_{1cm}^{1\%}$)为 421 计算得到含量。

(三)维生素 B_1 片的常规检查

①质量差异检查

分别取维生素 B_1 片 20 片,精密称定总质量,求得平均片重后,再分别精密称定每片的质量,每片质量与平均片重相比较,按《中华人民共和国药典》的规定,超出质量差异限度的不得多于 2 片,并不得有 1 片超出限度 1 倍。

②崩解时限检查

将吊篮通过上端的不锈钢轴悬挂于金属支架上,浸入 1 000 mL 烧杯中,烧杯内盛有温度为(37±1)℃的水,调节吊篮位置使其下降时筛网距烧杯底部 25 mm,调节水位高度使吊篮上升时筛网在水面下 15 mm 处,并使升降的金属支架上下移动距离为(55±2)mm,往返频率为每分钟 30～32 次。

取维生素 B_1 片 6 片,分别置上述吊篮的玻璃管中,启动崩解仪进行检查,各片均应在 15 min 内全部崩解。如有 1 片不能完全崩解,应另取 6 片复试,均应符合规定。

③溶出度检查

安装 6 个溶出杯、6 个转动桨、6 个溶出杯盖、6 个取样针,每个杯中加入 900 mL 盐酸溶液,打开溶出仪电源,设置水浴温度为 37 ℃,设置转速为 100 r/min,开始计时,5 min 后,从取样针中吸取 5 mL 溶液,注射器安装微孔过滤器,过滤溶液至 PE 管中,调节移液枪量程至 1 mL,吸取 1 mL 过滤液至 10 mL 容量瓶,吸取盐酸溶液,定容至 10 mL,吸取 5 mL 盐酸溶液,向溶出杯中补加 5 mL 盐酸溶液,将待测溶液倒入比色皿中,在 246 nm 的波长处测定吸光度。

【注意事项】

1. 鉴别实验中,铁氰化钾试液要现配,否则观察不到蓝色荧光。

2. 配置盐酸溶液(9→1 000),精密量取 9 mL 的 36% 浓盐酸于 1 000 mL 容量瓶中,定容备用。

3. 维生素 B_1 片中有部分辅料不溶于蒸馏水中,故在溶解的过程中要简单过滤一下,否则供试液浑浊会影响紫外测定。

【思考题】

1. 试简述吸收系数法测定药物含量的特点和一般方法。

2. 测定单组分样品的含量的紫外-可见分光光度法有哪些?

3. 测定维生素 B_1 含量值低于标定量的范围值,可能的原因有哪些?

4. 维生素 B_1 片的含量测定方法还有哪些?各有什么特点?

【参考文献】

[1] 林达,洪美华. HPLC 法及 UV 法测定掺假维生素片 B_1 片的比较[J]. 中国现代药物应用,2008(19):13-14.

[2] 鄢英慧,沈小萍. 不同方法检测维生素 B_1 含量及适用性分析[J]. 海峡药学,2012,24(10):95-96.

[3] 陈曦娟.反相高效液相色谱法检测维生素 B_1 片中维生素 B_1 含量的分析[J].内蒙古医学杂志,2018,50(11):1281-1283.

实验四　替硝唑氯化钠注射液质量分析

【实验目的】

1.掌握高效液相色谱法——外标法定量与计算,面积归一化法。

2.了解注射剂分析要点,有关物质限度测定。

【实验原理】

替硝唑的化学名为 2-甲基-1-[2-(乙基磺酰基)乙基]-5-硝基-1H 咪唑,能迅速消除口腔厌氧菌所致炎症,减轻症状,疗效较对照药物好。

检测依据《中华人民共和国药典》(二部)(2010 年版);本品为替硝唑与氯化钠的灭菌水溶液,无色或几乎无色的澄明液体。含替硝唑($C_8H_{13}N_3O_4S$)与氯化钠均应为标示量的 95%~105%。

高效液相色谱法系采用高压输液泵将规定的流动相泵入装有填充剂的色谱柱,对供试品进行分离测定的色谱方法。注入的供试品,由流动相带入柱内,各组分在柱内被分离,并依次进入检测器,由积分仪或数据处理系统记录和处理色谱信号。

本实验涉及的测定法包括外标法和面积归一化法。

外标法指按各品种项下的规定,精密称(量)取对照品和供试品,配制成溶液,分别精密取一定量,进样,记录色谱图,测量对照品溶液和供试品溶液中待测物质的峰面积(或峰高),按下式计算含量:

$$含量(C_X) = \frac{A_X}{C_R \times A_R}$$

式中,A_X 为供试品(或其杂质)峰面积(或峰高);C_X 为供试品(或其杂质)的浓度;A_R 为对照品的峰面积(或峰高);C_R 为对照品的浓度。

面积归一化法指按各品种项下的规定,配制供试品溶液,取一定量,进样,记录色谱图。测量各峰的面积和色谱图上除溶剂峰以外的总色谱峰面积,计算各峰面积占总峰积的百分率。用于杂质检查时,由于峰面积归一化法测定误差大,因此,通常只能用于粗略考察供试品中的杂质含量。除另有规定外,仪器响应的线性限制,峰面积归一化法一般不宜用于微量杂质的检查。

【实验材料】

1.仪器:高效液相色谱仪、紫外-可见分光光度仪、pH 计、电子显微镜、分析电子天平、50 mL 容量瓶、5 mL 刻度吸管、小试管等。

2.试剂:替硝唑对照品、替硝唑注射液(100 mL:0.4 g)、硝酸亚汞试液、加硫酸溶液(3→100)、三硝基苯酚试液、硝酸银溶液、稀硝酸、铂丝、冰醋酸、色谱甲醇等。

【实验方法】

(一)替硝唑注射液鉴别

(1)取本品 25 mL(相当于替硝唑 0.1 g),置水浴上蒸干,残渣置试管中,小火加热熔融,即产生有刺激性的二氧化硫气体,能使硝酸亚汞试液湿润的滤纸变成黑色。

(2)取本品25 mL(相当于替硝唑0.1 g),置水浴上蒸干,残渣加硫酸溶液(3→100) 5 mL使溶解,加三硝基苯酚试液2 mL,即产生黄色沉淀。

(3)取含量测定下的溶液,按照分光光度法测定,在317 nm与229 nm的波长处有最大吸收,在263 nm的波长处有最小吸收。

(4)本品显钠盐与氯化物的鉴别反应,pH应为3.5~5.5。

(5)本品为白色至淡黄色结晶或结晶性粉末;味微苦,在丙酮或三氯甲烷中溶解,在水或乙醇中微溶,本品的熔点为125~129 ℃。

(二)其他成分分析

(1)有关物质:取本品适量,加水制成每1 mL中含替硝唑400 μg的溶液(1.0 mL→10.0 mL),作为供试品溶液;精密量取适量,加水制成每1 mL含4 μg的溶液,作为对照溶液。按照含量测定项下的色谱条件进行测定,取对照溶液20 μL注入液相色谱仪,调节检测灵敏度,使主成分色谱峰的峰高约为满量程的10%;再取供试品溶液及对照溶液各20 μL,分别注入液相色谱仪,记录色谱图至主成分峰保留时间的两倍。供试品溶液的色谱图中如显示杂质峰,各杂质峰峰面积的和不得大于对照溶液的主峰面积。

(2)不溶性微粒:取本品1瓶,依法检查。

(3)其他:应符合注射剂项下各有关规定。

(三)替硝唑注射液含量分析

(1)色谱条件与系统适用性试验:以十八烷基硅烷键合硅胶为填充剂;以甲醇-水-冰醋酸(20∶80∶0.2)为流动相;检测波长为310 nm。理论板数按替硝唑峰计算应不低于1 000,替硝唑峰与主杂质峰的分离度应不小于3。

(2)测定法:精密量取本品适量,加水定量稀释成每1 mL中约含替硝唑40 μg的溶液取20 μL注入液相色谱仪,记录色谱图,量取峰面积;另取替硝唑对照品,加水溶解并定量稀释成每1 mL中含40 μg的溶液,同法测定,计算,即得。规格为0.4 g/100 mL。

【注意事项】

1. 替硝唑对照品要经五氧化二磷减压干燥至恒重。
2. 采用分光光度法定性鉴别时,其替硝唑含量约为40 $\mu g/mL$。
3. 液相色谱进样时,要准确进样20 μL替硝唑供试液,否则会影响测定结果。

【思考题】

1. 主成分自身对照法在什么情况下使用?
2. 液相色谱进样应注意哪些问题?
3. 液相色谱分析时,面积归一化法和外标法各有什么优缺点和使用条件?
4. 本实验使用哪种类型的液相色谱柱?

【参考文献】

[1] 赵峰辉,李新图,陈跃.替硝唑氯化钠注射液含量及有关物质检测方法的改进[J].中国医药指南,2013,11(24):408-409.

[2] 邵寅,廖秋霞,严丽华.测定替硝唑注射液中氯化钠含量的初探[J].药学实践杂志,2004(01):30.

[3] 张冰冰,刘伟伟,徐金梅.替硝唑氯化钠注射液含量测定的两种方法讨论[J].北方药学,2012,9(05):7.

实验五　银量法测定苯巴比妥原料药的含量

【实验目的】
1. 掌握银量法测定巴比妥类药物含量的原理与方法。
2. 掌握电位滴定法指示滴定终点的原理与方法。

【实验原理】
巴比妥类药物是巴比妥酸的衍生物,分子中具有丙二酰脲的结构,其结构式如图5-1所示。当 $R_1 = R_2 = H$ 时,为巴比妥酸,没有药效。临床上使用的巴比妥类药物大部分是巴比妥酸的 5,5-二取代物,少数为 1,5,5-三取代物,另外还有硫代巴比妥酸的衍生物。

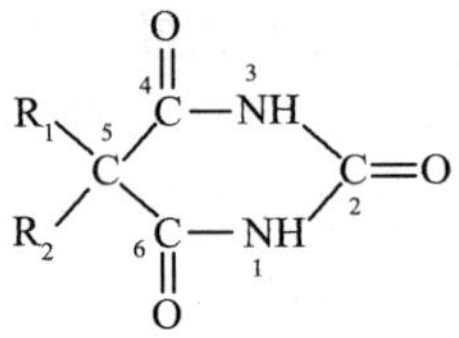

图 5-1　巴比妥类药物结构式

根据巴比妥类药物在适当的碱性溶液中,易与金属离子反应,并可定量地形成盐的化学性质,可采用银量法进行本类药物及其制剂的含量测定。测定原理为在甲醇及新制 3% 无水碳酸钠溶液中,巴比妥类药物可与银离子定量结合成银盐。在滴定过程中,首先形成可溶性的一银盐,当被测供试品完全形成一银盐后,继续用硝酸银滴定液滴定,稍过量的银离子就与巴比妥类药物形成难溶性的二银盐沉淀,使溶液变浑浊,可用电位滴定法指示滴定终点。

电位滴定法,其仪器装置可用电位滴定仪、酸度计或电位差计,采用两支不同的电极。一支为指示电极,其电极电位随溶液中被分析成分的离子浓度的变化而变化;另一支为参比电极,其电极电位固定不变。在到达滴定终点时,因被分析成分的离子浓度急剧变化而引起指示电极的电位突减或突增,此转折点成为突跃点。

【实验材料】
1. 仪器:全自动电位滴定仪、分析电子天平、150 mL 平底烧杯。
2. 试剂:苯巴比妥原料药、新鲜配制的 3% 无水碳酸钠溶液、甲醇、硝酸银标准滴定液 (0.05 mol/L)。

【实验方法】
取本品约 0.1 g,精密称定,置烧杯中,加甲醇 20 mL 使溶解,再加入新鲜配制的 3% 无水碳酸钠溶液 7.5 mL,将盛有上述供试品溶液的烧杯,置电磁搅拌器上,浸入电极,搅拌,并自滴定管中分次滴加硝酸银标准滴定液(0.05 mol/L);开始时可每次加入较多的量,搅拌,记录电位;至将近终点前,则应每次加入少量,搅拌,记录电位;至突跃点已过,仍应继续滴加几次滴定液,并记录电位。每 1 mL 硝酸银标准滴定液(0.05 mol/L)相当于 11.61 mg 的苯巴比妥。

【注意事项】

1. 银量法测定苯巴比妥的含量。采用电位滴定法指示滴定终点,电位滴定仪以玻璃电极为参比电极,银电极为指示电极。

2. 测定中使用的无水碳酸钠溶液需临用新配,因为碳酸钠溶液久置后可吸收空气中二氧化碳,产生碳酸氢钠,使含量明显下降。

3. 银电极在临用前需用稀硝酸浸洗 1~2 min,再用水淋洗干净后使用。

【思考题】

1. 计算滴定度,即每 1 mL 硝酸银标准滴定液(0.05 mol/L)相当于多少毫克的苯巴比妥?

2. 银量滴定法中应注意哪些测定条件?为什么?

3. 电位滴定法确定终点有哪些方法?哪个方法最为常用?

【参考文献】

[1] 张新民,许学翔,陈菊萍.电导滴定法测定巴比妥、苯巴比妥和异戊巴比妥的含量[J].兰州医学院学报,1990(04):204-206.

[2] 刘学红.苯巴比妥口服溶液的制备及质量标准研究[C]//.山东省微量元素科学研究会新药研究开发专业委员会学术研讨会论文汇编.[出版者不详],2013:91-95.

[3] 刘学红,张庆莉,孙晶.苯巴比妥口服溶液的制备及质量控制[J].中国药房,2011,22(33):3121-3122.

实验六 茶碱缓释片释放度的测定

【实验目的】

1. 掌握缓释片剂释放度的测定方法。

2. 掌握紫外-可见分光光度计的操作方法。

3. 熟悉释放度的概念,了解溶出度与口服固体制剂中药物吸收的关系,以及释放度的测定在药物评价中的意义和运用。

【实验原理】

缓释制剂系指用药后能在较长时间内持续释放药物以达到长效作用的制剂。其中药物释放主要是一级速度过程。如口服缓释制剂在人体胃肠道的转运时间一般可维持 8~12 h,根据药物用量及药物的吸收代谢性质,其作用可为 12~24 h,患者 1 天口服 1~2 次。缓释制剂的种类很多,按照给药途径有口服、肌肉注射、透皮及腔道用制剂。其中口服缓释制剂研究最多。口服缓释制剂又根据释药动力学行为是否符合一级动力学(或 Higuchi 方程)和零级动力学方程分为缓释制剂和控释制剂。

由于缓释制剂中含药物量较普通制剂多,制剂工艺复杂。为了获得可靠的治疗效果,避免突释引起的毒副作用,需要制定合理的体外药物释放度试验方法。通过释放度的测定,找出其释放规律,从而可选定所需的骨架材料,同时也用于控制缓释片剂的质量。释放度的测定方法采用溶出度测定仪,释放介质一般采用人工胃液、人工肠液、水等介质。一般采用 3 个取样点作为药物释放度的标准。第 1 个时间点通常为 1 min 或 2 min,主要考察制剂有无突释效应。第 2 个或第 3 个时间点主要考察制剂释放的特性和趋势。具体时间及释放量根据各品种要求而定,最后一个时间点主要考察制剂是否释放完全,释放量要求在 75% 以上。

【实验材料】

1. 仪器:药物溶出仪、紫外-可见分光光度仪、分析电子天平、100 mL 容量瓶、10 mL 容量瓶、移液管、10 mL 注射器、溶出取样针、微孔滤膜。

2. 试剂:盐酸、茶碱缓释片等。

【实验方法】

标准曲线的制作:精密称取茶碱对照品约 20 mg,置于 100 mL 容量瓶中,加 0.1 mol/L 的盐酸溶液溶解,摇匀并定容。精密吸取此溶液 10 mL 置于 50 mL 容量瓶中,加蒸馏水摇匀并定容。然后精密吸取该溶液 2.5 mL、5 mL、7.5 mL、10 mL、12.5 mL、15 mL、17.5 mL,分别置于 50 mL 容量瓶中,加蒸馏水定容。按照分光光度法,在 270 nm 波长处测定吸光度,以吸光度对浓度进行回归分析,得到标准曲线回归方程。

释放度试验:取茶碱缓释片 1 片,按《中华人民共和国药典》(2010 年版)释放度测定方法规定,采用溶出度测定法桨法的装置,以蒸馏水 900 mL 为释放介质,温度为 (37 ± 0.5) ℃,转速为 50 r/min,经 1 h、2 h、3 h、4 h、5 h、6 h 分别取样 6 mL,同时补加同体积释放介质,样品经 0.45 μm 微孔滤膜过滤,取续滤液 1 mL,置于 10 mL 容量瓶中加蒸馏水定容,在波长 270 nm 处测定吸光度,分别计算出每片在上述不同时间的溶出量。

【注意事项】

1. 累积释放率和释放曲线按照如下计算:

茶碱缓释片(1 片),质量=   ,标示量=   ,

T_1:$A_{270}=$,浓度 $C=$ mg/mL,Rel=   %;

T_2:$A_{270}=$,浓度 $C=$ mg/mL,Rel=   %;

T_3:$A_{270}=$,浓度 $C=$ mg/mL,Rel=   %;

T_4:$A_{270}=$,浓度 $C=$ mg/mL,Rel=   %;

T_5:$A_{270}=$,浓度 $C=$ mg/mL,Rel=   %;

T_6:$A_{270}=$,浓度 $C=$ mg/mL,Rel=   %;

累积释放率 Rel 按照下式计算

$$Rel=(n\times V\times C)/G\times 100\%$$

(其中:Rel—累积释放率,%;n—稀释倍数;V—取样体积,mL;C—按照标准曲线计算的样品浓度,mg/mL;G—缓释片平均所含茶碱量,或标准片的标示量,mg;T_1、T_2、T_3、T_4、T_5、T_6—取样时间分别为 1 h、2 h、3 h、4 h、5 h、6 h)

2. 每次取样,一定要同时补加同体积释放介质,否则会影响分析结果。

3. 《中华人民共和国药典》规定每片在 2 h、6 h 与 12 h 的溶出量分别为标示量的 20%~40%、40%~65% 和 70% 以上,均应符合规定。

【思考题】

1. 什么是释放度?释放度和溶出度的区别是什么?

2. 欲使释放度测定结果准确,实验过程中应注意哪些问题?

3. 缓释制剂的释放度实验有何意义?如何使其具有实用价值?

【参考文献】

[1] 雷筱平,李卫平,赵立军.茶碱缓释片药物释放影响因素研究[J].中国现代应用药学,1998(06):31-32.

[2] 黄好武,罗玉鸿,梁飞华.茶碱缓释片的制备工艺对释放度的影响研究[J].中国医药导报,2010,7(07):42-44.

[3] 黄京山,李伟.茶碱控释片的制备及释放度评价[J].山东化工,2019,48(12):83.

实验七　薄层色谱扫描法测定香连片中盐酸小檗碱含量

【实验目的】
1. 掌握 TLCS 测定中药制剂含量的方法。
2. 掌握薄层定量的点样和展开技术。
3. 熟悉薄层扫描仪的使用。

【实验原理】

小檗碱(Berberine),又名黄连素,一种常见的异喹啉生物碱,熔点为 145 ℃,溶于水,难溶于苯、乙醚和氯仿,从乙醚中可析出黄色针状晶体,其盐类在水中的溶解度都比较小,例如盐酸盐为 1∶500,硫酸盐为 1∶30。它存在于小檗科等四个科十个属的许多植物中,是黄连、黄柏、功劳木、三颗针等中药材中的主要有效成分,具有清热解毒、抗菌消炎的功效。在多数含以上药味中药制剂的质量标准中,盐酸小檗碱常被选作含量控制指标,其含量测定对于控制制剂质量、开发药源、合理用药等均具有重要意义。本实验采用薄层色谱扫描法测定香连片中盐酸小檗碱含量。

薄层色谱扫描法是用一定波长的光照射在薄层板上,对薄层色谱有紫外光和可见光吸收的斑点,或经激发后能发射出荧光的斑点进行扫描,将扫描得到的图谱及积分数据用于药品的鉴别、检查和含量测定的方法。薄层色谱扫描法具有分离效能高、快速、简便等特点,因而适用于中药的分析。虽然薄层色谱扫描法精密度不如高效液相色谱法,但可作为补充用于无紫外吸收,或不能用 HPLC 法分析的组分,如人参皂苷、贝母生物碱等。薄层色谱扫描法影响因素较多,测定时应注意以下几点:薄层厚度应均匀,表面应平整,最好使用预制板;点样应准确,原点大小应一致;喷洒显色剂应均匀,量适中;并用胶布加以固定。薄层色谱扫描法检测的线性范围较窄,应在其线性范围内测定。以薄层层析法进行中草药的成分鉴定,都要有标准样品与供试品同时进行薄层层析。当用数种溶剂展开后,标准品和供试品出现的斑点形状、R_f 值、颜色都完全相同,则初步结论是同一化合物。

【实验材料】
1. 仪器:薄层扫描仪、分析天平、索氏提取器、移液管、定量毛细管、薄层涂铺器、薄层展开缸等。
2. 试剂:盐酸小檗碱对照品、香连片、盐酸、甲醇、氨水等。

【实验方法】

供试品溶液的制备:取本品 20 片,除去包衣,精密称定,研细,精密称取适量(盐酸小檗碱约 60 mg),置索氏提取器中,加盐酸-甲醇(1∶100)混合液适量,加热回流提取至提取液无色,将提取液移至 100 mL 量瓶中,用少量盐酸-甲醇(1∶100)的混合液洗涤容器,洗液并入提取液中,加混合液至刻度,摇匀,精密量取 2 mL,置 50 mL 量瓶中,加甲醇至刻度,摇匀,作为供试品溶液。

对照品溶液的制备:取盐酸小檗碱适量,加甲醇制成每 1 mL 含 0.02 mg 的溶液,作为对照品溶液。

测定法:精密吸取供试品溶液 2 μL,对照品溶液 2 μL 与 6 μL,交叉点于同一硅胶 G 薄层板上,以苯-醋酸乙酯-异丙醇-甲醇-水(12:6:3:3:0.6)为展开剂,在另一槽中加入等体积的浓氨试液,预平衡 15 min 后,展开,展距约 10 cm,取出,晾干,进行荧光扫描测定,激发波长为 366 nm,测定供试品与对照品荧光强度积分值,计算,即得。

【注意事项】

《中华人民共和国药典》规定,本品每片含黄连以盐酸小檗碱计,小片不得少于 7.0 mg,大片不得少于 20 mg。

【思考题】

1. 影响薄层色谱扫描测定含量的因素有哪些?点样误差是不是主要因素?
2. 薄层色谱扫描法中常用的点样器有哪些?
3. 薄层色谱扫描法和高效液相色谱法相比,优缺点有哪些?

【参考文献】

[1] 刘法锦,孙冬梅,鲁佳慧,等.薄层色谱扫描法测定黄连吴茱萸药对中黄连生物碱的含量[J].中成药,2010,32(01):75-79.

[2] 张凤芹,葛向党.黄柏中盐酸小檗碱含量测定方法[J].辽宁中医药大学学报,2006(04):126-127.

[3] 甄汉深,张丽梅,陈勇,等.香连片中小檗碱含量测定的实验研究[J].中国实验方剂学杂志,1995(02):17-19.

实验八 槐花药材中总黄酮的质量分析

【实验目的】

1. 掌握比色法测定槐花药材中总黄酮含量的方法及原理。
2. 熟悉槐花药材的含量测定的方法学验证。

【实验原理】

槐花为豆科植物槐的干燥花及花蕾。夏季花开放或花蕾形成时采收,及时干燥,除去枝、梗及杂质。前者习称"槐花",后者习称"槐米"。槐花药材的主要有效成分是黄酮类化合物,其中芦丁的含量最高,所以槐花药材的鉴别及含量测定均以芦丁为指标成分。

黄酮类化合物在碱性条件下与铝盐发生配位反应,生成红色的配位化合物,使得最大吸收波长红移至可见光区,且具有较高的吸收系数。黄酮类与铝盐的配位反应是定量完成的,因此可采用比色法测定槐花药材中总黄酮的含量,避免其他非黄酮成分对测定准确度的影响。

【实验材料】

1. 仪器:紫外-可见分光光度计、100 mL 容量瓶、25 mL 容量瓶、10 mL 移液管、超声波清洗器、漏斗、玻璃棒、烧杯、胶头滴管、洗耳球等。
2. 试剂:槐花药材、芦丁对照品、5%亚硝酸钠溶液、10%硝酸铝溶液、氢氧化钠试液、甲醇、乙醇等。

【实验方法】

(一)线性范围考察

1. 供试品溶液的制备

将槐花研碎,取粗粉约 1 g,精密称定,置索氏提取器中,加乙醚适量,加热回流至提取液无色,放冷,弃去乙醚液。再加甲醇 90 mL,加热回流至提取液无色,转移至 100 mL 容量瓶中,用甲醇少量洗涤容器,洗液并入同一量瓶中,加甲醇至刻度,摇匀。精密量取 10 mL,置 100 mL 容量瓶中,加水至刻度,摇匀。

2. 线性关系的考察

分别取供试品溶液 1 mL、2 mL、3 mL、4 mL、5 mL、6 mL 于 25 mL 容量瓶中,各加水使成 6.0 mL,精密加 5%亚硝酸钠溶液 1.0 mL,摇匀,放置 6 min,再加 10%硝酸铝溶液 1.0 mL,摇匀,放置 6 min,加氢氧化钠试液 10.0 mL,加水稀释至刻度,摇匀,放置 15 min,不加对照品溶液同法配制空白溶液,按照紫外-可见分光光度法,在 500 nm 波长处测定各溶液的吸光度,根据响应信号选择最佳的供试品溶度。

(二)总黄酮含量测定

1. 对照品溶液的制备

取芦丁对照品 50 mg,精密称定,置于 25 mL 容量瓶中,加 60%乙醇适量,置水浴上微热使样品溶解,待冷却后加 60%乙醇至刻度,摇匀。精密量取 10 mL,置 100 mL 容量瓶中,加水至刻度,摇匀,即得浓度为 0.2 mg/mL 的芦丁对照品溶液。

2. 标准曲线的制备

精密量取对照品溶液 1 mL、2 mL、3 mL、4 mL、5 mL 和 6 mL,分别置于 6 个 25 mL 容量瓶中,各加水使成 6.0 mL,使用移液管加入 5%亚硝酸钠溶液 1.0 mL,摇匀,放置 6 min,再加 10%硝酸铝溶液 1.0 mL,摇匀,放置 6 min,加氢氧化钠试液 10.0 mL,加水稀释至刻度,摇匀,放置 15 min,不加对照品溶液同法配制空白溶液,按照紫外-可见分光光度法,在 500 nm 波长处测定各溶液的吸光度,以浓度为横坐标,以吸光度为纵坐标,绘制标准曲线。

3. 测定法

精密量取供试品溶液 3 mL,置 25 mL 容量瓶中,按照标准曲线制备项下方法,自"加水使成 6.0 mL"起同法测定吸光度,由标准曲线计算出供试品溶液中含芦丁的质量。槐花按干燥品计算,含总黄酮以芦丁($C_{27}H_{30}O_{16}$)计,槐花不得少于 8.0%,槐米不得少于 20.0%。

(三)方法学验证考察

1. 精密度试验

精密度试验指用相同方法对同一样品溶液进行多次测定,考察各测定值彼此接近的程度。具体为:取同一样品,连续测定 5 次,相对标准偏差(RSD)不得大于 2.0%。该实验具体为:取同一槐花样品溶液 5 mL,在 500 nm 波长处测定吸光度,重复测定 5 次,算出 RSD 值。

2. 重复性试验

每份供试品液再分别进行测定,测定所得到的数据进行统计学处理,计算其含量的平均值和相对标准偏差。具体为:同一批号样品,分别取低、中、高 3 个样品量,每个样品量 3 份,按样品测定方法操作。或在规定范围内,取同一浓度的供试品,用 6 个测定结果进行评价。相对标准偏差不得大于 2.0%。精密称取药材样品 1 g,精密称定,共 6 份,按供试品制备方法制成供试品溶液,按测定法分别在 500 nm 波长处测定各溶液的吸光度,由标准曲线计算出供试品溶液中含芦丁的质量(μg)并求 RSD 值。

3. 稳定性试验

考察不同时间点是否对测定方法和测定结果有影响,用同一被测样品的供试液在不同间隔时间用同一测定方法所得到的测定结果。一般考察 36 h,这里考察 60 min 计算 RSD 不得大于 3.0%。对照品和样品均要做。取芦丁对照品和样品溶液 5 mL,于 0 min、15 min、30 min、45 min、60 min,测定吸光值,计算吸光度平均值,求出 RSD 值,判断样品的稳定性。

4. 加样回收试验

加样回收试验即于已知被测成分含量的成药中再精密加入一定量的被测成分纯品,依法测定。用实测值与原样品中含测成分之差,除以加入纯品量计算回收率。此法不用制备空白对照,模拟真实性好,一般回收率要求在 95%～105%。取样品 6 份精密称定,每份 0.5 g,精密加入芦丁对照品适量,按照供试品溶液的制备方法和测定法步骤在 500 nm 波长处测定各溶液的吸光度,按照以下公式计算含量。

$$回收率(\%) = \frac{试验测得量 - 试验前样品含量}{加入对照品含量} \times 100\%$$

【注意事项】

1. 纯品的加入量与取样量中被测成分之和必须在标准曲线线性关系范围之内。
2. 外加纯品的量要适当,过少则引起较大的相对误差,过多则干扰成分相对减少,真实性差。
3. 一般加入量与所取样品含量之比控制在 1∶1 左右。
4. 做加样试验时,有人将对照品加至制备好的供试品溶液中,这是不对的,这样不能考察提取、纯化过程中被测成分是否损失,不能代表含量测定方法的回收率,因此要在称样开始时就加入对照品。

【思考题】

1. 药品质量标准研究方法学验证一般包含哪些内容?
2. 结合《中华人民共和国药典》,谈谈对精密度的理解?
3. 对于原料药分析中,稳定性试验包括哪些内容?

【参考文献】

[1] 杨若婧.大叶蛇葡萄总黄酮提取物质量分析及其降压药效学研究[D].湖北中医药大学,2012.
[2] 吴笛,雷昌.HPLC 同时测定槐花散中 4 种黄酮类成分含量[J].中国中医药信息杂志,2020,27(06):69-72.
[3] 黄和军,崔小兵,杨军辉.一测多评法测定槐花中 3 种黄酮类成分的含量[J].安徽医药,2019,23(12):2366-2370.

实验九　设计性实验:未知药物的分析

【实验目的】

1. 掌握典型药物的特殊鉴别试验。
2. 根据药物结构特征,区别各类药物,并根据各类药物的专属性试验进行鉴别确证。

3. 熟悉药物的其他鉴别试验。

【实验原理】

七种鉴别药物的结构式如图 5-2 所示。

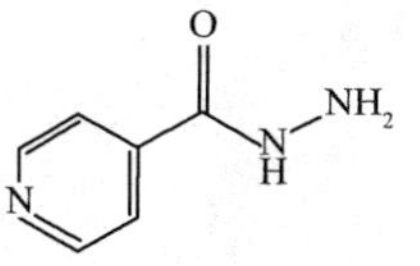

异烟肼($C_6H_7N_3O$ 137.14)

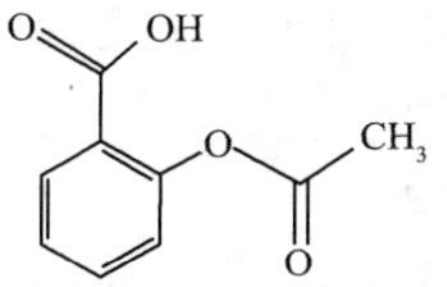

阿司匹林($C_9H_8O_4$ 180.16)

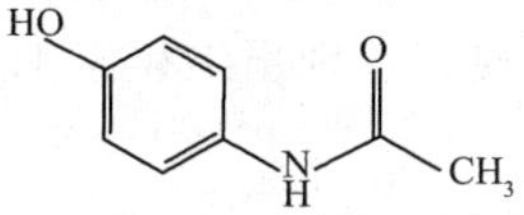

对乙酰氨基酚($C_8H_9NO_2$ 151.16)

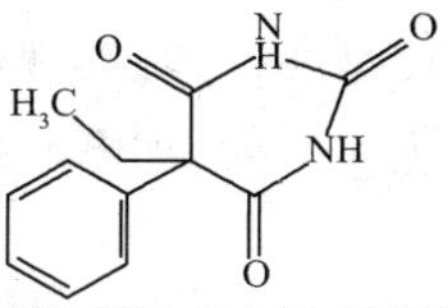

苯巴比妥($C_{12}H_{12}N_2O_3$ 232.24)

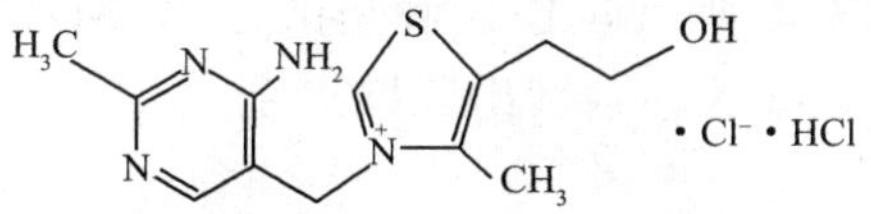

维生素 B_1($C_{12}H_{17}ClN_4OS \cdot HCl$ 337.27)

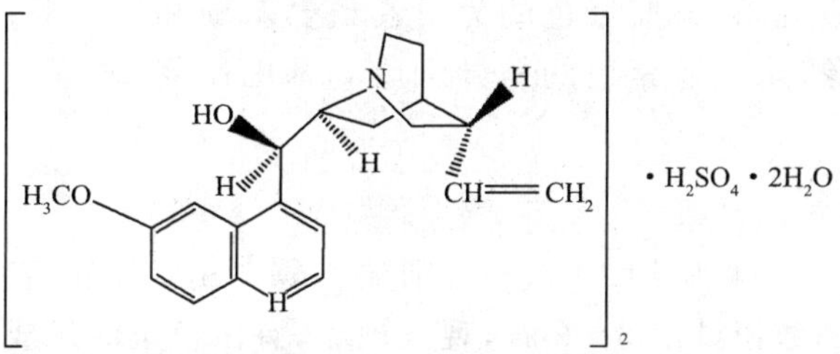

硫酸奎宁[$(C_{20}H_{24}N_2O_2)_2 \cdot H_2SO_4 \cdot 2H_2O$ 782.96]

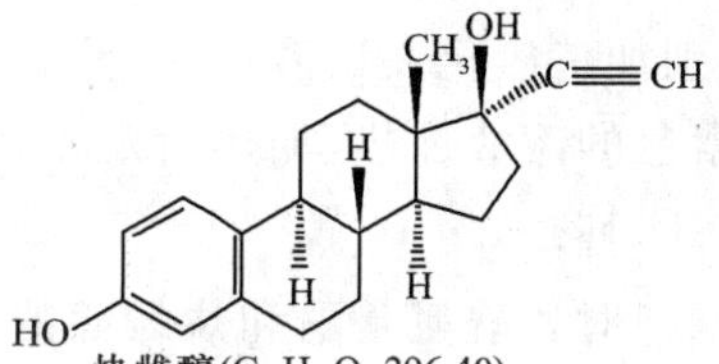

炔雌醇($C_{20}H_{24}O_2$ 296.40)

图 5-2 七种鉴别药物的结构式

从外观上来说，上述的七种物质都是属于白色的粉末，所以从这里并不能判断出这几种物质。从溶解性及熔点和沸点来看，有多种物质的溶解性都很相似，而且以现有条件准确测熔点和沸点很难，而且操作的时间很长。所以，这里我们选择用化学方法来鉴别这七种化学物质。

由于维生素 B_1 有专属的硫色素反应，硫酸奎宁有专属的绿奎宁反应，所以，可以通过这两个专属的反应鉴别出维生素 B_1 和硫酸奎宁。

剩余的五种物质，有两种含有酚羟基，而阿司匹林水溶液加热水解可以生成酚羟基，其余两种则无酚羟基，也无此种反应，所以通过加三氯化铁直接显蓝紫色的为对乙酰氨基酚和炔雌醇，其余加热后显蓝紫色的为阿司匹林，而未显蓝紫色的则为异烟肼和苯巴比妥。

对乙酰氨基酚和炔雌醇可以通过炔基的沉淀反应鉴别，有白色沉淀的是炔雌醇，无沉淀的是对乙酰氨基酚。

异烟肼和苯巴比妥可通过异烟肼的还原反应来鉴别，产生金属银黑色浑浊和气泡，并在玻璃管壁上产生银镜的为异烟肼，无此现象的为苯巴比妥。

【实验材料】

1. 仪器:试管(最好两组 14 支)、电子天平、药匙、量筒、烧杯、荧光仪、电热套等。
2. 试剂:七种待鉴别物质、氢氧化钠溶液、铁氰化钾试液、正丁醇、稀硫酸、溴试液、氨试液、三氯化铁试液、乙醇、硝酸银试液、氨制硝酸银试液等。

【实验方法】

(一)维生素 B_1 的鉴别

分别取上述七种物质约 5 mg,分别加氢氧化钠溶液 2.5 mL 溶解,有不溶性物质存在的过滤掉不溶物,分别加铁氰化钾试液 0.5 mL 与正丁醇 5 mL,强力振摇 2 min,放置使分层,观察现象。加酸使呈酸性,观察现象;再加碱使呈碱性,观察现象。根据分层后有强烈的蓝色荧光,加酸后荧光消失,加碱后荧光又重现。鉴别出维生素 B_1。

(二)硫酸奎宁的鉴别

分别取剩下的六种物质约 5 mg,加水 5 mL 溶解,有不溶性物质存在的过滤掉不溶物,分别加溴试液 0.2 mL 和氨试液 1 mL,观察现象,加酸呈中性和呈酸性,分别观察现象。开始显翠绿色,呈中性后为蓝色,呈酸性后为紫红色。鉴别出硫酸奎宁。

(三)阿司匹林的鉴别

分别取剩下的五种物质约 10 mg,加水 5 mL 溶解,有不溶性物质存在的过滤掉不溶物,分别加三氯化铁试液 2~3 滴,观察现象,显蓝紫色的为对乙酰氨基酚和炔雌醇;将未显蓝紫色的溶液加热,加热后观察现象,未显蓝紫色的是异烟肼和苯巴比妥,显蓝紫色的为阿司匹林。

(四)对乙酰氨基酚和炔雌醇的鉴别

分别取步骤(三)直接显蓝紫色的两种物质约 10 mg,分别加乙醇 1 mL 溶解,有不溶性物质存在的过滤掉不溶物,分别加硝酸银试液 5~6 滴,观察现象,有白色沉淀生成的是炔雌醇,而无沉淀生成的是对乙酰氨基酚。

(五)异烟肼和苯巴比妥的鉴别

分别取步骤(三)最后未显蓝紫色的两种物质约 10 mg,分别加水 2 mL 溶解,有不溶性物质存在的过滤掉不溶物,分别加氨制硝酸银试液 1 mL,观察现象,生成金属银黑色浑浊和气泡,并在玻璃管壁上产生银镜的为异烟肼,而无此现象的则是苯巴比妥。

【注意事项】

1. 本次实验中的药品有不同的剂型,必须要考虑辅料的影响。白色不溶性辅料对于沉淀反应及银镜等反应有干扰,应考虑在内。另外,由于辅料的存在,取样量也应适当增加。
2. 在实验中主要使用化学反应来鉴别物质的,应尽量排除其他的干扰。
3. 氨制硝酸银试液最好使用新配的试液。

【思考题】

简述上述七种物质的鉴别方法和原理。

第六章
药剂学实验

药剂学是研究药物制剂的基本理论、处方设计、制备工艺、质量控制和合理应用的综合性应用技术科学。药剂学的研究对象是药物制剂,研究内容涵盖了从药物制剂的基本理论到药物制剂的生产及临床合理应用全过程,研究目标是生产出适宜的药物制剂,学科性质是综合性应用技术科学。在整个教学过程中,实验课是其中的重要组成部分。药剂学实验课的目的在于通过实验,使学生掌握各类剂型的基本操作和实验技能,为今后开展医院药剂工作,创造新品种、新工艺、新剂型打下基础,同时培养学生根据实验现象及结果,结合理论知识,提高综合分析问题和解决问题的科研能力。

第一节 药物制剂基本概念

药物作用的效果不仅取决于药物本身的活性,还与其进入体内的形式和作用过程密切相关。因此,在药物研究中,制剂的设计和优化是其中必不可少的一项重要内容。

药物制剂研究一般要求先了解并掌握某一个药物的物理化学性质,研究它们影响药物吸收和活性的问题,这些工作的总和称为处方设计前研究工作。处方设计前研究的主要任务是尽可能全面地获取有关化合物的结构、稳定性、固态性质、溶液性质及生物利用度等各种信息,目的是为后期研制稳定且具有适宜生物学特征的剂型提供依据。

药物的物理化学性质研究主要包括溶解度、解离常数、熔点、多晶形、分配系数、表面特征、吸湿性以及化学稳定性等的测定。

处方设计前研究可以在新药研究的不同阶段开展,然而人们越来越倾向于在先导化合物优化或确定候选化合物的同时,就开展一部分处方设计前研究工作。在这个阶段,由于化合物的制备和纯化工艺尚未确定,而且能得到的化合物数量往往有限,所以需要采用更为灵敏的检测和分析方法获取化合物的各种性质,或者通过计算化学方法进行一定的估算,对于已知化合物进行新制剂或改良制剂的研究,有些参数可以通过查阅文献或者一些专业的数据库获得。

一、溶解度

由于绝大部分药物的吸收和起效首先必须形成溶液,不论通过何种途径给药,药物都需要具有一定的溶解度。因此,药物的溶解度是设计制剂处方的重要依据之一,溶解度测定是处方设计前研究工作的主要内容之一。当需要将药物设计成液体制剂,或者是筛选固体制剂溶出度测定的溶出介质时,必须研究不同溶剂系统中药物的溶解度。研究药物在不同给药部位吸收情况时,需要测定不同pH条件下的溶解度。

溶解度指在一定温度(气体在一定温度和压力下)下,在一定量溶剂中达饱和时溶解溶质的最大量,是反映药物溶解性的重要指标。《中华人民共和国药典》(2015年版)将药物的近似溶解度用七种名词术语表示(表6-1)。

表6-1 《中华人民共和国药典》(2015年版)关于药物的近似溶解度的描述

术语	溶解限度
极易溶解	指溶质1 g(mL)能在溶剂不到1 mL中溶解
易溶	指溶质1 g(mL)能在溶剂1~10 mL中溶解
溶解	指溶质1 g(mL)能在溶剂10~30 mL中溶解
略溶	指溶质1 g(mL)能在溶剂30~100 mL中溶解
微溶	指溶质1 g(mL)能在溶剂100~1 000 mL中溶解
极微溶解	指溶质1 g(mL)能在溶剂1 000~10 000 mL中溶解
几乎不溶或不溶	指溶质1 g(mL)在溶剂10 000 mL中不能完全溶解

药物溶解度可分为特性溶解度和平衡溶解度。药物的特性溶解度指药物不含任何杂质,在溶剂中不发生解离或缔合,也不发生相互作用时所形成的饱和溶液的浓度。从制剂角度出发,药物的特性溶解度是首先应该测定的参数,有助于对药物剂型的选择及对处方、工艺、药物的晶型、粒子大小等作出适当的考虑。一般如果口服药物的特性溶解度小于1 mg/mL就可能出现吸收问题。

一般情况下,药物溶解度的数值多是平衡溶解度或称为表观溶解度,因为在实际测定中不易完全排除药物解离和溶剂的影响,尤其是酸碱性药物更是如此,所以不同于药物的特性溶解度。

在进行溶解度实验时,应考虑pH、温度、离子强度、缓冲液浓度等因素的影响。药物的溶解度测定需要采用数份样品进行,每份样品中药物的量均要超过药物的溶解度,置样品于恒温装置中振荡,直至溶解达到平衡,达到平衡所需要的时间因溶质分子与溶剂分子结合能力的不同而不同,有的需要几十个小时。样品达到平衡后保温过滤,取滤液测定药物浓度,计算药物溶解度。

二、解离常数

弱电解质药物(弱酸、弱碱)在药物中占有较大比例,具有一定的酸碱性。解离常数pKa是药物酸碱性的重要指标,pKa值越大,碱性越强。弱电解质药物在不同pH介质中的解离度不同,药物溶解后存在的形式也不同,即主要以解离型和非解离型存在,解离型药物一般不能很好地通过生物膜,而非解离型药物往往可有效地通过生物膜。

测定解离常数的方法有电位滴定法、分光光度法、溶解度法等多种,其中以电位滴定法和分光光度法较常用。

三、油水分配系数

药物的体内过程要求药物分子有效地通过体内的各种生物膜的屏障系统。由于生物膜的主要组成成分是脂类,所以药物分子穿透生物膜的能力与其亲脂性密切相关。在处方设计前研究中常常用油或水分配系数来衡量药物分子亲脂性的大小。

分配系数是药物制剂中设计处方、开发新药以及临床应用时的重要参数之一。如配置乳剂确定处方时,应明确药物、防腐剂等的分配系数才能决定正确用量;配置缓释制剂、软膏剂、栓剂以及贴片等,只有掌握药物从基质释放到黏膜、皮肤或进入体内后的分配系数才能更准确地控制剂量。

温度一定时,在两种彼此接触而互不相溶的溶剂之间,同种溶质可以按一定比例在两种溶剂中溶解。药物在两种溶剂中平衡浓度的比值是一个常数,称为分配系数,即

$$P = \frac{a_o(\text{油相中药物的活度})}{a_w(\text{水相中药物的活度})}$$

若药物在两相中的浓度比较稀时,可用浓度代替活度。若该溶质在溶液中发生化学反应,如缔合、解离、水解、络合反应等,则同种的分子或离子在两相之间仍遵守分配定律,但总平衡浓度比不一定是一个常数。

摇瓶法是测定油水分配系数最普遍的方法之一,即在互不相溶的油水系统中,药物溶解平衡后直接测定两相中的药物浓度,由此计算分配系数。

在测定油水分配系数时,可选择多种油相溶剂,但处方设计中应用较多的是正辛醇。这主要是因为正辛醇与水不互溶,且其极性与生物膜相似,并且已经有大量化合物的数据可以参考。

四、稳定性研究

稳定性试验是考察原料药或药物制剂在温度、湿度、光线的影响下随时间变化的规律,为药品的生产、包装、储存、运输条件提供科学依据,同时通过试验建立药品的有效期。

稳定性试验的基本要求:①稳定性试验包括影响因素试验、加速试验与长期试验。影响因素试验用一批原料药进行。加速试验与长期试验要求用三批供试品进行。②原料药供试品应是一定规模生产的,其合成路线、方法、步骤应与大生产一致;药物制剂的供试品应是放大试验的产品,进行规模生产后,对最初通过生产验证的三批产品仍需进行加速试验与长期稳定性试验。③供试品的质量标准应与临床前研究及临床试验和规模生产所使用的供试品质量标准一致。④加速试验与长期试验所用供试品的包装应与上市产品一致。⑤研究药物稳定性要采用专属性强、准确、精密、灵敏的药物分析方法与分解产物检查方法,并对方法进行验证,以保证药物稳定性结果的可靠性。在稳定性试验中,应重视降解产物的检查。

1. 影响因素试验

影响因素试验在比加速试验更剧烈的条件下进行。其目的是探讨药物的固有稳定

性,了解影响其稳定性的因素及可能的降解途径与分解产物。如试验结果发现降解产物有明显变化,应考虑其潜在的危害性,必要时对降解产物进行定性或定量分析。试验内容包括:高温试验、高湿度试验和强光照射试验。

2. 加速试验

加速试验在超常的条件下进行。其目的是通过加速药物的化学或物理变化,预测药物的稳定性。原料药物与药物制剂均需进行此项试验,供试品要求三批,在温度为 (42 ± 2)℃、相对湿度为 $75\%\pm5\%$ 的条件下放置 6 个月。所用设备应能控制温度为 ±2 ℃、相对湿度为 $\pm5\%$,并能对真实温度与湿度进行检测。在试验期间于第 1、2、3、6 月末分别取样一次,按稳定性重点考察项目进行检测。在上述条件下,若 6 个月内供试品经检测不符合制定的质量标准,则应在中间条件即在温度为 (30 ± 2)℃、相对湿度为 $60\%\pm5\%$ 的情况下放置,时间仍为 6 个月。

对温度特别敏感的药物制剂,预计只能在冰箱内保存使用,此类药物制剂的加速试验,可在温度为 (25 ± 2)℃、相对湿度为 $60\%\pm5\%$ 的条件下进行,时间为 6 个月。乳剂、混悬剂、软膏剂、眼膏剂、栓剂、气雾剂、泡腾片及泡腾颗粒宜直接采用温度为 (30 ± 2)℃、相对湿度为 $60\%\pm5\%$ 的条件下进行试验,其他要求与上述相同。对于包装在半透性容器的药物制剂,则应在温度为 (40 ± 2)℃、相对湿度为 $20\%\pm2\%$ 的条件下进行试验。

3. 长期试验

长期试验是在接近药品的实际储存条件下进行的,其目的是制定药物的有效期提供依据。原料药与药物制剂均需进行长期试验,供试品要求三批,市售包装,在温度为 (25 ± 2)℃、相对湿度为 $60\%\pm10\%$ 的条件下放置 12 个月。每 3 个月取样一次,分别于 0、3、6、9、12 个月,按稳定性重点考察项目进行检测。12 个月以后,仍需继续考察,分别于 18、24、36 个月取样进行检测,将结果与 0 月进行比较确定药品的有效期。若未取得足够数据(如只有 18 个月),则应进行统计分析,以确定药品的有效期。对温度特别敏感的药品,长期试验可在温度为 (6 ± 2)℃条件下放置 12 个月,按上述时间要求进行检测,12 个月以后,仍需按规定继续考察,制定在低温储存条件下的有效期。

五、粉体性质

临床上常用的一些制剂,如散剂本身就是粉体,压片时粉碎后的药物细粉,填充胶囊剂用的药物粉末,都属于粉体。一些药用辅料如稀释剂、黏合剂、崩解剂、润滑剂等就是典型的粉体。还有如颗粒剂、微囊、胶囊剂等颗粒状制剂,也具有粉体的某些性质。药物混合的均匀性是制剂的基本要求,而混合的均匀性却与药物粉末的粉体性质如分散度、密度、形态等都有密切关系。

粉体粒子大小是粉体的基础性质,它对粉体学、药物制剂都是不可缺少的基本数据。粉体大小影响药物溶出度和生物利用度。粉体粒子越小,比表面积越大,其溶解度、吸附性、附着性、粉体的密度、孔隙率、流动性等都发生明显变化。粒径的大小和粒度分布的测定可采用筛分法、库尔特计数法、光显微镜法、沉降法、比表面积法等测定。

粉体的流动性是粉体的一个重要性质。粉体流动性对某些药物制剂的质量控制至关重要,如高速压片机和高速胶囊填充机均要求粉末的流动性要高;散剂和颗粒剂的分剂量也与其流动性有重要关系。粉体的流动性可用休止角、流出速度和内摩擦系数来衡量。

固体制剂过程中粉末流动性受临界相对湿度影响较大。

第二节 制剂基本概念单元操作

一、粉碎技术

粉碎是借助于机械力将大块固体物料破碎成适宜程度的碎块或细粉的操作过程。

粉碎对制剂过程具有重要意义:粒径减小增加比表面积,从而有利于提高难溶性药物的溶出度和生物利用度;有利于提高制剂质量,如提高混悬液的分散性与稳定性、改善气雾剂的治疗效果,等等;有利于制剂中各成分混合均匀,因混合度与各成分的粒径有关;有利于从天然药材中提取有效成分,等等。

粉碎对药品质量可能带来不良作用,如晶形转变、热分解、黏附、凝聚性增大、密度减少、粉末表面上吸附的空气对润湿性的影响等。

通常把粉碎前粒度与粉碎后粒度之比称为粉碎度或粉碎比(n)。

1. 粉碎方式

根据待粉碎物料的性质、产品粒度的要求以及粉碎设备的形式等不同条件可采用不同的粉碎方式。

(1)闭塞粉碎与自由粉碎

闭塞粉碎是在粉碎过程中,已到达粉碎要求的粉末不能排出而继续和粗颗粒一起重复粉碎的操作。这种操作,粉末成了粉碎过程的缓冲物或"软垫"影响粉碎效果,能量消耗比较大,常用于小规模的间歇操作。自由粉碎是在粉碎过程中已达到粉碎粒度要求的粉末能及时排出而不影响粗粒的继续粉碎的操作。这种操作,粉碎效率高,常用于连续操作。

(2)开路粉碎与循环粉碎

开路粉碎是把粉碎物料供给粉碎机的同时不断地从粉碎机把已粉碎的细物料取出的操作。循环粉碎是经粉碎机粉碎的物料通过筛子或分级设备使粗颗粒重新返回到粉碎机反复粉碎的操作。

(3)干法粉碎与湿法粉碎

干法粉碎是物料处于干燥状态下进行粉碎的操作。在药品生产中大多采用干法粉碎。湿法粉碎是指在药物中加入适量的水或其他液体进行研磨的方法。由于液体对固体物料有一定的渗透力或劈裂作用而有利于粉碎,而且降低物料黏附性。湿法操作可避免粉碎操作时粉尘飞扬,减轻某些有毒药物或刺激性药物对人体的危害。

(4)低温粉碎

低温粉碎是利用物料在低温时脆性增加、韧性与延伸性降低的性质以提高粉碎效果。

(5)混合粉碎

两种以上的物料同时粉碎的操作叫作混合粉碎。混合粉碎可避免一些黏性物料或热塑性物料在单独粉碎时黏壁以及物料间的附聚现象,可使粉碎与混合操作同时进行。

2.粉碎设备

粉碎机的类型很多,根据对粉碎产物的粒度要求和其他目的选择适宜的粉碎机。常用的典型的粉碎机有球磨机、冲击式粉碎机和气流粉碎机。

(1)球磨机

球磨机是最普通的粉碎机之一,有一百多年的历史。球磨机是由不锈钢、瓷制的圆筒、内装一定数量和大小的圆形钢球或瓷球组成。物料在圆筒内受圆球的连续研磨、撞击和滚压作用而碎成细粉。球磨机要求有适当的转速才能获得良好的粉碎效果。

(2)冲击式粉碎机

冲击式粉碎机对物料作用以冲击力为主,适用于脆性、韧性物料以及中碎、细碎和超细碎等,应用广泛,因此具有"万能粉碎机"之称。

(3)气流粉碎机

气流粉碎机的粉碎动力来源于高速气体。物料被气流分散、加速,并在粒子与粒子间、粒子与器壁间发生高速撞击、冲击、研磨而进行粉碎。压缩空气夹带的细粉由出料口进入旋风分离器或袋滤器进行分离,较大颗粒重复粉碎过程。

二、筛分技术

分级是将不同粒度的混合物按粒度大小进行分离的操作。筛分法是借助筛网将物料进行分离的方法。筛分法操作简单、经济而且分级精度较高,因此是医药工业中应用最广泛的分级操作之一。

经粉碎或制粒后所得制品一定是不同大小粒子的集合体,筛分的目的是获得较均匀粒度的物料。这对药品质量以及制剂生产的顺利进行都有重要的意义。

(1)筛分设备

①冲眼模

冲眼模又称模压筛,是在金属板上冲出圆形的筛孔而成。其筛孔坚固,孔径不易变动,多用于高速旋转粉碎机的筛板以及药丸的筛选。

②编织筛

编织筛是用一定机械强度的金属丝(不锈钢、铜丝、铁丝等)或其他非金属丝(尼龙丝等)编织而成。尼龙丝对一般药物较稳定,在制剂生产中应用较多,但编织筛的筛线易产生位移致使筛孔变形。

(2)药筛规格

药筛的孔径大小用筛号表示。筛子的孔径规格各国都有标准,我国有药典标准和工业标准。工业用标准筛常用"目"表示筛号,即以1 in(25.4 mm)长度上的筛孔数目表示。筛号的表示方法相同,但所选用筛线的直径不同,筛孔的大小也不同。因此必须注明孔径的具体大小,常用"μm"表示。《中华人民共和国药典》规定所用药筛选用国家标准的R40/3系列对药筛的分等见表6-2。

表 6-2　　国家标准的 R40/3 系列对药筛的分等

筛号	筛孔内径（平均值）/μm	目号
一号筛	2 000 ± 70	10 目
二号筛	850 ± 29	24 目
三号筛	355 ± 13	50 目
四号筛	250 ± 9.9	65 目
五号筛	180 ± 7.6	80 目
六号筛	150 ± 6.6	100 目
七号筛	125 ± 5.8	120 目
八号筛	90 ± 4.6	150 目
九号筛	75 ± 4.1	200 目

为了便于区别固体粒度的大小，《中华人民共和国药典》规定把固体粉末分为六级，还规定了各个剂型所要求的粒度。粉末的分等见表 6-3。

表 6-3　　《中华人民共和国药典》对固体粉末的分等

等级	描述
最粗粉	指能全部通过一号筛，但混有能通过三号筛不超过 20% 的粉末
粗粉	指能全部通过二号筛，但混有能通过四号筛不超过 40% 的粉末
中粉	指能全部通过四号筛，但混有能通过五号筛不超过 60% 的粉末
细粉	指能全部通过五号筛，并含能通过六号筛不少于 95% 的粉末
最细粉	指能全部通过六号筛，并含能通过七号筛不少于 95% 的粉末
极细粉	指能全部通过八号筛，并含能通过九号筛不少于 95% 的粉末

三、混合技术

广义上讲，把两种以上的物质均匀混合的操作称为混合。其中包括固/固、固/液、液/液等组分的混合。但混合的物系、目的不同，所采取的操作方法不同。

混合操作以含量均匀一致为目的。混合过程是以细微粉体为主要对象，细微粉体具有粒度小、密度小、附着性、凝聚性、飞散性强等特点。粒子的形状、大小、表面粗糙度、粒径不均匀、混合成分过多，最少成分的混合比率过大等，对混合都带来一定难度，然而在制剂生产过程中意义非常重大。混合结果不仅会影响制剂的外观而且对其内在质量也有影响。如在片剂生产过程中，混合不好会出现斑点，崩解时限、硬度不合格，影响药效，等等。特别是长期连续服用的药物、有效血药浓度和中毒浓度接近的药物等情况，主药含量不均匀对生物利用度即治疗效果带来极大的影响，甚至带来危险。因此合理的混合操作是保证制剂产品质量的重要措施。

1. 混合度的表示方法

混合度是混合过程中物料混合均匀程度的指标。固体间的混合不能达到完全均匀的排列，只能达到宏观的均匀性，因此常用统计的方法。以统计混合限度最为完全的混合状态，并以此为基准表示实际的混合程度。在混合过程中，可以随时测定混合度，找出混合度随时间变化规律，从而了解和研究各种混合操作的控制机理及混合速度。

2.混合设备

实验室常用的混合方法有搅拌混合、研磨混合、过筛混合。大批量混合生产中的混合过程一般采用搅拌或容器旋转使物料产生整体和局部的移动而达到目的。对于含有剧毒、贵重的药品或各组分混合比例相差悬殊时,采用"等量递增"的原则进行混合。

固体混合设备有容器旋转型混合机、容器固定型混合机。

(1)容器旋转型混合机

容器旋转型混合机是靠容器本身的旋转作用带动物料上下运动而使物料混合的设备,也称作转鼓式混合机。其形式多样,有水平圆筒混合机、"V"形混合机、双锥形混合机。混合效果主要取决于旋转速度。工作转速的确定可根据混合的目的、药物的种类、筒体的形式与大小而决定,转速应小于临界转速。转速过大,产生离心力,颗粒附于转鼓上,会降低混合效果。这类混合机适用于轻度混合,尤其是密度相近的细粉混合。机内有效容积大,易于清洗。

(2)容器固定型混合机

容器固定型混合机是物料在容器内靠叶片、螺带或气流的搅拌作用进行混合的设备。常用有搅拌槽型混合机、锥形垂直螺旋混合机和气流混合机。其中锥形垂直螺旋混合机和气流混合机混合速度快,混合度高,混合所需动力消耗较其他混合机少。

四、干燥技术

干燥是利用热能使物料中的湿分汽化,并利用气流或真空带走汽化了的湿分,从而获得干燥产品的操作。物料中被除去的湿分多数为水,带走湿分的气流一般为空气。使湿分汽化的方式有热传导加热、对流加热、热辐射加热等,在制药过程中较普遍的应用是对流加热干燥,简称对流干燥。

干燥是制剂生产过程中不可缺少的单元操作,如湿颗粒物的干燥、辅料及流浸膏的干燥等不仅可以应用于中间体而且还可以用于最后的产品。干燥的目的在于使物料便于加工、运输、储藏和使用,保证药品的稳定性。但并不是说干燥后水分含量越低越好,如过分干燥容易产生静电,或压片时容易裂片等,因此干燥技术应根据实际情况控制含水量。

1.干燥方法

干燥方法按操作可分为间歇式干燥、连续式干燥。按操作压力可分为常压式干燥、真空式干燥,按加热方式可分为传导干燥、对流干燥、辐射干燥和介电加热干燥。

2.干燥设备

(1)厢式干燥器

在干燥箱内设置多层支架,在支架上放入物料盘。空气经预热器加热后进入干燥室内,以水平方向通过物料表面。为了使干燥均匀,干燥盘内的物料不能过厚,必要时在干燥盘上开孔,或使用网状干燥盘以使空气透过物料层。

厢式干燥器的设备简单,适应性强,在制剂生产中广泛应用于生产量少的物料的间歇式干燥中。但存在劳动强度大、热消耗大的缺点。

(2)流化床干燥器

流化床干燥是使热空气自下而上通过松散的粒状或粉状物料层形成"沸腾床"而进行

的干燥操作,构造简单,操作方便,操作时颗粒与气流间的相对运动激烈,接触面积大,强化了传热、传质,提高了干燥速率;物料的停留时间可任意调节,适宜于热敏的物料,不适宜于含水量高、易黏结成团的物料,要求颗粒适宜。

(3)喷雾干燥器

喷雾干燥蒸发面积大,干燥时间短,在干燥过程中雾滴的温度大致等于空湿球的温度,对热敏物料及无菌操作时非常适用。干燥制品多为松脆的空心颗粒,溶解性好。

(4)冷冻干燥器

冷冻干燥是将含有大量水分的物料先冻结至冰点以下的固体,然后在高真空条件下加热,使水蒸气直接从固体中升华出来进行干燥的方法。因为是利用升华达到干燥的目的,所以也叫升华干燥。冷冻干燥适合于热敏性药物、易氧化性物料及易挥发成分的干燥,可防止药物的变质和损失。干燥后的制品体积与液态时相同,因此干燥产品呈疏松、多孔、海绵状而易于溶解,常用于生物制品、抗生素等呈固体而临用时溶解的注射剂的制备中。缺点是设备投资费用高,动力消耗大,干燥时间长,生产时间长。

五、压片技术

压片过程要求物料有较好的流动性、压缩成形性和润滑性。良好的流动性可以保证物料流动、填充等操作顺利进行,减小片质量差异;压缩成形性好可以避免出现裂片、松片等不良现象。润滑性好可得到完整光洁的片剂,压片时不黏冲。

压片前需要预先计算片质量。可以根据颗粒中主药的含量或干颗粒总质量(常用于没有准确含量测定方法的中药)法计算。

常用的压片机按结构可分为单冲撞击式压片机、普通旋转式压片机和高速旋转式压片机。单冲撞击式压片机结构简单,操作方便,是目前药房、实验室、试制工作中常用的设备。

第三节　药剂学实验实例

实验一　混悬剂的制备及沉降速度测定

【实验目的】

1. 掌握混悬剂的一般制备方法。
2. 掌握沉降容积比的概念并熟悉测定方法。
3. 熟悉根据药物的性质选用适宜的稳定剂,用以制备稳定混悬剂的方法。

【实验原理】

混悬剂是指难溶性固体药物以微粒状态分散于分散介质中形成的非均匀的液体制剂。混悬剂的沉降速度 V 服从 Stoke's 定律[式(6-1)],从(式 6-1)可知,减少颗粒半径 r 或微粒与介质密度之差($\rho_1 - \rho_2$),或者增大介质黏度 η 均可降低颗粒的沉降速度。因此制备混悬剂时应先将药物研细并加入助悬剂如天然胶类、合成的可溶性纤维素类、糖浆等,以增加黏度,降低沉降速度,制成稳定的混悬剂。

$$V = \frac{2r^2(\rho_1 - \rho_2)g}{9\eta} \tag{6-1}$$

混悬剂中微粒分散度高,具有较大的表面自由能,故体系属于热力学不稳定系统。微粒有聚集的趋势,可加入表面活性剂等用以降低固液之间界面张力,使体系稳定。疏水性药物的混悬剂比亲水性药物存在更大的稳定性问题。表面活性剂又可作润湿剂,改善疏水性药物的润湿性。从而克服疏水微粒(质轻)因吸附空气而造成的上浮现象。

混悬剂的稳定剂一般分为三类:①助悬剂;②润湿剂;③絮凝剂与反絮凝剂。

混悬剂的配制方法有分散法与凝聚法。

分散法:将固体药物粉碎成微粒,再根据主药性质混悬于分散介质中,加入适宜的稳定剂。亲水性药物先干研至一定细度,再加液研磨(通常一份固体药物,加0.4~0.6份液体为宜,湿法研磨与药物、液体溶剂种类、设备、温度和时间都有关);疏水性药物则先用润湿剂或高分子溶液研磨,使药物颗粒润湿,最后加分散介质稀释至总量。

凝聚法:将离子或分子状态的药物借助物理或化学方法凝聚成微粒,再混悬于分散介质中形成混悬剂。

优良的混悬剂应符合一定的质量要求:外观粒子应细腻,分散均匀、不结块;粒子的沉降速度慢,沉降容积比 $F(V/V_0)$ 愈大,混悬剂愈稳定;颗粒沉降后,经振摇易再分散,以保证均匀,分剂量准确。

混悬剂成品的标签上应注明"用时摇匀"。为安全起见,剧毒药不应制成混悬剂。

【实验材料】

1. 试剂:氧化锌(细粉)、炉甘石、50%甘油、甲基纤维素、西黄蓍胶、乙醇、樟脑、硫酸钡、硫磺、吐温-80(聚山梨酯-80)、软皂液、蒸馏水等。

2. 器材:乳钵、刻度试管、烧杯、量筒、分析天平等。

【实验方法】

(一)药物亲水与疏水性质的观察

取试管加少量蒸馏水,分别加入少许氧化锌、硫酸钡、硫磺、炉甘石、樟脑等粉末,观察与水接触的现象。分辨哪些是亲水的,哪些是疏水的,记录于报告表上。

(二)氧化锌混悬剂的制备

1. 按表6-4处方制备氧化锌混悬剂,并测定沉降容积比。

表6-4　　　　　　　　氧化锌混悬剂的处方组成

处方号	1	2	3	4
氧化锌/g	0.5	0.5	0.5	0.5
50%甘油/mL	—	6.0	—	—
甲基纤维素/g	—	—	0.05	—
西黄蓍胶/g	—	—	—	0.05
纯净水加至/mL	10	10	10	10

2. 实验操作

①处方 1、2 的配制：称取氧化锌细粉 0.5 g（过 120 目筛），置乳钵中，分别加 3mL 纯净水（pH 为 6.6）或甘油研成糊状，再各加少量纯净水或余下甘油研磨均匀 10 min，最后加纯净水稀释并转移至 10 mL 刻度试管中，加纯净水至刻度。

②处方 3 的配制：称取甲基纤维素 0.05 g，加入蒸馏水研成溶液后，加入氧化锌细粉，研成糊状，再加蒸馏水研匀，稀释并转移至 10 mL 刻度试管中，加蒸馏水至刻度。

③处方 4 的配制：称取西黄蓍胶 0.05 g，加入乙醇几滴润湿均匀，加少量蒸馏水研成胶浆，加入氧化锌细粉，研成糊状，再加纯净水研匀 10 min，稀释并转移至 10 mL 刻度试管中，加纯净水至刻度。

④沉降容积比测定：将上述 4 个装混悬液的试管，塞住管口，同时振摇相同次数（或时间）后放置，分别记录 0 min、5 min、10 min、20 min、30 min、60 min、90 min、120 min 沉降物的高度（mL），计算沉降容积比，结果填入表 6-6 中。根据表 6-6 的数据，绘制各处方的沉降曲线。（加甘油做助悬剂，有可能会出现两个沉降面，是因为甘油对小粒子的助悬效果好，而对大粒子助悬效果差，观察时应同时记录两个沉降容积比）。

⑤记录完最后一次沉降物容积比后，将试管倒置翻转，记录试管底沉降物重新分散需要的翻转次数。

(三) 硫磺洗剂的制备

1. 按表 6-5 所示处方制备硫磺洗剂，比较几种润湿剂的作用。

表 6-5　　　　　　　　　　　硫磺洗剂处方组成

处方号	1	2	3	4
精制硫磺/g	0.2	0.2	0.2	0.2
乙醇/mL	—	2.0	—	—
50%甘油/mL	—	—	2.0	—
软皂液/mL	—	—	—	1
聚山梨酯-80/g	—	—	—	0.03
蒸馏水加至/mL	10	10	10	10

2. 实验操作

称取精制硫磺置乳钵中，各处方分别按加液研磨法依次加入少量蒸馏水、乙醇、甘油、软皂液或聚山梨酯-80（加少量蒸馏水）研磨，再向各处方中缓缓加入蒸馏水至全量。振摇，观察硫磺微粒的混悬状态，记录。

【结果处理】

1. 比较助悬剂对氧化锌混悬剂的沉降率影响：将氧化锌混悬剂 1、2、3、4 处方的沉降容积测定结果填入表 6-6 中，根据数据以 F（沉降容积比 $F=H/H_0$）为纵坐标，时间为横坐标，绘制各处方沉降曲线，比较助悬剂的助悬能力。

表 6-6　　　　　　　　　　　混悬剂沉降情况记录

时间 min	处方1		处方2		处方3		处方4	
	H	F	H	F	H	F	H	F
0								
5								
10								
20								
30								
60								
90								
120								
翻转次数								

2.记录硫磺洗剂各处方的混悬情况,讨论不同润湿剂的稳定作用。

【注意事项】

1.各处方配制时,加液量、研磨时间及研磨力度应尽可能一致;定量转移时要加纯净水分次完全洗涤乳钵,并转移至刻度试管中。

2.用于测定沉降容积比的试管,直径应一致。

3.用上下翻转试管的方式振摇沉降物,各管用力要一致,用力不要过大,切勿横向用力振摇。

【思考题】

1.进行处方分析,并根据Stoke's定律结合处方分析影响混悬剂稳定性的主要因素有哪些?应采取什么措施增加混悬剂的稳定性?

2.解释氧化锌混悬剂与硫磺洗剂在处方及工艺上的差异。

【参考文献】

[1] 周四元,韩丽.药剂学[M].北京:科学出版社,2017.

[2] 吴江.贝诺酯混悬剂的研制[J].中国医药工业杂志,1998,29(4):167-169.

实验二　乳剂的制备与评价

【实验目的】

1.掌握乳剂的手工制备方法。

2.比较不同乳化剂对乳滴大小的影响。

3.熟悉离心分光光度法在评价乳剂物理稳定性研究中的应用。

【实验原理】

乳剂指互不相溶的两种液体混合,其中一种液体以液滴状分散于另一种液体中形成的非均相液体制剂。液滴状液体称为内相、分散相或非连续相,另一液体称为外相、分散介质或连续相。

乳剂的类型有水包油(O/W)型和油包水(W/O)型等。乳剂的类型主要取决于乳化剂的种类、性质及两相体积比。制备乳剂时应根据制备量和乳滴大小的要求选择设备。小量制备多在乳钵中进行,大量制备可选用搅拌器、乳匀机、胶体磨等器械。制备方法有干胶法、湿胶法或直接混合法。乳剂类型的鉴别,一般用稀释法或染色法。

乳剂的分散液滴一般为 0.1～100 μm,微小液滴表面积大,表面自由能大,因而具有热力学不稳定性,乳剂的破坏是其必然结果,只是方式与时间上的差异而已。乳剂的物理不稳定性表现为分散液滴可自动由小变大或分层等,其每种形式都是乳剂稳定性发生改变的表征。本实验采用离心法加速乳剂的分层,由于不同处方组成的乳剂在相同的离心条件下乳滴合并或分层速度不同,因而表现出乳剂的浊度或对光的吸收程度不同,因此,通过测定样品被离心前后在一定波长下对光吸收大小的改变,可计算乳剂的稳定性参数(Ke),用来快速比较与评价乳剂的稳定性。乳剂的稳定性参数计算公式为

$$Ke = \frac{A_0 - A}{A_0} \times 100\% \tag{6-2}$$

式中,Ke 为稳定性参数;A_0 和 A 分别为离心前和离心后乳剂稀释液中一定波长下的吸光度。

当 $A_0 - A > 0$(或 $A_0 - A < 0$)时,分散相油滴上浮(或下沉),乳剂不稳定;当 $A_0 - A = 0$,即 $A_0 = A$ 时,分散相基本不变化,乳剂稳定。即 Ke 值越小,说明分散油滴在离心力作用下上浮或下沉得越少,此乳剂越稳定。由此可见,Ke 值可用于比较乳剂的物理稳定性,为筛选处方及选择最佳工艺条件提供科学依据。

【实验材料】

1. 试剂:花生油、阿拉伯胶、Tween-80(聚山梨酯-80)、蒸馏水等。
2. 器材:乳钵、带刻度烧杯、量筒、显微镜、载玻片、盖玻片、普通天平、离心机、1.5 mL 离心管、微量取样器、容量瓶、紫外-可见分光光度仪等。

【实验方法】

(一)用阿拉伯胶为乳化剂

1. 处方 1 组成见表 6-7。

表 6-7　　　　　处方 1 组成

组成	用量
花生油	13.0 mL
阿拉伯胶(细粉)	3.1 g
蒸馏水	6.5 mL
加蒸馏水共制成 50.0 mL	

2. 实验方法

(1)取花生油置于干燥乳钵中,加阿拉伯胶细粉研磨均匀。首次加入蒸馏水 6.5 mL,迅速向一个方向研磨,直至产生"劈裂"的乳化声,即成初乳(初乳稠厚、色浅)。

(2)用蒸馏水将初乳分次转移至带刻度的烧杯中,加水至 50 mL,搅匀即得。

质量检查:取乳剂少许置载玻片上,加盖玻片后在显微镜下观察乳滴大小及均匀度。

3.操作注意

(1)制备初乳时所用乳钵必须是干燥的,研磨时需用力均匀,向一个方向不停地研磨,直至初乳形成,关键是用力,不停歇。

(2)乳钵最好选用表面粗糙的。

(3)镜检时要分清乳滴和气泡。

(4)在制备初乳时,加入水量不足或加水过程缓慢,则极易形成 W/O 型初乳,此时即使加水稀释也难以转变为 O/W 型初乳;若加水量过多,水相的黏滞度降低,以致降低油相的分散度,使制成的乳剂大多不稳定或易破裂。

(二)用 Tween-80(聚山梨酯-80)为乳化剂

1.处方 2 组成见表 6-8。

表 6-8　　　　处方 2 组成

组成	用量/mL
花生油	6.0
Tween-80	3.0
蒸馏水	3.0
加蒸馏水共制成 50.0 mL	

2.实验方法

①取 Tween-80 与花生油置干燥乳钵中,研磨均匀,加入蒸馏水 3 mL,迅速向一个方向研磨,直至产生"劈裂"的乳化声,即成初乳(初乳稠厚、色浅)。

②用蒸馏水将初乳分次转移至带刻度的烧杯中,加水至 50.0 mL,搅匀即得。

3.质量检查

取乳剂少许置载玻片上,加盖玻片后在显微镜下观察乳滴大小及均匀度。

4.注意事项

制备初乳时所用乳钵必须是干燥的,研磨时需用力均匀,向一个方向不停地研磨,直至初乳形成,关键是用力,不要停歇。

(三)乳剂稳定性参数的测定

分别取前述制备的乳剂样品Ⅰ和Ⅱ,盛于 1.5 mL 离心管中,将其调平后,放入离心机。调节离心机转数为 3 000 r/min,离心 15 min 后,取出离心管,以微量取样器从离心管底部吸取 50 μL 液体置于 25 mL 容量瓶中,加水稀释至刻度,混匀。以水为空白在 550 nm 波长下,测定其吸收度值(A)。同法取 50 μL 原乳剂样品,于 25 mL 容量瓶中稀释、定容,在同一波长下测定吸收度值(A_0),按式(6-2)计算乳剂的稳定性参数 Ke。

【结果处理】

1.通过显微镜观察的结果,比较不同乳化剂制得的乳剂在粒径大小和粒径分布方面的差异。

2.将制得乳剂的 Ke 值填于表 6-9 中,并评价其物理稳定性。

表 6-9　　　　　　　　　乳剂的物理稳定性参数

样品		处方 1	处方 2
吸光度 (λ_{550nm})	离心前 (A_0)		
	离心后 (A)		
稳定性参数 (Ke)			

【思考题】

1. 乳化剂有哪几类?
2. 制备乳剂时应如何选择乳化剂?
3. 影响乳剂物理稳定性的因素有哪些?

【参考文献】

[1] 周四元,韩丽.药剂学[M].北京:科学出版社,2017.
[2] 马萍,辛艳茹,杨京燕,等.离心分光光度法测定乳剂的稳定性[J].药学实践杂志,2001,19(1):23.

实验三　软膏剂的制备及体外释药实验

【实验目的】

1. 掌握不同类型基质软膏的制备方法。
2. 根据药物和基质的性质,了解药物加入基质中的方法。
3. 了解软膏剂的质量评定方法。
4. 用琼脂扩散法测定不同类型软膏基质对药物释放的影响。

【实验原理】

软膏剂系指药物与适宜基质均匀混合制成的半固体外用制剂。它可以在局部发挥疗效或起保护和润滑皮肤的作用,药物也可透过皮肤吸收进入体循环,产生全身治疗作用。

软膏剂主要由药物、基质和附加剂组成。基质作为软膏剂的赋形剂和药物的载体,不仅具有保护和润滑皮肤的作用,而且能影响药物的释放及在皮肤内的扩散,从而影响软膏的质量及药物疗效的发挥。常用的软膏基质根据其组成可分为三类:

1. 油脂性基质

此类基质包括烃类、类脂及动植物油脂。此类基质中除植物油和蜂蜡加热熔合制成的单软膏和凡士林等个别品种可单独用作软膏基质外,大多数应混合应用,以得到适宜的软膏基质。

2. 乳剂型基质

系由半固体或固体油溶性成分,水溶性成分和乳化剂制备而成。常用的乳化剂有肥皂类、高级脂肪醇与脂肪醇硫酸酯类、多元醇酯类如三乙醇胺皂、月桂醇硫酸钠、聚山梨酯-80 等。根据使用不同的乳化剂,可制得 O/W 型和 W/O 型软膏。用乳剂型基质制备的软膏剂也称乳膏剂。

3. 水溶性基质

水溶性基质是由天然或合成的水溶性高分子物质所组成。常用的有甘油明胶、纤维素衍生物及聚乙二醇等。

软膏剂可根据药物与基质的性质不同用研和法,熔合法和乳化法制备。由半固体和液体成分组成的软膏基质常用研和法制备,即先取药物与部分基质或适宜液体研磨成细腻糊状,再递加其他基质研匀(取少许涂于手上无沙砾感)。若软膏基质由熔点不同的成分组成,在常温下不能均匀混合时,采用熔和法制备,即基质中可溶性的药物可直接加到熔化的基质中,不溶性药物可粉筛入熔化或软化的基质中,搅匀至冷凝即得。乳剂型软膏剂采用乳化法制备,即将油溶性物质加热至70～80 ℃使熔化(必要时可用筛网滤除杂质),另将水溶性成分溶于水中,加热至较油相成分相同或略高温度,将水相慢慢加入油相中,边加边搅至冷凝即得。制备软膏剂的基本要求是使药物在基质中分布均匀、细腻,以保证药物剂量与药效。

软膏剂发挥治疗作用的首要条件是混合在软膏基质中的药物需要适当速度和有足够的量释放到达皮肤表面,因此药物自软膏基质的释放是影响软膏剂作用的因素之一,可以通过研究药物从基质中的释放来评价软膏基质的优劣。药物从基质中的释放有多种体外试验测定方法,琼脂扩散法为应用较多的一种。它是采用琼脂凝胶(或明胶)为扩散介质将软膏剂涂在含有指示剂的凝胶表面,放置一定时间后,测定药物与指示剂产生的色层高度来比较药物自基质中释放的速度。扩散距离与时间的关系可用 lockie 等的经验式表示:

$$y^2 = KX$$

式中,y 为扩散距离(mm)、X 为扩散时间(h)、K 为扩散系数(mm^2/h)。

以不同时间呈色区的高度的平方 y^2 对扩散时间 X 作图,应得一条通过原点的直线,此直线的斜率即为 K,K 值反映了软膏剂释药能力的大小。

【实验材料】

1. 试剂:水杨酸、液状石蜡、凡士林、羧甲基纤维素钠、甘油、苯甲酸钠、纯化水、硬脂酸甘油酯、硬脂酸、十二烷基硫酸钠、羟苯乙酯、氯化钠、氯化钾、氯化钙、三氯化铁、琼脂等。

2. 器材:天平、乳钵、玻璃棒、药筛、试管、纱布、水浴锅等。

【实验方法】

(一)油脂性基质的水杨酸软膏制备

1. 将水杨酸研细后过 60 目筛,处方组成见表 6-10。

表 6-10 油脂性基质的水杨酸软膏处方组成

组成	用量
水杨酸	1.0 g
液状石蜡	4.0 g
凡士林	15.0 g

2. 实验操作

取水杨酸置于乳钵中,加入适量液状石蜡研成糊状,分次加入凡士林混合研匀即得。

3.操作注意
①处方中的凡士林基质可根据气温以液状石蜡或石蜡调节稠度。
②水杨酸需先粉碎成细粉,配制过程中避免接触金属器皿。

(二)水溶性基质的水杨酸软膏制备

1.将水杨酸研细后过60目筛,处方组成见表6-11。

表6-11　水溶性基质的水杨酸软膏处方组成

组成	用量
水杨酸	1.0 g
羧甲基纤维素钠	1.2 g
甘油	2.0 g
苯甲酸钠	0.1 g
纯化水	16.8 mL

2.实验操作

取羧甲基纤维素钠置研钵中,加入甘油研匀,然后边研边加入溶有苯甲酸钠的水溶液(分次加入),待溶胀后研匀,即得水溶性基质。用此基质同上制备水杨酸软膏20 g。

(三)乳剂型基质的水杨酸软膏制备

1.将水杨酸研细后过60目筛,处方组成见表6-12。

表6-12　乳剂型基质的水杨酸软膏处方组成

组成	用量
水杨酸	1.0 g
单硬脂酸甘油酯	0.4 g
十八醇	1.6 g
白凡士林	2.4 g
甘油	1.4 g
十二烷基硫酸钠	0.2 g
羟苯乙酯	0.04 g
纯化水	20.0 mL

2.实验操作

取白凡士林、十八醇和单硬脂酸甘油酯置于烧杯中,水浴加热至70~80 ℃使其熔化为油相,将十二烷基硫酸钠、甘油、羟苯乙酯和计算量的蒸馏水置另一烧杯中加热至70~80 ℃使其溶解为水相,在同温下将水相以细流加到油相中,在水浴中继续保持恒温并搅拌几分钟,然后在室温下继续搅拌至冷凝,即得O/W乳剂型基质。

将研细的水杨酸置于乳钵中,分次加入制得的O/W乳剂型基质研匀,制得20 g。

(二)水杨酸软膏剂的体外释药试验

1. 林格氏溶液的配制(表6-13)

表6-13　林格氏溶液的配制

组成	用量
氯化钠	0.85 g
氯化钾	0.03 g
氯化钙	0.048 g
纯化水	加至100.0 mL

2. 含指示剂的琼脂凝胶的制备

称取琼脂2 g加入100 mL林格氏溶液中,水浴加热溶解,趁热用纱布过滤除去悬浮杂质,冷至60 ℃,加入三氯化铁试液3 mL(配制方法:三氯化铁9 g,加水使之溶解成100 mL,即得),混匀,立即沿壁倒入内径一样的4支小试管(试管长约10 cm),不得产生气泡,每管上端留1 cm空隙供填装软膏,直立静置,室温冷却成凝胶。

3. 软膏释药试验

在装有琼脂的试管上端空隙处,用软膏刀(非金属材质)分别将制成的水杨酸软膏填装入内,填装时应铺至与琼脂表面密切接触,并且应装至与试管口齐平。装填完后应直立放置于恒温箱内(37 ℃),并于0.5 h、1 h、2 h、3 h观察和测定呈色区高度,记录于表6-14。

根据实验所得数据,用呈色区高度(扩散距离 y)的平方为纵坐标,时间为横坐标作图,拟合一直线,求此直线的斜率即为扩散系数 K,填入表6-14中。比较各软膏基质的释药能力(K值大,释药快)。

表6-14　不同软膏基质的水杨酸扩散系数

扩散时间/小时	呈色区高度/mm		
	处方1	处方2	处方3
0.5			
1			
2			
3			
扩散系数 K			

【结果处理】

1. 将制得的三种软膏涂布在自己的皮肤上,评价是否均匀细腻,记录皮肤的感觉。比较三种软膏的黏稠性与涂布性,讨论三种软膏中各组分的作用。

2. 根据琼脂试验法结果说明各类软膏剂释药能力不同的原因。

【注意事项】

1. 采用乳化法制备W/O型或O/W型乳剂基质时,油相和水相应分别于水浴上加热并保持温度在80 ℃,然后将水相缓缓加入油相溶液中,边加边按顺时针方向搅拌。若不是沿一个方向搅拌,往往难以制得合格的乳剂基质。

2. 制备水杨酸乳膏时,加入水杨酸时,基质温度宜低,以免水杨酸挥发;另外,温度过高下加入,等冷凝后常会析出粗大的药物结晶;制备过程中应避免与金属器具接触以防水杨酸变色。

3.尽管体外释药试验是模拟人体条件进行的,但体外试验条件与实际应用情况(如琼脂与完整皮肤相比)有很大不同,因此体外测定数据有一定的局限性,多数是比较性的,可以作为选择软膏剂基质的实验手段之一。

【思考题】

1.软膏剂制备过程中药物的加入方法有哪些?

2.制备乳剂型软膏基质时应注意什么?为什么要加温至70～80 ℃?

【参考文献】

[1] 国家药典委员会.中华人民共和国药典(四部)[S].北京:中国医药科技出版社,2015:13.

[2] 周四元,韩丽.药剂学[M].北京:科学出版社,2017.

[3] 竺平晖,张来剑,贺赛娜.水杨酸软膏与乳膏的制备及质量检查[J].中国农业,2005,14(3):50.

[4] 探讨琼脂平皿法对阿司匹林不同基质软膏的释药性能的观察[J].药学实践杂志,1997,15(2):93,128.

实验四　阿司匹林片剂的制备及质量分析

【实验目的】

1.通过片剂制备,掌握湿法制粒压片的工艺过程。

2.了解普通片剂质量评价的内容和方法。

3.了解单冲压片机的基本构造、使用方法。

4.了解流化床及多冲压片机的基本构造、使用方法。

【实验原理】

片剂指药物原料与适宜的辅料制成的圆形或异形的片状固体制剂,是应用最广泛的药物剂型之一。通常片剂的制备包括制粒压片法和直接压片法两种,前者根据制颗粒方法不同,又可分为湿法制粒压片和干法制粒压片,其中湿法制粒压片较为常用。湿法制粒压片适用于对湿热稳定的药物。其一般工艺流程如图6-1所示。

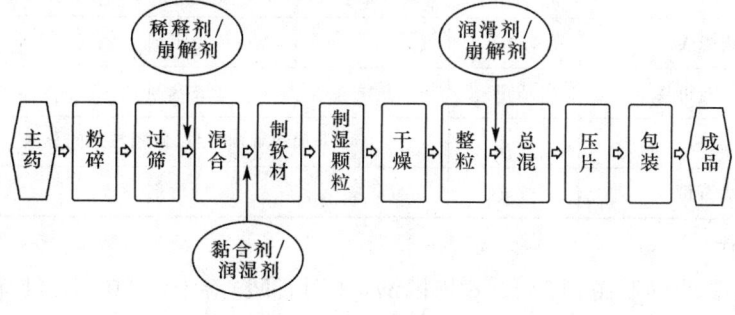

图6-1　湿法制粒压片流程

整个流程中各工序都直接影响片剂的质量。制备片剂的药物和辅料在使用前必须经干燥、粉碎和过筛等处理,方可投料生产。为了保证药物和辅料的混合均匀性以及适宜的溶出速度,药物的结晶须粉碎成细粉,一般要求粉末细度在 100 目以上。向已混匀的粉料中加入适量的黏合剂或润湿剂,用手工或混合机混合均匀制软材,软材的干湿程度应适宜,除用微机自动控制外,也可凭经验掌握,即以"握之成团,轻压即散"为度。软材可通过适宜的筛网制成均匀的颗粒。过筛制得的颗粒一般要求较完整,如果颗粒中含细粉过多,说明黏合剂用量过少,若呈线条状,则说明黏合剂用量过多。这两种情况制成的颗粒烘干后,往往出现太松或太硬的现象,都不符合压片对颗粒的要求。制好的湿颗粒应尽快干燥,干燥的温度由物料的性质而定,一般为 50~60 ℃,对湿热稳定者,干燥温度可适当提高。湿颗粒干燥后,需过筛整粒以便将黏结成块的颗粒散开,同时加入润滑剂和需外加法加入的崩解剂并与颗粒混匀。整粒用筛的孔径与制粒时所用筛孔相同或略小。

制成的片剂需按照《中华人民共和国药典》规定的片剂质量标准进行检查。检查的项目,除片剂的外观应完整、光洁、色泽均匀、硬度适当、含量准确外,必须检查质量差异和崩解时限。对有些片剂产品《中华人民共和国药典》还规定检查溶出度和含量均匀度,并规定凡检查溶出度的片剂,不再检查崩解时限,凡检查含量均匀度的片剂,不再检查质量差异。

片剂的生产、运输等过程中不可避免受到震动或摩擦,这些因素可能造成片剂的破损,影响应用。片剂脆碎度是反映片剂抗震耐磨能力的指标,一般使用片剂脆碎度测定仪测定。

【实验材料】

1. 试剂:乙酰水杨酸、淀粉、枸橼酸、滑石粉等。
2. 器材:天平、乳钵、玻璃棒、搅拌子、18 目药筛、水浴锅、烘箱、单冲压片机、崩解仪、片剂脆碎度检查仪等。

【实验方法】

1. 阿司匹林片剂处方组成见表 6-15(100 片量,0.20~0.23 g/片)。

表 6-15　　　　　　　　　阿司匹林片剂处方组成

处方	用量	作用
乙酰水杨酸(阿司匹林)	20 g	药物
淀粉	2 g	填充剂、内加崩解剂,促使颗粒内部崩解
枸橼酸	0.2 g	稳定剂
10%淀粉浆	适量	黏合剂
淀粉	1 g	外加崩解剂,用以使颗粒之间分离
滑石粉	1 g	润滑剂

2. 实验操作

(1)10%淀粉浆的制备:将 0.2 g 枸橼酸(或酒石酸)溶于约 20 mL 纯净水中,再加入淀粉约 2 g 分散均匀,加热(80~85 ℃)糊化,制成 10%淀粉浆。

(2)制颗粒:取处方量乙酰水杨酸粉碎,细粉置于乳钵中等量分次加入2 g淀粉进行研磨,混合均匀,加入适量淀粉浆制软材(少量多次加入);切忌将20 mL淀粉浆一次全部加入。

(3)过18目筛制湿颗粒(用手掌压过筛网即得)。

(4)将湿颗粒于50~60 ℃烘箱干燥30 min,用18目筛进行整粒。

(5)整粒后颗粒与淀粉1.0 g、滑石粉1.0 g混合均匀,用φ10 mm冲模进行冲模压片。

3. 质量检查与评定

本实验检查脆碎度、崩解时限和质量差异(表6-16)。

(1)外观:应片形一致,表面完整光洁,边缘整齐,色泽均匀。

(2)片质量差异:取药片20片精密称定质量,求得平均片质量,再分别称定各片的质量,按下式计算片质量差异:

$$片质量差异 = (单片质量 - 平均片质量)/平均片质量 \times 100\%$$

每片质量与平均片质量相比较超出质量差异限度的药片不得多于2片,并不得有1片超出限度1倍。

表6-16 《中华人民共和国药典》规定的质量差异限度

平均片质量或标示片质量/g	质量差异限度/%
<0.30	±7.5
≥0.30	±5.0

(3)崩解时限的检查

吊篮法:将吊篮通过上端的不锈钢轴悬挂于金属支架上,浸入800 mL烧杯中,并调节位置使其下降时筛网距烧杯底部25 mm,烧杯内盛有温度为(37±1)℃的水,调节水位高度使吊篮上升时筛网在水面下15 mm处(加入650 mL纯净水),吊篮顶端不可浸没于溶液中。除另有规定外,取阿司匹林药片6片,分别置上述吊篮的玻璃管中,启动崩解仪进行检查,各片均应在15 min内全部崩解,并全部固体粒子都通过玻璃管底部的筛网为止。如有少量不能通过筛网,但已软化或轻质上漂且无硬心者,可作符合规定论。如有1片不能完全崩解,应另取6片复试,均应符合规定。

(4)脆碎度测定

片质量为0.65 g或以下者取若干片,使其总质量约为6.5 g;片质量大于0.65 g者取10片。用吹风机吹去脱落的粉末,精密称量,置圆筒中,转动100次。取出,同法除去粉末,精密称重,减失质量不超过1%,且不得检出断裂、龟裂及粉碎的片。本试验一般仅做1次。如减失质量超过1%时,可复检2次,3次的平均减失质量不得超过1%,并不得检出断裂、龟裂及粉碎的片。

【结果处理】

1. 将质量检查结果记录下来,并计算片质量差异,结果是否符合《中华人民共和国药典》规定。

2. 分别记录各片崩解时限,是否符合《中华人民共和国药典》规定。

3. 记录6.5 g药品经脆碎度仪后的减重率,是否符合《中华人民共和国药典》规定。

4. 如药片不符合规定,试分析原因,应采取哪些措施改进?

【注意事项】

1. 在实验室中配制淀粉浆：可用直火加热，也可以水浴加热。若用直火时，需不停搅拌，防止焦化而使片面产生黑点。加浆的温度，以温浆(40 ℃)为宜，温度太高不利药物稳定，太低不宜分散均匀。

2. 制软材时要控制淀粉浆的用量，软材的干湿程度应适宜，以"握之成团，轻压即散"，并握后掌上不沾粉为度。即，用手紧握能成团而不粘手，用手指轻压能裂开为度。

3. 过筛制得的湿颗粒，一般要求较完整，可有一部分小颗粒。如过筛后，颗粒中细粉过多，说明软材过干，黏合剂用量太少；若成条状，则说明软材过湿，黏合剂用量太多。

【思考题】

1. 片剂为何是最为常用的剂型？
2. 片剂的制备方法有哪些？各有何优缺点？
3. 湿法制粒压片要注意哪些问题？
4. 片剂要符合哪些质量要求，常规的质量检查项目有哪些？

【参考文献】

[1] 国家药典委员会. 中华人民共和国药典(四部)[S]. 北京：中国医药科技出版社，2015：3，118，120.

[2] 周四元，韩丽. 药剂学[M]. 北京：科学出版社，2017.

[3] 刘绍飞. 阿司匹林湿法制粒压片及质量检查[J]. 大理学院学报，2005，4(1)：34-36.

实验五　栓剂的制备

【实验目的】

1. 掌握模制成形法(热熔法)制备栓剂的工艺。
2. 掌握置换价的测定方法和应用。
3. 了解评定栓剂质量的方法。

【实验原理】

栓剂指药物与适宜基质均匀混合后制成的具有一定形状供腔道给药的固体制剂。栓剂按给药途径不同可分为直肠栓、阴道栓、尿道栓、耳用栓等，其中直肠栓和阴道栓较为常用。

栓剂常用基质分为油溶性基质和水溶性基质。油溶性基质包括半合成脂肪酸甘油酯、可可豆脂、氢化植物油等；水溶性基质包括聚氧乙烯硬脂酸酯、甘油明胶、泊洛沙姆、聚乙二醇类等。根据需要可加入表面活性剂、稀释剂、润滑剂和抑菌剂等。

栓剂的制法一般有两种，即冷压法与热熔法；可按基质的性质和制备的数量选择制法，但目前常用热熔法。制备栓剂常用的固体原料药物，除另有规定外，应预先用适宜方法制成细粉或最细粉。可根据使用腔道和使用需要，制成各种适宜的形状。为了使栓剂冷却后容易从栓模中推出，模型应涂润滑剂。水溶性基质涂油性润滑剂，如液体石蜡；油溶性基质涂水性润滑剂，如软皂乙醇液(软皂、甘油各一份及90%乙醇5份混合而成)。

置换价:不同的栓剂处方用同一模型制得的栓剂容积相同,但其质量则随基质与药物密度的不同而有差别。为了确定基质用量以保证栓剂剂量的准确,常需测定药物的置换价。置换价(f)定义为:主药的质量与同体积的基质质量的比值。例如:碘仿与可可豆脂的置换价为 3.6,即 3.6 g 碘仿与 1 g 可可豆脂所占的容积相当。由此可见,置换价即为药物的密度与基质密度之比值。所以,对于药物和基质的密度相差较大及主药含量较高的栓剂,测定其置换价具有实际意义。当药物与基质的密度已知时,可用下式进行计算:

$$f = \frac{药物密度}{基质密度} \tag{6-3}$$

当药物和基质的密度未知时,可用下式计算:

$$f = \frac{W}{G-(M-W)} \tag{6-4}$$

式中,W 为每枚栓剂中主药的质量,G 为每枚纯基质栓剂的质量,M 为每枚含药栓剂的质量。

根据求得的置换价,可按式(6-5)计算出每枚栓剂中应加的基质质量(E)为

$$E = G - \frac{W}{f} \tag{6-5}$$

需要注意的是,同一种药物针对不同的基质有不同的置换价,所以,谈及药物的置换价时应该注明基质类别。

质量要求:栓剂中的原料药物与基质应该混合均匀,其外形应完整光滑,放入腔道后无刺激性,能熔融、软化或溶解,并与分泌液混合,逐渐释放出药物,产生局部或全身作用;并应有适宜的硬度,以免在包装或储存时变形。

质量检查:药典规定必须检查其质量差异,融变时限,外观,硬度。另外,还有一些非法定检查指标,如均匀度,粒度,软化点,体外释放实验,生物利用度等。

【实验材料】
1. 试剂:乙酰水杨酸、半合成脂肪酸甘油酯、PEG400、PEG6000。
2. 器材:水浴锅、蒸发皿、栓模、融变时限检查仪。

【实验方法】
(一)置换价的测定
1. 纯基质栓的制备
(1)处方
半合成脂肪酸甘油酯　　10.0 g
(2)操作

称取半合成脂肪酸甘油酯 10 g 置于蒸发皿中,待 2/3 基质熔化后停止加热,搅拌使全熔,倾入涂有润滑剂的栓剂模型中。冷却凝固后削去溢出部分,脱模,得到完整的纯基质栓 4~5 枚,称重,每枚栓剂的平均质量为 G(g)。

2. 含药栓的制备
① 乙酰水杨酸栓剂处方组成见表 6-17。

表 6-17　乙酰水杨酸栓剂处方组成

组成	用量/g
乙酰水杨酸	3.0
半合成脂肪酸甘油酯	9.0

②操作

称取 3 g 研细的乙酰水杨酸粉末(过 100 目筛)置于小研钵中;另外称取半合成脂肪酸甘油酯 9 g 置于蒸发皿中,于水浴上加热,待 2/3 基质熔化后停止加热,搅拌使全熔,分次加至研钵中与乙酰水杨酸粉末研匀,倾入涂有润滑剂的栓剂模型中,迅速冷却固化,削去溢出部分,脱模,得完整的含药栓 4~5 枚,称重,每枚平均质量为 $M(g)$,含药量 $W = M \times X\%$,$X\%$ 为含药百分数。

3. 置换价的计算

将上述得到的 G、M、W 代入式(6-4)可求得乙酰水杨酸的半合成脂肪酸甘油酯的置换价。

(二)水溶性栓

1. PEG 基质栓剂的制备

①PEG 基质栓剂处方组成见表 6-18。

表 6-18　PEG 基质栓剂处方组成

组成	用量/g
PEG400	2.5
PEG6000	7.5

②操作

称取处方量的 PEG400 和 PEG6000,置蒸发皿中,于水浴上加热熔融混匀,趁热倾入涂有油脂性润滑剂的栓模中,冷却后,用刀刮平,脱模取出,包装即得。

4. 甘油栓剂的制备

①PEG 甘油栓剂处方组成见表 6-19。

表 6-19　PEG 甘油栓剂处方组成

组成	用量
甘油	35 mL
无水碳酸钠	1.0 g
硬脂酸	4.0 g
水	13 mL

②操作

将无水碳酸钠和水共置于蒸发皿中搅拌溶解后,加入甘油在水浴上加热,缓慢加入研细的硬脂酸,边加边搅拌,至沸腾停止,溶液澄清,倾入涂有润滑剂的栓模,冷凝,刮平,脱模即得。

(三)质量检查与评定

1. 外观与药物分散情况

检查栓剂的外观是否完整,表面亮度是否一致,有无斑点和气泡。将栓剂纵向剖开,观察药物分散是否均匀。

2.质量差异检查

取栓剂 10 粒,精密称定总质量,求得平均粒重后,再分别精密称定每粒的质量。每粒质量与平均质量相比较(有标示粒重的中药栓剂,每粒质量应与标示粒重比较),按表 6-20 中的规定,超出质量差异限度的不得多于 1 粒,并不得超出限度一倍。

表 6-20　　栓剂质量差异限度

平均粒重或标示粒重/g	质量差异限度/%
≤1.0	±10
1.0~3.0	±7.5
>3.0	±5

3.融变时限检查

除另有规定外,脂肪性基质的栓剂 3 粒均应在 30 min 内全部融化、软化或触压时无硬心;水溶性基质的栓剂 3 粒均应在 60 min 内全部溶解。如有一粒不符合规定,应另取 3 粒复试,均应符合规定。

【结果处理】

1.乙酰水杨酸栓剂

乙酰水杨酸栓剂实验结果见表 6-21。

表 6-21　　乙酰水杨酸栓剂实验结果

	含药栓	空白栓
药物浓度	25%	0
半合成脂肪酸甘油酯(g)	9	10
乙酰水杨酸(g)	3	0
栓剂总质量(g)	—	—
栓剂平均质量(g)	M	G
含主药量(g)	W	0

2.置换价的计算

将上述得到的 G、M、W 代入式(6-4)可求得乙酰水杨酸的半合成脂肪酸甘油酯的置换价。

3.栓剂的各项质量检查

栓剂各项质量检查结果见表 6-22。

表 6-22　　栓剂各项质量检查结果

名称	外观	质量/g	质量差异限度	溶变时限/min
乙酰水杨酸栓剂				
水溶性栓剂				

4.处方与制备工艺设计

根据测定的乙酰水杨酸置换价,设计 8 粒含主药 0.3 g/粒的乙酰水杨酸栓处方,并写出制备方法。

【注意事项】

1.为了保证药物与基质混匀,药物与融化的基质应按等量递加法混合,但如果基质较少,天气较冷时,也可将药物加入融化的基质中,充分搅匀。

2. 灌模时应注意混合物的温度,温度太高混合物稠度小,栓剂易发生中空和顶端凹陷,故最好在混合物稠度较大时灌模,灌至模口稍有溢出为度,且要一次完成。灌好的模型应置于适宜的温度下冷却一定时间,冷却的温度不足或时间短,常发生黏模;相反,冷却温度过低或时间过长,则又可产生栓剂破碎的现象。

【思考题】
1. 欲将药物制备成全身作用的栓剂应考虑哪几个方面?
2. 测定药物的置换价在栓剂制备中有何意义?什么情况下可考虑不用测定置换价?
3. 为什么栓剂要测定融变时限?

【参考文献】
[1] 国家药典委员会.中华人民共和国药典(四部)[S].北京:中国医药科技出版社, 2015:10,119.
[2] 周四元,韩丽.药剂学[M].北京:科学出版社,2017.
[3] 郭剑伟,王成军.阿司匹林栓剂制备工艺改进[J].大理学院学报,2006,5(4):9-10.

实验六 溶液型液体制剂的制备及质量评价

【实验目的】
1. 掌握溶液型液体制剂的基本制备方法。
2. 熟悉溶液型液体药剂的常用溶酶及特点。
3. 了解液体制剂的常用附加剂。

【实验原理】
溶液剂是指小分子药物分散在溶剂中制成的均匀分散的液体制剂。溶液型液体制剂可以口服,也可以外用。常用的溶液型液体制剂有:溶液剂、糖浆剂、芳香水剂、甘油剂和醑剂等。

溶液剂一般有3种制法:溶解法、稀释法和化学反应法。

一般制备过程为:称量→溶解→混合→过滤→加分散介质至全量→检查→包装→标签。

糖浆剂是指含药物或芳香物质的浓蔗糖水溶液。制备糖浆剂的方法有:溶解法和混合法。

糖浆剂含糖量应不低于45%(g/mL);除另有规定外,糖浆剂应澄清。在储存期间不得有发霉、酸败、产生气体或其他变质现象,允许有少量摇之易散的沉淀。一般应检查相对密度、pH等。

糖浆剂易被真菌、酵母菌和其他微生物污染,使糖浆剂浑浊或变质。糖浆剂中含蔗糖浓度高时,渗透压大,微生物的生长繁殖受到抑制,低浓度的糖浆剂应添加防腐剂。常用防腐剂有苯甲酸钠和苯甲酸,其用量不超过0.3%;羟苯烷基酯类(尼泊金酯)用量不超过0.05%;以苯甲酸为防腐剂,应加枸橼酸或乙酸调pH为3~5,对真菌、酵母菌和其他微生物均有抑制作用,否则不能抑菌。

【实验材料】

1. 试剂：葡萄糖酸钙、乳酸、乳酸钙、糖精钠、香精、硅胶 G 板、乙醇、浓氨、乙酸乙酯、羟基喹啉、氢氧化钠、钙紫红素、乙二胺四乙酸二钠、川贝母流浸膏、桔梗、枇杷叶、薄荷脑、苯甲酸钠、乙醇等。

2. 器材：电子天平、紫外光灯、灭菌锅、电炉、渗漉筒、微孔滤膜等。

【实验方法】

(一) 葡萄糖酸钙口服液制备

1. 葡萄糖酸钙口服液处方组成见表 6-23。

表 6-23　　葡萄糖酸钙口服液处方组成

组成	用量
葡萄糖酸钙	50.0 g
乳酸钙	50.0 g
乳酸	适量
糖精钠	适量
香精	适量
纯化水	至 1 000 mL
pH	4.0~6.0

2. 实验操作

取乳酸钙加纯化水 10.0 mL，加热煮沸使其溶解，制成透明液体备用。

先取处方量的纯化水，加水煮沸，加入葡萄糖酸钙回流煮沸 2 h，再加入已配好的乳酸钙溶液、乳酸、糖精钠继续煮沸 0.5 h，密封静置 20~25 h，最后加入香精，添加新配置纯化水至全量，摇匀后用 0.8 μm 微孔滤膜精滤，立即灌封，100 ℃灭菌 1 h，包装即得。

3. 质量评价

① 形状

本品为几乎无色至淡黄色液体；气香，味酸甜。

② 鉴别

取本品适量，加水制成 1 mL 中含葡萄糖酸钙 25 mg 的溶液作为供试品溶液；另取葡萄碳酸钙和乳酸钙的对照品适量，分别加水制成 1 mL 中含 25 mg 的溶液，作为对照品溶液。按照薄层色谱法试验，分别吸取上述溶液 5 μL，点于同一硅胶 G 板上（厚度不小于 0.3 mm），条带点样，晾干，以乙醇-水-浓氨溶液-乙酸乙酯(30∶10∶10∶30)为展开剂，展开后，取出晾干，在 110 ℃条件下干燥 40 min，放冷，喷以 8-羟基喹啉（取 8-羟基喹啉 0.3 g，加乙醇 60 mL 和水 40 mL 使溶解），晾干，再喷以氨试液，于 110 ℃加热 30 min 后，置于紫外光灯(300 nm 或 365 nm)下检视。供试品溶液应显 3 个荧光斑点，除中间斑点外，其余两个主斑点的荧光与位置应该与各相应的对照品溶液的主斑点相同。

③ 检查

相对密度：1.05~1.10。

pH：4.0~6.0。

其他：应符合口服溶液剂项目下的各项规定。

含量测定:精密量取本品 2.0 mL,置于锥形瓶中,加水 80 mL、氢氧化钠试液 15 mL 与钙紫红素指示剂 0.1 g,用乙二胺四乙酸二钠滴定液(0.05 mol/L)滴定至溶液由紫红色转变为纯蓝色。1 mL 的乙二胺四乙酸二钠滴定液(0.05 mol/L)相当于 2.004 mg 的 Ca^{2+}。

4. 注意事项

①葡萄糖酸钙溶液为过饱和溶液,储藏期间极易析出沉淀,尤其在溶液中带有极细颗粒时形成晶核,沉淀更迅速,乳酸钙作为助溶剂,增大溶解度。

②纯化水需煮沸

A. 因为葡萄糖酸钙在冷水中缓慢溶解,在沸水中易溶。

B. 空气中二氧化碳与葡萄糖酸钙溶液接触后易析出碳酸钙的微粒,加速溶液沉淀,影响溶液的澄明度,因此配置时需要将纯化水煮沸,以逐出二氧化碳,配制过程中应尽量避免与空气接触。

③保证葡萄糖酸钙的煮沸时间,以使葡萄糖酸钙呈分子状态溶解。

④密封静置,使不溶性葡萄糖酸钙微粒析出,通过精滤除去不溶性微粒。

(二)川贝枇杷糖浆制备

1. 葡萄糖酸钙口服液处方组成见表 6-24。

表 6-24 葡萄糖酸钙口服液处方组成

组成	用量
川贝母流浸膏	4.5 mL
桔梗	4.5 g
枇杷叶	30 g
薄荷脑	0.034 g
香精	适量
苯甲酸钠	0.1 g
纯化水	至 100 mL

2. 实验操作

桔梗和枇杷叶加水煎煮两次,第一次 2.5 h,第二次 2 h,合并煎煮液,滤过,滤液浓缩至适量,加入蔗糖 40 g,加入苯甲酸钠,煮沸使其溶解,滤过。滤液与川贝母流浸膏混合,放冷。加入薄荷脑和含适量杏仁香精的乙醇溶液,加水至 100 mL,搅匀即得。

3. 质量评价

①性状 本品为棕红色的黏稠液体;气香、味甜、微苦、凉。

②鉴别 取本品 20 mL,用水饱和的正丁醇振摇提取 3 次,每次 15 mL,合并正丁醇液,蒸干,残渣加水 3~5 mL 使其溶解,放冷,通过 D101 型大孔吸附树脂柱(内径为 1.5 cm,柱高为 8 cm),以水 50 mL 洗脱,弃去水洗脱液,再用稀乙醇洗脱至洗脱液无色,收集洗脱液,蒸干,残渣加甲醇 1 mL 使溶解,作为供试品溶液。另取枇杷叶对照药材 2 g,加水 100 mL,煎煮 1 h,滤过,滤液同法制成对照药材溶液。按照薄层色谱法试验,吸取上述两种溶液各 10~20 μL,分别点于同一硅胶 G 薄层板上使成条状,以环己烷-乙酸乙酯-冰醋酸(8:4:0.1)为展开剂,展开,取出晾干,喷以 5%香草醛硫酸溶液,在 105 ℃

加热至斑点显色清晰。供试品色谱中,在与对照药材色谱相应的位置上,显相同颜色的主斑点。

③检查

相对密度:应不低于1.13。

其他:应符合糖浆剂项目下有关的各项规定。

④含量测定:按照气相色谱法测定。

色谱条件与系统适用性试验:改性聚乙二醇毛细管柱(柱长为30 m,内径为0.32 mm,膜厚度为0.25 μm),柱温为110 ℃;分流进样,分流比为25∶1。理论板数按萘峰计算应不低于5 000。

校正因子测定:取萘适量,精密称定,加环己烷制成1 mL含15 mg的溶液,作为内标溶液。另取薄荷脑对照品75 mg,精密称定,置5 mL容量瓶中,用环己烷溶解并稀释至刻度,摇匀。精密量取1 mL,置20 mL容量瓶中,精密加入内标溶液1 mL,加环己烷至刻度,摇匀。吸取1 μL,注入气相色谱仪,计算校正因子。

测定法:精密量取本品50 mL,加水250 mL,按照挥发油测定法试验,自测定器上端加水使充满刻度部分并溢流入烧瓶时为止,加环己烷3 mL,连接回流冷凝管,加热至沸并保持微沸4 h,放冷,将测定器中的液体移至分液漏斗中,冷凝管及挥发油测定器内壁用少量环己烷洗涤,并入分液漏斗中,分取环己烷液,水液再用环己烷提取2次,每次3 mL,用铺有0.5 g无水硫酸钠的漏斗滤过,合并环己烷液,置20 mL容量瓶中,精密加入内标溶液1 mL,加环己烷至刻度,摇匀即得。吸取1 μL,注入气相色谱仪,测定,即得。

本品1 mL含薄荷脑应不少于0.20 mg。

【注意事项】

①本处方中川贝母流浸膏系川贝母4.5 g,粉碎成粗粉,用70%乙醇作为溶剂,浸渍5天后,缓缓渗漉,收集初渗滤液,另置容器保存,继续渗漉,待可溶性成分完全漉出,续渗漉液浓缩至适量,与初渗漉液混合,继续浓缩,滤过。

②流浸膏为黏稠液体,混合时应注意混合均匀。

【结果处理】

记录两种溶液型液体制剂的性状见表6-25。

表6-25　　　　　　两种溶液型液体制剂的性状

制剂	澄明度	颜色	气味
葡萄糖酸钙口服液			
川贝枇杷糖浆			

【思考题】

1.葡萄糖酸钙口服液中为什么要将葡萄糖酸钙先煮沸2 h?

2.葡萄糖酸钙口服液中乳酸的作用是什么?

3.苯甲酸钠、香精的用量有什么要求?

【参考文献】

[1] 国家药典委员会.中华人民共和国药典(一部)[S].北京:中国医药科技出版社,2015:514.

[2] 国家药典委员会.中华人民共和国药典(四部)[S].北京:中国医药科技出版社,2015:20.

[3] 黄兴兰,丁显平.乳酸钙对葡萄糖口服溶液稳定性影响[J].江苏药学与临床研究,2001,9(4):64.

[4] 矫云辉.葡萄糖酸钙口服溶液制备工艺的改进[J].东方食疗与保健,2016,7:239.

[5] 张新新,黄亮辉,叶根德,等.气相色谱外标法测定川贝枇杷糖浆中薄荷脑的含量[J].药物分析杂志,2011,31(5):947-949.

实验七 微囊的制备

【实验目的】
1. 掌握单凝聚法和复凝聚法制备微囊的方法。
2. 了解成囊条件,影响成囊的因素及控制方法。

【实验原理】
微囊指固态或液态药物被载体辅料包封成的微小胶囊。通常粒径为 $1\sim250~\mu m$ 的称微囊,而粒径为 $0.1\sim1~\mu m$ 的称亚微囊,粒径为 $10\sim100~nm$ 的称纳米囊。微囊只是制剂的中间体,根据临床需要,可将微囊制成散剂、胶囊剂、片剂、注射剂及软膏剂等。

微囊由主药、载体材料及附加剂组成。其中,载体材料决定微囊的特性。常用的载体辅料通常可分为三类:

①天然材料:在体内生物相容和可生物降解的有明胶、阿拉伯胶、蛋白质(如白蛋白)、淀粉、壳聚糖、海藻酸盐、磷脂、胆固醇、脂肪油、植物油等。

②半合成材料:分为在体内可生物降解和不可生物降解两类。在体内可生物降解的有氢化大豆磷脂、聚乙二醇-二硬脂酰磷脂酰乙醇胺等;不可生物降解的有甲基纤维素、乙基纤维素、羧甲纤维素盐、羟丙甲纤维素、邻苯二甲酸乙酸纤维素等。

③合成材料:分为在体内可生物降解和不可生物降解两类。可生物降解材料应用较广的有聚乳酸、聚氨基酸、聚羟基丁酸酯、乙交酯-丙交酯共聚物等;不可生物降解的材料有聚酰胺、聚乙烯醇、丙烯酸树脂、硅橡胶等。

此外,在制备微粒制剂时,可加入适宜的润湿剂、乳化剂、抗氧剂或表面活性剂等。

制备方法可归纳为物理化学法、化学法、物理机械法等。其中以物理化学法中的单凝聚法和复凝聚法较为常用。

①单凝聚法:在一种高分子囊材溶液中加入凝聚剂,使囊材的溶解度降低并包裹囊心物凝聚成囊的方法。常用的凝聚剂有强亲水性物质(如硫酸钠或硫酸铵溶液、乙醇、丙酮等),这种凝聚过程是可逆的,当凝聚条件解除时(如加水稀释),可解凝聚而至微囊消失,反复凝聚—解凝聚过程至微囊达到满意性状和均匀度后,再用适宜的方法使微囊固化,形成不可逆的微囊。此法适合难溶性药物的微囊化,但药物不能过分疏水,要能被凝聚相润湿。

②复凝聚法:指带有相反电荷的两种高分子材料为囊材,在一定条件下发生静电结合

而包裹药物,通过相分离凝聚成囊的方法。常用于制备微囊的复合材料包括明胶与阿拉伯胶、海藻酸盐与聚赖氨酸、海藻酸盐与壳聚糖等。利用明胶与阿拉伯胶复合囊材制备微囊时,在 pH 为 4～4.5 条件下,明胶带正电,阿拉伯胶带负电,两种囊材混合时,通过电荷相互吸引结合成不溶性的复合物,溶解度降低,从而包裹药物凝聚成囊。加入甲醛固化,过滤、干燥后即得微囊。除了增塑剂外,还可以加入润湿剂,保证难溶性药物易于分散在体系中。

对微囊的质量评价,应符合《中华人民共和国药典》(四部)(2015 年版)通则 9014 项下的规定。

【实验材料】

1. 试剂:对乙酰氨基酚、明胶、稀盐酸、硫酸钠、鱼肝油、阿拉伯胶、乙醇。
2. 器材:恒温磁力搅拌器、显微镜、研钵。

【实验方法】

(一)对乙酰氨基酚明胶微囊制备

1. 对乙酰氨基酚明胶微囊处方组成见表 6-26。

表 6-26　对乙酰氨基酚明胶微囊处方组成

组成	用量
对乙酰氨基酚	1.0 g
明胶	1.0 g
稀盐酸	适量
60% 硫酸钠	适量
去离子水	适量

2. 实验操作

①混悬液的制备

取明胶加适量水,待其溶胀后用 20 mL 水溶解,另称取对乙酰氨基酚于研钵中,以明胶液加液研磨,尽量使混悬液的颗粒细小、均匀。在显微镜下观察混悬颗粒并记录。

②成囊

将对乙酰氨基酚混悬液转入 100 mL 烧杯中,加适量水使总量为 30 mL,用 10% 盐酸溶液调 pH 至 3.8～4.0,于 50 ℃ 恒温搅拌,滴加 60% 硫酸钠溶液适量,在显微镜下观察微囊形成并绘图。

3. 操作注意

①实验用水应为蒸馏水或去离子水,以免干扰凝聚。

②60% 硫酸钠溶液,由于浓度较高,温度低时,容易析出结晶,所以应配置后加盖置于约 50 ℃ 保温备用。

(二)鱼肝油明胶-阿拉伯胶微囊制备

1. 鱼肝油明胶-阿拉伯胶微囊处方组成见表 6-27。

表 6-27 鱼肝油明胶-阿拉伯胶微囊处方组成

组成	用量
鱼肝油	1.8 g
阿拉伯胶	1.8 g
明胶	1.8 g
10%乙醇溶液	适量
去离子水	适量

2. 实验操作

①乳液的制备：称取 1.8 g 阿拉伯胶与 1.8 g 鱼肝油，于干燥研钵内研磨混合，然后加 3.6 mL 去离子水，迅速朝同一方向研磨至初乳形成，再加去离子水至 60 mL。在显微镜下观察乳滴的形状并记录。

②成囊：取明胶 1.8 g，加去离子水 60 mL，使其充分溶胀后温热溶解，与上述乳液混合至 500 mL 烧杯内，于 50 ℃ 恒温搅拌，滴加 10% 乙醇溶液适量调节 pH 至 4.0，至显微镜下观察微囊形成并绘图。

③沉降：将上述体系转入 30 ℃ 的 300 mL 去离子水中，搅拌冷却至室温，加入冰块，继续冷却至 10 ℃，静置，得沉降囊。至显微镜下观察形态的变化。

④固化：将沉降囊的上清液弃去，留 100 mL，加入 2 mL 甲醛，搅拌 30 min 后，用 20% 氢氧化钠溶液调节 pH 至 8.0，继续搅拌 30 min，过滤得固化囊，至显微镜下观察形态的变化。

【结果处理】

至显微镜下观察微囊的外观并绘图。

【注意事项】

1. 根据生产方法的不同，明胶有 A 型和 B 型之分，A 型明胶的等电点 pH 为 7~9，B 型明胶的等电点 pH 为 4.8~5.2。制备微囊所用的是 A 型明胶。

2. 制备微囊的搅拌速度要适中，太慢微囊粘连，太快则微囊变形。

3. 观察微囊时，应从溶液中下部取样，并与初始形状进行比较。

【思考题】

1. 影响复凝聚法制备微囊的关键因素是什么？
2. 微囊的大小、形状与哪些因素有关？
3. 单凝聚法和复凝聚法制备微囊有什么区别？

【参考文献】

刘倩,高玮,尚北城.单、复凝聚法制备酮康唑微囊的形状和包封率比较[J].药学实践杂志,2005,23(3):150-154.

实验八　固体分散体的制备及评价

【实验目的】

1. 掌握熔融法、溶剂法制备固体分散体的工艺流程和操作。
2. 熟悉固体分散体的鉴别方法。
3. 了解固体分散体常用的载体材料。

【实验原理】

固体分散体是指将药物以分子、无定形或微晶等状态高度分散于适宜载体材料中制成的固体分散体系。

固体分散体的主要优点是利用性质不同的载体使药物高度分散，以达到不同的目的：提高水难溶性药物的生物利用度；控制药物释放；提高药物稳定性；掩盖药物的不良气味和刺激性；液体药物固体化。固体分散体的主要缺点是药物分散状态的物理稳定性不高，在储存期间，药物分子可能自发聚集成晶核，或微晶逐渐生长变成大的晶粒，或由亚稳定型转化成稳定型晶型，这个过程称为"老化"。另外，固体分散体的载药量较小。

药物制备成固体分散体后可根据需要再制成适宜剂型，如胶囊剂、片剂、软膏剂、栓剂、滴丸剂等。

固体分散体的载体材料可分为三大类：水溶性、难溶性和肠溶性。常用的水溶性载体材料有：聚乙二醇（PEG）、聚乙烯吡咯烷酮（PVP）、泊洛沙姆188（Pluronic F68）等，多用于制备速释型固体分散体。难溶性载体是制备缓释型固体分散体的常用材料，包括乙基纤维素（EC）、含季氨基团的丙烯酸树脂（Eudragit E、FL、FS等）、棕榈酸甘油酯、巴西棕榈蜡等。肠溶性载体一般选用乙酸纤维素酞酸酯（CAP）、羟丙甲纤维素酞酸酯（HPMCP）、聚丙烯树脂（Eudragit L、Eudragit S）等。载体材料在使用时可根据制备目的选择单一载体或混合使用载体。

固体分散体的制备方法有熔融法、溶剂法、溶剂-熔融法、研磨法、溶剂喷雾干燥法和冷冻干燥法。其中，熔融法是指将载体熔融后（水浴或油浴）加入药物搅匀，迅速冷却成固体，再将该固体在一定温度下放置使成为易碎物，适用于熔点较低的载体材料，如聚乙二醇类。溶剂法又称共沉淀法，是将药物与载体共同溶解于有机溶剂中，再蒸去溶剂，使药物与载体材料同时析出，经干燥得到固体分散体，适合于易溶于有机溶剂、熔点较高的载体材料，如PVP、EC。

药物与载体是否形成固体分散物及药物的分散状态可通过溶出速度、平衡溶解度、熔点的测定、X射线衍射、差热分析及偏光显微镜等方法验证。

【实验材料】

1. 试剂：姜黄素原料、PEG6000、PVPK30、无水乙醇、硅胶等。
2. 器材：蒸发皿、热分析仪、X射线衍射仪、电子天平、干燥箱、冰箱、布氏漏斗、集热式磁力搅拌器、80目筛网等。

【实验方法】

（一）姜黄素-PEG6000固体分散体的制备

1. 姜黄素-PEG6000固体分散体处方组成见表6-28。

表6-28　　姜黄素-PEG6000固体分散体处方组成

制剂	1	2	3
姜黄素	0.2 g	0.2 g	0.2 g
PEG6000	0.2 g	0.6 g	1.2 g

2. 实验操作

称取处方量的PEG6000，置蒸发皿内，在80~90 ℃水浴上加热熔融，加入姜黄素，搅拌均匀，铺平，迅速放入-20 ℃冰箱中冷却30 min，取出，置硅胶干燥器内恢复至室温，粉碎，过80目筛网，即得。

(二)姜黄素-PVPK30 固体分散体的制备

1. 姜黄素-PVPK30 固体分散体处方组成见表 6-29。

表 6-29　　　　　姜黄素-PVPK30 固体分散体处方组成

制剂	1	2	3
姜黄素	0.2 g	0.2 g	0.2 g
PVPK30	0.2 g	0.6 g	1.2 g

2. 实验操作

称取处方量的 PVPK30，置蒸发皿内，加入无水乙醇 20 mL，70 ℃恒温水浴锅中加热熔融后，加入姜黄素，搅拌使溶解，在搅拌下快速蒸去溶剂，取下，置硅胶干燥器内干燥、粉碎，过 80 目筛网，即得。

(三)固体分散体的物相鉴别

1. 测试样品的准备

①制得的固体分散体
②姜黄素原料
③载体材料
④原料药与载体材料的物理混合物(取载体材料与姜黄素原料药，按固体分散体的制备比例称量，置蒸发皿内混匀，即得)。

2. DSC 分析

分别按以下条件对 4 个样品进行 DSC 分析。工作条件：升温范围为 40～240 ℃；升温速率为 10 ℃/min；参比物为空铝坩埚；气氛为氮气(质量分数为 99.99%)。

2. X 射线衍射

分别按以下条件对 4 个样品进行 X 射线衍射分析。工作条件：Cu 靶/石墨单色器，管压为 36 V，管流为 20 Ma，步宽为 0.01°，扫描速度为 2 °/min，采样时间为 1 s，扫描范围为 5°～40°。

【结果处理】

1. 描述制得的固体分散体的外观形状，计算收率。
2. 记录并分析 DSC 图谱，确定固体分散体中姜黄素的物相。
3. 记录并分析 X 射线衍射图谱，确定固体分散体中姜黄素的物相。

【思考题】

1. 药物与载体的比例是否会对固体分散体的形成产生影响？为什么？
2. 物理混合物与共沉淀物的熔点及溶出速度是否一样？为什么？

【参考文献】

[1] 周四元，韩丽.药剂学[M].北京：科学出版社，2017.
[2] 刘钰，栾立标.姜黄素固体分散体的制备及体外溶出度测定[J].药学进展，2006，30(1):40-42.

实验九　设计性实验：炉甘石的处方设计及评价

【实验目的】

1. 掌握混悬型液体制剂的一般制备方法。

2. 熟悉混悬剂稳定剂选用的基本原则。
3. 熟悉混悬剂的质量评定方法。

【实验原理】
在已给定的辅料中选择适合所设计剂型的辅料,再根据文献资料拟定出基本处方,最后通过实验确定各种辅料的用量,设计并制备出符合实际应用的混悬剂,并对所制备混悬剂进行质量评价。

【实验材料】
1. 试剂:炉甘石、氧化锌、甘油、羧甲基纤维素钠、羧甲基淀粉钠、西黄蓍胶、甲基纤维素、枸橼酸钠、枸橼酸、乙醇、樟脑、吐温-80、滑石粉、蔗糖、硫酸钡、软皂液、蒸馏水。
2. 器材:乳钵、刻度试管、烧杯、量筒、分析天平等。

【实验方法】
自行设计方案并操作。

【结果处理】
1. 观察混悬剂外观,并记录结果。
2. 测定沉降率,绘制沉降曲线图(时间点为:0 min、5 min、10 min、20 min、30 min、45 min、60 min、90 min、120 min)。
3. 再分散性实验:混悬剂放置 2 h 后,翻转刻度试管,以 ±180° 记为翻转一次,记录使沉降物完全分散的翻转次数。

【思考题】
1. 炉甘石是否适合制成混悬剂?为什么?
2. 混悬剂稳定剂选用的基本原则是什么?

实验十 设计性实验:茶碱缓释制剂的制备及质量分析

【实验目的】
1. 通过制备茶碱缓释制剂,熟悉缓释制剂的基本原理与设计方法。
2. 掌握缓释制剂释放度的测定方法及要求。

【实验原理】
缓释制剂系指延长药物在体内的吸收而达到延长药物作用时间为目的的制剂。缓释制剂的种类很多,按给药途径有口服、肌注、透皮及腔道用制剂等。其中口服缓释制剂研究最多。

口服缓释制剂根据释药过程分为缓释制剂和控释制剂。缓释制剂、控释制剂有多种模式,如膜控释、溶蚀性骨架型、水凝胶骨架型、胃内漂浮滞留型、缓释微丸、渗透泵型等。缓释制剂、控释制剂可改善药物的有效性和安全性,可减少普通剂型给药后血药浓度的峰谷比,从而具有降低药物的毒副作用的发生率和强度及减少给药频率等优点。

茶碱在临床上主要用于平喘,因其治疗范围窄(10~20 ng/mL),制成缓释制剂可以减少血药浓度的波动,避免毒性作用,并减少服药次数。本实验制备一种茶碱水凝胶骨架片,通过延缓药物的溶解和扩散达到缓释的目的。缓释制剂的释放度测定:所用仪器和方法同一般制剂的溶出度测定。普通制剂的溶出度测定通常采用一个时间点取样,而释放度测定则采用三个以上时间点取样。本实验用自制缓释制剂进行释放度测定。

【实验材料】

1. 试剂:茶碱缓释片。
2. 器材:天平、乳钵、玻璃棒、搅拌子、18目药筛、水浴锅、烘箱、单冲压片机、崩解仪、片剂脆碎度检查仪等。

【实验方法】

(一)茶碱缓释片剂

1. 茶碱缓释片处方组成见表6-30。

表6-30　茶碱缓释片处方组成

处方组成	1片量/mg	100片量/g
茶碱	100	10
羟丙基甲基纤维素(K_{100m})	40	4
乳糖	50	5
80%乙醇溶液	适量	适量
硬脂酸镁	2.3	0.23

2. 实验操作

根据所给处方,自行设计茶碱缓释片的制备方案并实施。

3. 茶碱缓释片的质量分析

(1) 片剂常规质量分析。

(2) 采用紫外法确定茶碱标准曲线,制备和市售茶碱缓释片的释放度实验。

【结果处理】

1. 片剂常规分析结果。
2. 按式(6-6)计算各取样时间药物的累积释放量(%),结果填于表6-31中。

$$释放量(\%) = \frac{C \times D}{标示量} \times 100\% \tag{6-6}$$

式中,C为溶出介质中药物浓度;D为溶出介质的毫升数。

表6-31　药物释放记录

样品	制备缓释片						市售缓释片					
取样时间/h	1	2	3	4	5	6	1	2	3	4	5	6
稀释倍数												
测定值(A)												
累积释放量/%												

3. 绘制累积百分释放量-时间曲线图(纵坐标为累积释放量,横坐标为时间)。

注:普通茶碱片在上述条件下,30 min释放量≥80%,茶碱缓释片的释放度标准为每片在2 h、6 h与12 h的释放量应分别为25%~45%、35%~55%和50%以上。

【注意事项】

1. 对所用的溶出度测定仪应预先检查是否正常转动,并检查水箱温度、转速是否精确,转篮升降是否灵活等。

2. 转篮底部与溶出杯底应是25 mm。

3. 释放介质必须经脱气处理,气体的存在可产生干扰,尤其对第一法(篮法)的测定结果。取释放介质,在缓慢搅拌下加热至约41 ℃,并在真空条件下不断搅拌5 min以上;或采用煮沸、超声、抽滤等其他有效的除气方法。如果释放介质为缓冲液,当需要调节 pH 时,一般调节 pH 为±0.05 之内。

4. 用容量瓶准确配制释放介质。

5. 取样点应在转篮顶端至液面的中点,距溶出杯内壁 10 mm 处;取样后应及时补充同体积新的释放介质,并立即用微孔滤膜在 30 s 内完全过滤。

【思考题】

1. 设计口服缓释制剂时主要考虑哪些影响因素?

2. 缓释制剂的释放度实验有何意义?如何使其具有实用价值?

3. 试讨论制备茶碱片与市售茶碱片释放度实验有何不同?

实验十一　设计性实验:贝诺酯片剂的处方设计及评价

【实验目的】

1. 了解选择辅料的原则。

2. 了解片剂辅料对片剂质量的影响。

3. 熟悉小剂量片的处方设计以及辅料选择方法。

【实验原理】

在已给定的辅料中选择适合所设计剂型的辅料,再根据文献资料拟定出基本处方,最后通过实验确定各种辅料的用量,设计并制备出符合实际应用的片剂,并对所制备片剂进行质量检查。

【实验材料】

1. 试剂:贝诺酯、羧甲基淀粉钠、聚山梨酯淀粉(用量,6%～15%)、硬脂酸镁、滑石粉、十二烷基硫酸钠、微粉硅胶、淀粉浆、羟丙甲纤维素、淀粉、蔗糖、糊精、硫酸钙。

2. 器材:单冲压片机、烘箱、崩解仪、硬度仪、脆碎度仪、筛网、磁力搅拌器、恒温水浴锅、乳钵。

【实验方法】

自行设计实验方案。

【结果处理】

1. 在实验报告中提供剂型选择、剂量选择及辅料选择的依据,处方筛选的详细过程,并写出完整的处方,制备工艺,工艺流程(用流程图表示)。

2. 通过质量检查说明本实验中所制备的片剂是否符合片剂项下的药典规定。片剂应检查项目:外观、片重差异、硬度、脆碎度、崩解时限。

【思考题】

1. 辅料选择的条件是什么?

2. 片剂制备过程中经常出现哪些问题?应该怎样防止?

附　录

附录一　中草药化学成分鉴别

一、生物碱的鉴别

1. 检品溶液的制备

取粉碎的植物样品约 2 g,加蒸馏水 20~30 mL,并滴加数滴盐酸,使呈酸性。在 60 ℃水浴上加热 15 min,过滤,滤液供做以下试验。

2. 生物碱类成分的鉴别

生物碱类成分(除有少数例外)均与多种生物碱沉淀试剂在酸性溶液(水液或稀醇液)中产生沉淀反应。操作如下:

(1)取上备酸水浸液 4 份(每份 1 mL 左右即可),分别滴加碘-碘化钾试剂、碘化汞钾试剂、碘化铋钾试剂、硅钨酸试剂。若四者均有或大多有沉淀反应,表明该样品可能含有生物碱,再进行下项试验,进一步识别。

(2)取上备其余酸水浸液,加 Na_2CO_3 溶液呈碱性,置分液漏斗中,加入乙醚约 10 mL 振摇,静置后分出醚层,再用乙醚 3 mL,如前萃取,合并醚液。将乙醚液置分液漏斗中,加酸水液 10 mL 振摇,静置分层,分出酸水液,再以酸水液 5 mL 如前提取,合并酸水液,如此酸提液 4 份,分别做以下沉淀反应。

a. 碘化汞钾试剂:酸水提液滴加碘化汞钾试剂,产生白色沉淀。

b. 碘化铋钾试剂:酸水提液滴加碘化铋钾试剂,产生橘红色或红棕色沉淀。

c. 碘-碘化钾试剂:酸水提液滴加碘－碘化钾试剂,产生棕色沉淀。

d. 硅钨酸试剂:酸水提取液滴加硅钨酸试剂产生淡黄色或灰白色沉淀。

此酸水提液与以上四种试剂均(或大多)产生沉淀反应,即预示本样品含有生物碱。

备注:以上(1)(2)沉淀反应结果:沉淀的多少用"＋＋＋""＋＋""＋"表示,无沉淀产生则用"—"表示。若(1)项试验全呈负反应,可另选几种生物碱沉淀试剂(可参考有关资料)进行试验,若仍为负反应,则可否定样品中有生物碱的存在,不必再进行(2)项试验。

二、苷类的鉴别

(一)苷类一般鉴别方法

1. 检品溶液的制备

中草药水浸液:取中草药碎块或粉末 2 g,加蒸馏水约 20 mL,在 70 ℃水浴上浸渍 10 min,过滤,滤液供鉴别用。

中草药醇浸液:取中草药碎块或粉末少许于试管中,加乙醇 10 mL,在恒温水浴锅上浸渍 10 min,过滤,滤液供鉴别用。

2. 鉴别试验

(1)甲萘酚试验反应

取醇浸液 1 mL,加 10%的甲萘酚醇液 1 滴,摇匀,沿管壁缓慢加入浓硫酸 10 滴,不振摇,观察两液界面间是否出现紫红色杯(此反应检识糖、苷类化合物,反应比较灵敏。若有微量滤纸纤维或中草药粉末存在于溶液中,都能产生上述反应,故在过滤时应加以注意)。

(2)水解反应

取水浸液 3 mL 于试管中,加 10% HCl 1 mL 在沸水浴上加热 20 min,观察是否有絮状沉淀产生?

(3)碱性酒石酸铜(斐林试剂)试验

取水浸液 2 mL,加入新配制的斐林试剂(甲+乙等量混合)1 mL,在沸水浴上加热数分钟,若产生红色的氧化亚铜沉淀,则进行过滤,滤液中加 10% HCl 调成酸性,置水浴锅上加热 10 min。进行水解,如有絮状沉淀则滤去。然后用 10% NaOH 中和,再加入斐林试剂 1 mL,仍置沸水浴上加热 5 min,观察是否有黄色,砖红或棕色沉淀产生?(此反应试多糖,苷类)从反应结果说明供试中草药中是否含有苷?(此试验法亦可采用同体积同浓度的中草药浸液两份,一份先经酸水解过滤碱化后,另一份再同时进行如上的还原反应,对比生成的氧化亚铜量,两份是否有差异来判断,具体方法见系统预试实验)。

(二)蒽苷的鉴别

1. 检品溶液的制备

取大黄粉末 2.0 g,加乙醇 20 mL,在沸水浴上回流浸渍 10 min,过滤供鉴别用。

2. 鉴别试验

(1)与碱成盐显色反应(Borntrager 反应)

取 1 mL 乙醇提取液,加入 1 mL 10% NaOH 溶液,如产生红色反应,加入少量 30%过氧化氢液,加热后红色不褪,加酸使呈酸性时,则红色消褪再碱化又出现红色。

注:取大黄粉末少许,置小试管中,加水 1~2 mL,加浓 H_2SO_4 2~3 滴,置水浴锅中加热 10 min,冷却,加乙醚 1~2 mL 振摇。用吸管吸取醚液(黄色)于另一洁净试管中,加入 NaOH 试液 1 mL 振摇,则醚层应褪为无色,碱层(下层)为红色,表示有蒽醌类成分存在,如供试的中草药在以上试验中碱水层仅显黄色,可分出碱性水溶液,置试管中,加 30% H_2O_2 溶液 1~2 滴,在沸水浴中加热数分钟,混液如能转为橙红色,说明中草药中可能有蒽酚类成分存在。

(2)升华试验

取大黄粉末少许,置载玻片上,玻片两端各放短木棍一小段,然后另取一洁净载玻片,放置于小棍上,注意勿触及下面粉末。然后移置在三足架的铁纱网上小心加热(勿使粉末炭化)至玻片上有升华物凝结为止,取下盖片,使升华物面向上,放置于显微镜下观察,可见多数黄色针晶或羽毛状晶体(蒽醌衍生物)。此晶体遇碱液呈红色。

(3)圆形滤纸层析

样品:大黄醇浸液

显色:于自然光下观察色带;于紫外光下观察荧光环;氨熏,观察是否出现红色环,再置紫外光下观察荧光环;喷 0.5% $MgAC_2$ 甲醇液,于 90 ℃烘 5 min,是否出现橙红或紫红色环。

(三)黄酮苷的鉴别

1. 检品溶液的制备

取槐花米约 1.0 g 压碎于试管中,加乙醇 10~20 mL 在水浴上加热 20 min。过滤,滤液供以下试验。

2. 鉴别试验

①取醇浸液 2 mL,加浓盐酸 2~3 滴及镁粉少量,放置(或于水浴中微热),产生红色反应。

②取醇浸液 1 mL,滴加 $PbAC_2$ 溶液数滴,产生黄色沉淀。

③纸片法:将醇浸液滴于滤纸上,分别进行以下试验:

①先在紫外光灯下观察荧光,然后喷 1% $AlCl_3$ 试剂,再观察荧光是否加强。

②氨熏后出现黄色,棕黄色荧光斑点。

与氨接触而显黄色,或者原呈黄色,但与氨接触后黄色加深,滤纸片离开氨蒸气数分钟,黄色或加深后的黄色又消褪。

③喷以 3% $FeCl_3$ 乙醇溶液,出现绿、蓝或棕色斑点。

(四)强心苷的鉴别

1. 检品溶液的制备

取夹竹桃叶碎块粉末 3 g,于 100 mL 锥形瓶中加 70% 乙醇 40 mL,水浴上浸煮 5 min,放冷,过滤,滤液(或经处理后——方法参照注2)供鉴别用。

[注1]:强心苷的试验都是在较强的碱性条件下进行,如果样品中含有蒽醌,也具有红色反应,妨碍检查,因此在检查前需先检查有无蒽醌类成分,若有则应先将其除去,即将乙醇浸液在水浴上蒸发,残渣加 $CHCl_3$ 热溶后过滤,$CHCl_3$ 液用 1% NaOH 液振摇,去除蒽醌后,$CHCl_3$ 液供鉴别用。

[注2]:夹竹桃叶或毛地黄叶绿素,常使醇提液带较深的绿色,影响反应的进行。故需将叶绿素除去,具体方法如下:

乙醇浸提液在水浴上挥去大部分乙醇(不要让乙醇挥尽),再加水适量,使含醇量约 20%,稍热后即放冷,过滤,滤液即可供试验用,或将滤液在水浴上浓缩至糖浆状,加入

95％乙醇 10 mL 溶解再供试验用。

2. 鉴别试验

(1)三氯化铁冰醋酸反应:取醇浸提液或经处理后的 $CHCl_3$ 或醇液 1 mL,水浴上蒸干,残渣溶于冰醋酸 2 mL 中,加入 1％$FeCl_3$ 乙醇液 1 滴,混合均匀,倾入干燥小试管中,再沿管壁缓慢加入等体积浓硫酸,静置,二液交界处显棕色(苷元),渐变为浅绿、蓝色,最后上面醋酸层全呈蓝色或蓝绿色。

(2)碱性 3,5-二硝基苯甲酸反应:取 1 mL 醇浸提液,加入碱性 3,5-二硝基苯甲酸试剂 3~4 滴,呈红色或红紫色。

(3)亚硝酰铁氰化钠反应(Legal 反应):取 1 mL 醇浸提液或经处理后的 $CHCl_3$ 或醇液在水浴上蒸干,用 1 mL 吡啶溶解残渣,加入 0.3％亚硝酰铁氰化钠溶液 4~5 滴,混匀,再加入 NaOH 饱和乙醇液 1~2 滴,是否呈红色(若结果不明显可另一取一份供试液进行如上操作,最后加 NaOH 饱和乙醇液 0~5 mL,观察二液交界面有无红色)。

(4)碱性苦味酸

取样品醇浸提液 1 mL,加入碱性苦味酸试剂(苦味酸饱和水液与 5％ NaOH 水液等量混合)数滴,呈橙色或橙红色。

(五)皂苷的鉴别

1. 检品溶液的制备

(1)取皂角碎块 1 g 于大试管(或小烧杯)中,加蒸馏水 15 mL,于 30~90°水浴上浸渍 15 min 后过滤,滤液供鉴别用。

(2)取薯蓣碎块 0.5 g 加上法同样制备得薯蓣水浸液。

(3)取薯蓣碎块 0.5 g 于大试管(或小锥形瓶)中,加 95％乙醇 10 mL 于水浴上温浸 15 min,滤液供鉴别用。

2. 鉴别试验

(1)溶血试验:取滤纸片一小块,于小心处滴加皂角浸液 1 滴,待干后于同处再滴加 1 滴,如是反复操作至滴加数滴,干燥后无喷雾血球试液(取牛血、羊血或兔血一份,用玻棒或棉签搅和,除去凝集的血蛋白,加 pH 为 7.4 磷酸盐缓冲液一份,稀释即得),数分钟后观察在红色的背底中是否出现无红色的黄色(或透明)斑点(中心处皂解浸液原点)。(本反应亦可在试管中进行,血球试液中草药浸液中的皂苷溶解后,血球液由浑浊变为澄明。此外还可在载玻片上进行,并在显微镜下观察血球破裂溶解前后的状况)。

(2)泡沫试验:薯蓣浸液、皂角浸液各 2 mL,分别置于试管中。用力振摇 1 分钟后放置,在 10 min 内观察二管是否都有持久性泡沫产生。

(3)醋酐浓硫酸试验,皂角浸液 5 mL,于蒸发皿中,在水浴上蒸干,加入 1 mL 醋酐使其溶解,滴于干燥比色盘中,沿器壁缓缓滴加浓硫酸 1 滴,观察颜色变化。

另取薯蓣浸液 5 mL,置于蒸发皿中,在水浴上蒸干,加入 1 mL 醋酐溶液,并倾入比色盘中,(试管)沿管壁加入几滴浓硫酸,观察界面间是否有紫红色环产生。

(4)氯仿-浓硫酸试验:取薯蓣醇浸液 2 mL,在水浴上蒸干,有氯仿 1 mL 溶解,转入干燥小试管中,沿器壁小心加浓硫酸 1 mL,氯仿层显红色或蓝色,硫酸层有绿色荧光,表示含甾体皂苷。

(六)香豆精苷的鉴别

1. 检品溶液的制备

取秦皮 2 g,加入乙醇 20 mL,在水浴上回流 10 min,趁热过滤,滤液供鉴别用。

2. 鉴别试验

(1)内酯化合物的开环与闭环反应:取 2 mL 乙醇浸出液,加 1~2 mL 1% NaOH,于沸水浴中煮沸 3 min,冷却后加新配制的重氮化试剂 1~2 滴,显红色。

(2)肟异羟酯酸铁试验:取香豆素少许,加酒精 1 mL 溶解,加 6 滴盐酸羟胺的饱和乙醇液,混匀后加入 6 滴 KOH 的饱和乙醇液,使其显强碱性再转入试管中加热 10 min 左右(有气泡产生),冷却加 5%盐酸使呈弱酸性(pH 为 6 左右),倾入比色盘或蒸发皿中,沿器壁滴 10% $FeCl_3$ 溶液,约半分钟后紫色出现或加深(后消失)。(此反应试酯、内酯、香豆精及其苷类。但用中草药浸液试验反应结果不太明显)。

(七)氰苷的鉴别

取苦杏仁 4~5 粒,研碎,置 50 mL 锥形瓶中加入 3 mL。
5%硫酸溶液,充分混合,塞好,进行以下(1)(2)反应。

(1)苦味酸钠试验:取滤纸条先滴加饱和苦味酸液浸润,稍干后,再滴加 10%碳酸钠 1~2 滴润湿,干后,悬于上述锥形瓶中,在水浴上加热 10 min,滤纸渐变为橙色或砖红色。

(2)取滤纸条先滴加 3~4 滴愈创木树脂醇溶液润湿,干后,再滴加 1%硫酸钠液 3~4 滴润湿后,悬于同一锥形瓶中,放置,滤纸条渐变为鲜蓝色(放置过久色渐褪)。

(3)亚铁氰化铁反应(普鲁士蓝反应):另取苦仁 1 粒研碎,放入试管中,加水 1~2 滴润湿(切勿过量),立即用已被 10% NaOH 试剂 1 滴湿润的滤纸条悬于管口置 50 ℃ 水浴上约 10 min,将滤纸取出,于滤纸上加 10%$FeSO_4$ 液 1 滴,加 10%盐酸溶液 1~2 滴及 1%的 $FeCl_3$ 溶液,试液 1 滴即显蓝色。

三、挥发油的定性鉴别

1. 外观性状

(1)取各种挥发油(松节油、薄荷油、丁香油、陈皮油及桂皮油)观察其色泽,是否有特殊香气,及辛辣烧灼味感。

(2)挥发性:取滤纸屑一小块,滴加薄荷油 1 滴,放置 2 h 或微热后观察滤纸上有无清晰的油迹(与菜油作对照实验)。

(3)pH 检查:(检游离酸或酚类)。

取样品 1 滴加乙醇 5 滴,以预先用蒸馏水湿润的广范 pH 试纸进行检查,如显酸性,示有游离的酸或酚类化合物,剩下的样品乙醇液供下面试验用。

(4)$FeCl_3$反应(检酚类)

取样品1滴,溶于1 mL乙醇中,加入1%得$FeCl_3$醇液1~2滴,如显蓝紫色或绿色,表示有酚类。

(5)苯肼试验(检酮、醛类)

取2,4-二硝苯肼试液0.5~1 mL,加1滴样品的无醛醇溶液,用力振摇,如有酮醛化合物,应析出黄-橙红色沉淀,如无反应,可放置15 min后再观察。

(6)荧光素试验法

将样品乙醇液滴在滤纸上,喷洒0.05%荧光素水溶液,然后趁湿将纸片暴露在5% Br_2/CoI_4蒸气中,含有双键的萜类(如挥发油)呈黄色;背景很快转变为浅红色。

(7)香荚醛-浓硫酸试验

取挥发油乙醇液1滴于滤纸上,滴以新配制的0.5%香荚醛的浓硫酸乙酸液,呈黄色、棕色、红色或蓝色反应。

四、鞣质类化合物的鉴别

1. 检品溶液的制备

取五倍子(含可水解鞣质),儿茶(含缩合鞣质),没食子酸(鞣质水解产生伪鞣质)少量(约0.1 g)分别置大试管中,加蒸馏水约10 mL,加热煮沸,过滤,滤液作以下试验:

2. 鞣质的一般反应(鞣质与伪鞣质的区别鉴定)

(1)感观试验:取制备的鞣质溶液和伪鞣质溶液,尝其味,并以石蕊试纸检查溶液是否呈酸性反应。

(2)三氯化铁反应:取制备的鞣质溶液(五倍子溶液或儿茶溶液)和伪鞣质溶液(食子酸溶液)各1~2 mL,分别加入三氯化铁试液,鞣质产生绿色或蓝黑色反应或沉淀;伪鞣质产生蓝色反应。

(3)沉淀蛋白反应:取鞣质溶液和伪鞣质溶液各1~2 mL,分别入明胶溶液数滴,鞣质立刻产生沉淀反应。

(4)生物碱反应:取鞣质溶液和伪鞣质溶液各1~2 mL,分别滴加0.1%咖啡碱水溶液,鞣质溶液产生沉淀反应,伪鞣质溶液不产生沉淀反应。

3. 可水解鞣质和缩合鞣质的区别鉴定

(1)鞣红反应:取五倍子浸液(含可水解鞣质),儿茶浸液(含缩合鞣质)各2 mL,分别加盐酸0.5 mL,加热煮沸30 min左右放冷。可水解鞣质不发生沉淀,缩合鞣质有红色沉淀产生。

(2)三氯化铁反应:取五倍子浸液和儿茶浸液各1~2 mL,分别加入三氯化铁试液数滴,可水解鞣质显蓝色或黑蓝色反应,缩合鞣质显黑绿色反应。

(3)溴水反应:取五倍子浸液和儿茶浸液各1~2 mL,分别加入溴水数滴,可水解鞣质不产生沉淀反应,缩合鞣质产生沉淀反应。

(4)石灰水反应:取五倍子浸液和儿茶浸液各1~2 mL,分别加入新制石灰水数滴,可水解鞣质显青灰色沉淀,缩合鞣质显棕色沉淀。

附录二 中草药化学成分检出试剂配制法

一、生物碱沉淀试剂

1. 碘化铋钾试剂

取次硝酸铋 3 g 溶于 30%硝酸(比重为 1.18)17 mL 中,在搅拌下慢慢加碘化钾浓水溶液(27 g 碘化钾溶于 20 mL 水),静置一夜,取上层清液,加蒸馏水稀释至 100 mL。

附:改良的碘化铋钾试剂:

甲液:0.85 g 次硝酸铋溶于 10 mL 冰醋酸,加水 40 mL。

乙液:8 g 碘化钾溶于 20 mL 水中。

溶液甲和乙等量混合,于棕色瓶中可以保存较长时间,可作沉淀试剂用,若作层析显色剂用,则取上述混合液 1 mL 与醋酸 2 mL,混合即得。

目前市场上碘化铋钾试剂可直接供配制:7.3 g 碘化铋钾,冰醋酸 10 mL,加蒸馏水 60 mL。

2. 碘化汞钾试剂

氯化汞 1.36 g 和碘化钾 5 g 各溶于 20 mL 水中,混合后加水稀释至 100 mL。

3. 碘-碘化钾试剂

1 g 碘化钾液于 50 mL,加热,加 2 mL 醋酸,再用水稀释至 100 mL。

4. 硅钨酸试剂

5 g 硅钨酸溶于 100 mL 水中,加盐酸少量至 pH 为 2 左右。

5. 苦味酸试剂

1 g 苦味酸溶于 100 mL 水中。

6. 鞣酸试剂

鞣酸 1 g 加乙醇 1 mL 溶解后再加水至 10 mL。

7. 碱酸铈-硫酸试剂

0.1 g 硫酸铈混悬于 4 mL 水中,加入 1 g 三氯醋酸,加热至沸,逐滴加入浓硫酸至澄清。

二、苷类检出试剂

(一)糖的检出试剂

1. 碱性酒石酸铜试剂

本品分甲液与乙液,应用时取等量混合。

甲液:结晶硫酸铜 6.23 g,加水至 100 mL。

乙液:酒石酸钾钠 34.6 g,及氢氧化钠 10 g,加水至 100 mL。

2. α-萘酚试剂

甲液:α-萘酚 1 g,加 75%乙醇至 10 mL。

乙液:浓硫酸。

3. 氨性硝酸银试剂

硝酸银 1 g,加水 20 mL 溶解,注意滴加适量的氨水,边加边搅拌,至开始产生的沉淀将近全溶为止,过滤。

4. α-去氧糖显色试剂

(1) 三氯化铁冰醋酸试剂

甲液:1% 三氯化铁溶液 0.5 mL,加冰醋酸至 100 mL。

乙液:浓硫酸。

(2) 占吨氢醇冰醋酸试剂

10 mg 占吨氢醇溶于 100 mL 冰醋酸(含 1% 的盐酸中)。

(二) 酚类

1. 三氯化铁试剂

5% 三氯化铁的水溶液或醇溶液。

2. 三氯化铁-铁氰化钾试剂

甲液:2% 三氯化铁水溶液。

乙液:1% 铁氰化钾水溶液。

应用时甲液、乙液等体积混合或分别滴加。

3. 4-氨基安替比林-铁氰化钾试剂

甲液:2% 4-氨基安替比林乙醇液。

乙液:3% 铁氰化钾水溶液(或用 0.9% 4-氨基安替比林和 5.4% 铁氰化钾水溶液)。

4. 重氮化试剂

本试剂系由对硝基苯胺和亚硝酸钠在强酸下经重氮化作用而成,由于重氮盐不稳定容易分解,所以本试剂应临用时配制。

甲液:对硝基苯胺 0.35 g,溶于浓盐酸 5 mL,加水至 50 mL。

乙液:亚硝酸钠 5 g,加水至 50 mL。

应用时取甲液、乙液等量在冰水浴中混合后,方可使用。

5. Gibb 试剂

甲液:0.5% 的 2,6-二氯苯醌-4-氯亚胺的乙醇溶液。

乙液:硼酸-氯化钾-氢氧化钾缓冲液(pH 为 9.4)。

(三) 内酯、香豆素类

1. 异羟肟酸铁试剂

甲液:新鲜配制的 1 N 羟胺盐酸盐($M=69.5$)的甲醇液。

乙液:1.1 N 氢氧化钾($M=56.1$)的甲醇液。

丙液:三氯化铁溶于 1% 盐酸中的浓度为 1% 的溶液。

应用时甲、乙、丙三个液体按次序滴加,或甲液、乙液混合滴加后再加丙液。

2. 开环-闭环试剂

甲液:1% 氢氧化钠溶液。

乙液:2% 盐酸溶液。

(四)黄酮类

1. 盐酸镁粉试剂:浓盐酸和镁粉。
2. 三氯化铝试剂:2%三氯化铝甲醇溶液。
3. 醋酸镁试剂:1%醋酸镁甲醇溶液。
4. 碱式醋酸铅试剂:饱和碱式醋酸铅(或饱和醋酸铅)水溶液。
5. 氢氧化钾试剂:10%氢氧化钾水溶液。
6. 氧氯化锆试剂:10%氧氯化锆甲醇溶液。
7. 锆-枸橼酸试剂:
   甲液:2%氧氯化锆甲醇液。
   乙液:2%枸橼酸甲醇液。

(五)蒽醌类

1. 氢氧化钾试剂:10%氢氧化钾水溶液。
2. 醋酸镁试剂:10%醋酸镁甲醇溶液。
3. 1%硼酸试剂:1%硼酸水溶液。
4. 浓硫酸试剂:浓硫酸。

(六)强心苷类

1. 3,5-二硝基苯甲酸试剂:
   甲液:2%的3,5-二硝基苯甲酸甲醇液。
   乙液:1 N氢氧化钾甲醇溶液:
   应用前甲液、乙液等量混合。
2. 碱性苦味酸试剂:
   甲液:1%苦味酸水溶液。
   乙液:10%氢氧化钠溶液。
3. 亚硝基铁氰化钠-氢氧化钠试剂:
   甲液:吡啶。
   乙液:0.5%亚硝基铁氰化钠溶液。
   丙液:10%氢氧化钠溶液。

(七)皂苷类

1. 溶血试验

2%血球生理盐水混悬液:新鲜兔血(由心脏或耳静脉取血),适量,用洁净小毛刷迅速搅拌,除去纤维蛋白并用生理盐水反复离心洗涤至上清液无色后,量取沉降红血球用生理盐水配成2%混悬液,放冰箱内备用(贮存期2~3天)。

2. 醋酐-浓硫酸试剂
   甲液:醋酐。
   乙液:硫酸。

3. 浓硫酸试剂:浓硫酸。

(八)含氰苷类

1. 苦味酸钠试剂

适当大小的滤纸条,浸入苦味酸饱和水溶液;浸透后取出晾干,再浸入10%碳酸钠水溶液内,迅速取出晾干即得。

2. 亚铁氰化铁(普鲁士蓝)试剂

甲液:10%氢氧化钠液。

乙液:10%硫酸亚铁水溶液,临用前配制。

丙液:10%盐酸。

丁液:5%三氯化铁液。

三、萜类、甾体类检出试剂

1. 香草醛-浓硫酸试剂

5%香草醛浓硫酸液[或 0.5 g 香草醛溶于 100 mL 硫酸-乙醇(4∶1)中]。

2. 三氯化锑试剂

25 g 三氯化锑溶于 15 g 氯仿中(亦可用氯仿或四氯化碳的饱和溶液)。

3. 五氯化锑试剂

五氯化锑-氯仿(或四氯化碳)1∶4,临用前配制。

4. 氯仿-浓硫酸试剂

甲液:氯仿(溶解样品)。

乙液:浓硫酸。

5. 间二硝基苯试剂

甲液:2%间二硝基苯乙醇液。

乙液:14%氢氧化钾甲醇液。

用前甲液、乙液等量混合。

6. 三氯醋酸试剂

3.3 g 三氯醋酸溶于 10 mL 氯仿,再加入 12 滴 30%的过氧化氢溶液。

四、鞣质类检出试剂

1. 三氯化铁试剂。

2. 三氯化铁-铁氰化钾试剂。

3. 4-氨基安替比林-铁氰化钾试剂。

4. 明胶试剂:10 g 氯化钠,1 g 明胶,加水至 100 mL。

5. 醋酸铅试剂:饱和醋酸铅溶液。

6. 对甲基苯磺酸试剂:20%对甲基苯磺酸氯仿溶液。

7. 铁铵明矾试剂:硫酸铁铵结晶 1 g,加水至 100 mL。

五、氨基酸多肽、蛋白质检出试剂

1. 双缩脲试剂

甲液:1%硫酸铜溶液。

乙液:40%氢氧化钠液。

用前甲液、乙液等量混合。

2. 茚三酮试剂

0.3 g 茚三酮溶于正丁醇 100 mL 中,加醋酸 3 mL(或 0.2 g 茚三酮溶于 100 mL 乙醇或丙酮中)。

六、有机酸检出试剂

1. 溴麝香草酚蓝试剂:0.1% 溴麝香草酚蓝(或溴酚蓝或溴甲酚绿)乙醇液。
2. 吖啶试剂:0.005% 吖啶乙醇液。
3. 芳香胺-还原糖试剂:苯胺 5 g,水糖 5 g 溶于 50% 乙醇溶液中。

七、其他检出试剂

1. 重铬酸钾-硫酸

5 g 重铬酸钾溶于 100 mL 40%硫酸。

2. 荧光素-溴

甲液:0.1%荧光素乙醇液

乙液:5%溴的四氯化碳溶液。

甲液喷、乙液熏。

3. 碘蒸气。
4. 硫酸液:5%硫酸乙醇液,或 15%浓硫酸正丁醇液,或浓硫酸-醋酸(1:1)。
5. 磷钼酸、硅钨酸或钨酸试剂:3%~10%磷钼酸或钨酸乙醇液。
6. 碱性高锰酸钾试剂

甲液:1%高锰酸钾液。

乙液:5%碳酸钠液。

用时甲液、乙液等量混合。